"十三五"国家重点出版物出版规划项目
名校名家基础学科系列

大学物理学

下册

主　编　赵长春　田恩科　郝会颖
副主编　张自力　高　禄
参　编　邢　杰　李庚伟　吴秀文

机械工业出版社

本书是参照教育部颁布的《理工科类大学物理课程教学基本要求》编写的，内容涵盖了物理学基础理论的热学、振动与波动、光学和近代物理部分。其中热学包括热力学和气体动理论；波动学包括振动和波动；光学包含几何光学和波动光学；近代物理包含狭义相对论基础和量子物理简介。每部分均配有典型例题、习题和思考题。

本书注重基础，注重物理概念的引入和基本原理的分析及应用。每章后面均附有“本章思维导图”，以帮助学生构建完整的知识体系。除基本内容外，本书还利用互联网技术将一些人物介绍、演示实验、习题讲解、物理学史等内容以二维码链接的方式呈现，读者扫码即可观看。

本书既可作为高校理工科各专业的大学物理教材，也可作为中学物理教师或其他自学者的参考书。

图书在版编目（CIP）数据

大学物理学．下册/赵长春，田恩科，郝会颖主编．—北京：机械工业出版社，2021.8（2024.1 重印）
（名校名家基础学科系列）
“十三五”国家重点出版物出版规划项目
ISBN 978-7-111-68700-9

Ⅰ.①大…　Ⅱ.①赵…②田…③郝…　Ⅲ.①物理学－高等学校－教材　Ⅳ.①O4

中国版本图书馆 CIP 数据核字（2021）第 139406 号

机械工业出版社（北京市百万庄大街 22 号　邮政编码 100037）
策划编辑：李永联　责任编辑：李永联
责任校对：陈　越　封面设计：鞠　杨
责任印制：郜　敏
中煤（北京）印务有限公司印刷
2024 年 1 月第 1 版第 4 次印刷
184mm×260mm・13 印张・343 千字
标准书号：ISBN 978-7-111-68700-9
定价：38.00 元

电话服务　　网络服务
客服电话：010－88361066　　机　工　官　网：www.cmpbook.com
010－88379833　　机　工　官　博：weibo.com/cmp1952
010－68326294　　金　书　网：www.golden－book.com
封底无防伪标均为盗版　　机工教育服务网：www.cmpedu.com

前　言

格物致理，自古至今人们从未停止过对物质世界的探索。物理学的发展使人类不断揭开自然界神秘的面纱，感知物质世界的神奇与美妙。从远古时期到中世纪末物理学的萌芽期，从文艺复兴时期到19世纪经典物理学的建立与发展，从20世纪初到今天现代物理学的开创与应用，无不闪烁着人类智慧的光芒。物理学是研究物质的基本结构、基本运动形式及基本相互作用的科学，其基本理论已渗透在自然科学的各个领域，应用于生产技术的方方面面，成为其他自然科学和工程技术之基。缘于此，以物理学基础为主要内容的“大学物理”课程一直是理工类本科专业的重要必修基础课，其所涉及的物理学基本概念、基本规律和基本方法不仅是学生继续学习专业课程和其他科学技术的基础，而且也是培养学生科学思维方法、创新能力和提高学生科学素养的重要载体。

本套教材分上、下两册，是编者在多年教学实践的基础上，根据教育部颁布的《理工科类大学物理课程教学基本要求》编写而成的，涵盖了教学基本要求所有A类核心内容和大部分B类扩展内容，并按照物理学的知识体系，以演绎推理的方式给出相应的定理或定律。为帮助学生构建知识脉络，明确知识点间的逻辑关系，每章后面均附有“本章思维导图”。与传统的小结相比，思维导图运用图文并重的技巧，把各知识点间的隶属关系用层级图表现出来，更符合学生的认知规律。

在“互联网+”的时代背景下，本套教材采用了纸质教材与数字化资源相结合的模式，利用网络技术，将一些人物介绍、演示实验、习题讲解、物理学史等内容以二维码链接的方式呈现给学生，凸显新形态立体化教材的特点。

本套教材适当融入了中国古代先贤的物理思想，以期增强学生的文化自信。另外，本套教材还通过展现物理理论的建立过程和物理学家的事迹、挖掘物理学中所蕴含的哲学思想，培养学生辩证唯物主义的世界观和科学精神，以实现知识传授与价值引领的同频共振。

本套教材分上、下两册。本书为下册，内容包括热学、振动与波动、光学以及近代物理。其中第11章由赵长春编写，第12章由赵长春、郝会颖共同编写，第13、14章由张自力、赵长春共同编写，第15章由张自力、田恩科共同编写，第16章由吴秀文（负责光的干涉）、邢杰（负责光的衍射）和高禄（负责光的偏振）共同编写，第17章由高禄编写，第18章由高禄、李庚伟共同编写。

在编写过程中，编者参考了国内外大量的教材和其他相关资料，在此向这些文献的作者表示诚挚的谢意。

因编者学识有限，书中难免有不妥之处，敬请读者不吝赐正。

编　者

2021年3月于北京

目　录

前言

第3篇　热　学

第11章　热力学 …… 1
11.1　热力学系统及其状态参量 …… 1
11.2　温度与温标 …… 2
11.3　热力学第一定律 …… 6
11.4　理想气体的内能 热容 …… 10
11.5　热力学第一定律对理想气体的应用 …… 12
11.6　循环过程 …… 15
11.7　热力学第二定律 …… 19
11.8　实际宏观过程的不可逆性 …… 20
11.9　卡诺定理 …… 22
11.10　熵与熵增加原理 …… 22
本章思维导图 …… 27
思考题 …… 27
习题 …… 28
第12章　气体动理论 …… 31
12.1　气体动理论的基本概念 …… 31
12.2　气体分子热运动及其统计规律性 …… 33
12.3　理想气体的压强和温度 …… 34
12.4　能量按自由度均分定理及理想气体的内能 …… 38
12.5　麦克斯韦速率分布律 …… 41
12.6　玻耳兹曼分布律 …… 44
12.7　范德瓦耳斯方程 …… 45
12.8　气体的输运过程 …… 47
本章思维导图 …… 51
思考题 …… 52
习题 …… 52

第4篇　振动与波动

第13章　机械振动 …… 55
13.1　简谐振动的描述 …… 55
13.2　简谐振动的动力学 …… 58
13.3　简谐振动的能量 …… 60

13.4　简谐振动的合成 …… 62
13.5　阻尼振动 受迫振动 共振 …… 66
本章思维导图 …… 71
思考题 …… 72
习题 …… 72
第 14 章　机械波 …… 74
14.1　机械波的产生和传播 …… 74
14.2　一维平面简谐波 …… 76
14.3　物体的弹性形变及介质中的波速 …… 78
14.4　波的能量 能流密度 …… 80
14.5　惠更斯原理 波的衍射、反射和折射 …… 83
14.6　波的干涉 驻波 …… 86
14.7　多普勒效应 …… 91
本章思维导图 …… 94
思考题 …… 94
习题 …… 95

第 5 篇　光　学

第 15 章　几何光学 …… 98
15.1　几何光学的基本原理 …… 98
15.2　共轴理想光学系统的成像 …… 99
15.3　光学仪器原理 …… 104
15.4　光学系统的拦光和像差 …… 106
本章思维导图 …… 110
思考题 …… 110
习题 …… 110
第 16 章　波动光学 …… 112
16.1　光的干涉 相干光的获得 …… 112
16.2　双缝干涉 …… 113
16.3　光程 …… 116
16.4　薄膜干涉 …… 117
16.5　光的衍射和惠更斯 - 菲涅耳原理 …… 123
16.6　单缝的夫琅禾费衍射 …… 124
16.7　光栅衍射 …… 127
16.8　圆孔的夫琅禾费衍射和光学仪器的分辨本领 …… 130
16.9　光栅光谱 …… 131
16.10　X 射线衍射 …… 134
16.11　光的偏振状态 …… 135
16.12　起偏与检偏 …… 136
16.13　马吕斯定律 …… 137
16.14　反射光与折射光的偏振 …… 137

16.15 双折射现象 …… 138
本章思维导图 …… 141
思考题 …… 141
习题 …… 143

第6篇 近代物理

第17章 狭义相对论基础 …… 148
17.1 伽利略变换与经典物理学的危机 …… 148
17.2 狭义相对论的建立 …… 150
17.3 狭义相对论效应 …… 151
17.4 洛伦兹坐标变换 …… 155
17.5 狭义相对论动力学简介 …… 159
本章思维导图 …… 162
思考题 …… 162
习题 …… 163
第18章 量子物理简介 …… 164
18.1 热辐射和普朗克能量子假说 …… 164
18.2 光电效应 …… 168
18.3 康普顿散射 …… 172
18.4 氢原子光谱 玻尔的氢原子理论 …… 174
18.5 物质波 …… 178
18.6 不确定关系 …… 180
18.7 波函数及薛定谔方程 …… 182
本章思维导图 …… 185
思考题 …… 185
习题 …… 185
附录 …… 187
附录A 常用物理量 …… 187
附录B 常用公式 …… 187
习题答案 …… 193
参考文献 …… 200

第3篇 热 学

在实际生活中，我们常常会看到物质的溶解、蒸发、沸腾、气化、液化、凝结、凝固和热胀冷缩等现象。伴随着这些现象的发生，人们往往感觉到有一定程度的冷、热变化，而这种冷热的程度，需引用温度这一个基本物理量来表征。因此，热学是研究一切与温度有关的热现象规律的一门学科，它通常分为热力学和统计物理学。热力学主要从能量转化的观点来研究物质的热性质，它揭示了能量从一种形式转换为另一种形式时遵从的宏观规律，不涉及物质结构和微观粒子的相互作用。统计物理学（又称气体动理论）从微观结构出发，以每个粒子遵循的力学规律为基础，用概率统计的方法导出由大量粒子组成的宏观物体的物理性质及宏观规律。下面我们以气体为研究对象，首先介绍热力学的一些基本规律及有关概念。

第11章 热 力 学

热力学主要应用宏观的方法来研究热现象的基本规律。本章首先介绍温度和准静态过程的概念，然后引入功、内能和热量这三个重要的物理量，并讨论在任意热力学过程中内能的改变与功、热量之间的关系，从而阐明热力学第一定律。之后讨论理想气体的内能，引入热容的概念，并以理想气体为例，研究热力学第一定律在准静态过程中的应用。在此基础上，通过对热机（及制冷机）循环过程的理论研究，揭示影响热机效率（及制冷系数）的基本因素。

11.1 热力学系统及其状态参量

11.1.1 热力学系统

在热学中，通常把所研究的物体或物体系称为热力学系统，简称系统，而处于系统以外的物体称为外界。如图 11.1 所示，气缸内的气体作为被研究的系统，而气缸内的活塞及周边环境就称作外界。热力学系统是由大量的分子、原子组成的物体或物体系，研究的内容是这个系统的热学性质及其热运动与其他运动之间的转化。热力学系统在一定条件下总是处于一定的状态，而热力学就是研究热力学系统的宏观状态及其变化规律。

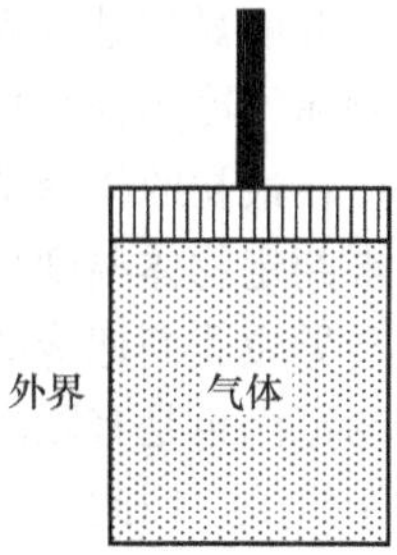

图 11.1 气缸

平衡态是热力学系统宏观状态的一种简单而又重要的模型。所谓平衡态是指在不受外界影响的条件下，系统所有可观测的宏观性质都不随时间变化的状态。这里所说的不受外界影响，是指外界对系统既不做功也不传热，但是并不要求系统不受外力的作用。只要外力不做功，同时外界也不传热，系统的热力学状态就不受影响。那么，如何判别一个系统是否达到平衡态呢？例如，将一根均匀的金属棒的一端置于很大容器的冰水混合物中，另一端放在酒精灯上加热，开始时金属棒上各处的冷热程度会发生变化，经足够长时间后，金属棒上各处的冷热程度尽管不同，但不再发生变化，即系统各处具有确定的状态，这一宏观状态之所以可以长时间保持下去，是由于在外界热源的维持和热传导过程不断进行的情况下实现的，因此系统的这种状态并不是平衡态，而是一种稳定态。要判别一个热力学系统是否处于平衡态必须同时满足两点：一是系统不受外界的影响；二是系统所有的宏观性质不随时间变化。

11.1.2 状态参量

现在讨论如何描写一个热力学系统的平衡态。前面已指出，当系统达到平衡态时，可以观察到系统内一系列宏观性质都不随时间变化，因而可以用一些确定的物理量来表征。当状态确定时，这些物理量都具有一定的定值。这样，我们就可以选择其中若干个可由实验测定的物理量作为描述系统状态的变量，这样的变量就称为状态参量。对于一个确定的状态，究竟需要用多少个参量才能单值地确定，要由系统的复杂程度和所研究的问题的要求来决定。

对于一定质量、一定种类的化学纯的气体系统，可以用体积 V 和压强 p 两个参量描写其状态。实验表明，当系统达到平衡状态时，它的体积和压强就保持不变了。这时，如果保持其压强不变而对气体加热，气体的体积将会发生膨胀；相反，如果保持它的体积不变而加热，气体的压强则会增大。这表明气体的体积和压强是可以独立改变的。因此，对于一个简单系统，需要同时用到描述系统几何性质的几何参量体积和描述系统力学性质的力学参量压强来完全确定其平衡态。对于均匀的液体、均匀且各向同性的固体，也可以用体积和压强来描述它们的状态；而对于两种或两种以上分子的混合气体系统（只考虑不发生化学反应已达到平衡的混合气体系统），除了上述的体积和压强外，还需要用到表征系统化学成分的参量。例如，由两瓶都是由氮气和氧气组成的混合气体，即使它们的体积和压强相同，若它们所含氮气和氧气的比例不同，它们的状态仍然是不同的，因此必须用表示每种化学组分的量来加以区别；当系统受到外力场作用时，除了上述几类参量外，还必须加上一些新的参量，才能对系统的平衡状态做完全的描述，这里就不再详细阐述了。

11.2 温度与温标

对于热力学系统状态参量的讨论表明，一系列与系统冷热变化有密切关系的热效应或热现象都需要引入一个特有的物理量，这个量就是温度，它显然是一个宏观量。

温度最初是以人们触摸物体时的冷热感觉为基础而形成的概念。通过触觉，人们可以把各个物体按冷热程度排列起来，即判定 A 比 B 热，B 比 C 热等，感觉越热的，其温度也越高。因此，在最初的物理学中，温度常定义为表示物体冷热程度的物理量。但是我们知道，这种凭感觉来判定物体温度高低的做法是不精确和不可靠的，它不仅不能定量地表示出温度的差异，而且会导致我们把冷的物体当成是热的，把热的物体看成是冷的。另外，直接利用触觉来感知温度的范围也是有限的，例如，冬天一人同时触摸一个木棒和一个铁块，往往感觉木棒的温度要高于铁块。因此，需要给温度建立一个科学的定义，并可以用一个确切的数值来表示其量度的方法。

11.2.1 热力学第零定律

根据日常生活的经验，当两个冷热程度不同的物体相互接触时，热的物体会变冷，冷的物体会变热，经过足够长的时间后，凭感觉会感到两个物体会达到冷热相同的状态。为了精确、定量地研究上述的感觉经验，现在我们取三个热力学系统 A、B、C 做实验。首先将 A 和 B 互相隔开，然后让它们同时与 C 热接触，如图 11. 2a 所示，经过一段时间后，系统 A、B 将分别与第三个系统 C 达到热平衡。这时，如果将系统 A、B 与系统 C 隔绝开而使系统 A 与 B 热接触，如图 11. 2b 所示，则发现系统 A、B 的状态也不再发生变化，表明系统 A 和 B 也是处于热平衡。大量的实验结果也进一步说明：如果两个热力学系统中的每一个都与第三个热力学系统同一状态处于热平衡，那么，这两个热力学系统也一定处于热平衡。这一热平衡规律就称为**热力学第零定律**。在理解这个规律时要注意热平衡的概念不同于平衡态，平衡态的概念要求系统的一切宏观性质都不随时间变化，因而满足力学、热学、化学的各种平衡条件，而满足热平衡的系统，其他方面不一定满足平衡条件。

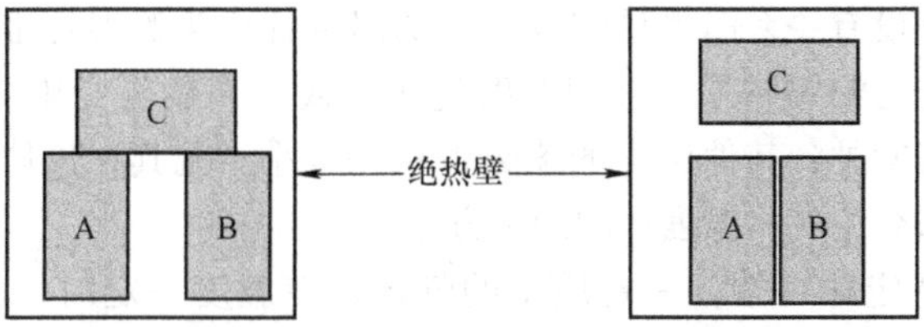

a) A、B分别与C达到热平衡　　b) A、B也处于热平衡

图 11. 2　三个系统的热平衡

11. 2. 2　温度与温标

热力学第零定律为温度的科学定义和测量提供了重要的实验基础。这个定律表明，当各个热力学系统发生热接触时，最终会达到热平衡，都具有某种共同的宏观性质（相应地具有某种状态参量），那么能表征这种共同宏观性质的物理量就是**温度**。温度的定义与我们日常对它的理解是一致的，需要加以说明的是，温度是一个不可加和的量，两个物体的温度不能相加，它们之间只有相等或不等的关系。

一切互为热平衡的物体都具有相同的温度。测温时，可先使温度计与被测物体达到热平衡，即两者具有相同的温度，于是便可用一个数字来标定。按上述的操作和要求，规定一个温度标尺，简称**温标**，以用来表示不同的温度值。下面结合温度计来说明如何确立温标。

（1）经验温度计和经验温标　选择某种特定物质（叫测温物质）的某一随温度显著变化的属性来标志温度。例如我们现在使用的体温计就是利用某种液体（水银和酒精）的体积随温度变化的性质而标度的。再选定一个或两个特定标准温度点并规定其数值就可以建立一种温标来测量其他温度了。常用的温标有摄氏温标、开氏温标和华氏温标。

摄氏温标：选择水银为测温物质，以其体积随温度的变化作为温度的标志。以 1atm㊀下水的冰点（规定为 0 度）和沸点（规定为 100 度）作为两个固定点，然后在这两个固定点之间等分 100 份，每一份表示 1 度，记为 1℃。这样就做成了一个水银温度计，由它测出的温度就称为摄氏温度，其标度方法叫作摄氏温标。

华氏温标：选择水银为测温物质，以其体积随温度的变化作为温度的标志。以 1atm 下水的冰点（规定为 32℉）和沸点（规定为 212℉）作为两个固定点，然后在这两个固定点之间等分 180 份，每一份表示 1 华氏度，记为 1℉，其标度方法叫作华氏温标，它与摄氏温标之间的数值

㊀　atm 为标准大气压，1atm = 101325Pa。

关系是

$$t_F = 32 + \frac{9}{5}t$$

式中，t_F 为华氏温度；t 为摄氏温度。

由以上分析可知，两种温标的建立依赖于测温物质和测温属性的选择，这种利用特定物质的特定属性建立的温标统称为经验温标。

对于按同一种标度但采用不同的测温物质的同一属性而建立的不同经验温标制作的温度计，如果用它去测量同一物质在某一平衡态的温度，除了规定的标准温度点外，对其他平衡态测出的温度值并不会完全一致，这表明经验温标具有一定的相对性。

（2）气体温度计和理想气体温标　由于经验温标与测温物质和测温属性有关，因此人们力求能找到一种与二者都没有关系但测试结果一致的温度计作为测温标准。实验表明，在各种温度计中，用不同气体作为测温物质，利用温度随体积或压强显著变化的特性而制成的温度计，除了固定点温度数值相同外，其他温度的读数也相差很小。尤其在气体压强很小时，其读数误差也随之减小。下面来介绍气体温度计的确定方法。

由玻意耳－马略特定律可知，一定质量的气体，在温度一定时，其压强与体积满足以下关系：

$$pV = C \quad (C\text{是常数})$$

上式表明，不同的温度对应不同的常数 C。当压强越小时，各种气体越近似遵循这一规律。为了表示气体的这种共性，由此引入理想气体的概念。**理想气体就是在各种压强下严格遵循玻意耳－马略特定律的气体**。它是各种实际气体在压强 $p\to 0$ 的极限情况，是一种理想模型。由以上分析可知，对于一定质量的理想气体，它的压强与体积的乘积只决定于温度，那么就可以定义一种温标，这个温标就叫作**理想气体温标**，用数学式可以表示为

$$pV \propto T$$

在此基础上，研究进一步发现，对于同一种理想气体，压强、体积和温度之间满足以下关系：

$$pV = \frac{m}{M}RT$$

式中，m 为气体的总质量；M 为气体的摩尔质量；R 为摩尔气体常数。该式就称为**理想气体的状态方程**。根据这一方程只能给出两个温度的比，若要确定某一状态下的温度，还需要规定一个特定参考态，即规定特定点温度的数值。现行的方法是把水的三相点——液态水、冰、水蒸气在热平衡条件下共存的温度作为标志温度。为了把热力学温标与历史上出现的温标联系起来，水的三相点温度就设为 273. 16K，以 T_3 表示，即

$$T_3 \equiv 273.16\text{K}$$

以 p_3、V_3 表示一定质量理想气体在水的三相点时的压强和体积，以 p、V 表示该气体在任意温度下的压强和体积，由理想气体的状态可得到任意状态下温度 T 的表达式

$$T = T_3\frac{pV}{p_3V_3} = 273.16\frac{pV}{p_3V_3} \tag{11.1}$$

由式（11.1）可知，只要测出某状态的压强和体积，就可以确定该状态下的温度了。

在实际测量温度时，为了使实验操作简单，往往保持气体的体积（或压强）不变而只测它的压强（或体积），以此设计的温度计就称为定体（或定压）气体温度计。图 11.3 所示就是利用封闭在一定体积中某种气体的压强来测量气体温度的理想气体温度计。将装有低压气体的球

形容器 B 与盛有水银的细 U 形管相连。测量时，让 B 与待测物体接触，通过移动压强计右边的水银槽，使 U 形管中左边的水银面在不同温度下始终与指示针 O 保持同一水平，以保持球形容器 B 内的体积不变。当待测温度不同时，由理想气体的状态方程 $pV=\frac{m}{M}RT$ 可知，气体的压强也不同，它可以由 U 形管两侧水银柱的高度差 h 及当时的大气压强测出。那么任意状态下的温度，根据式（11.1）就可以求出，即

$$T=273.16\frac{p}{p_3}$$

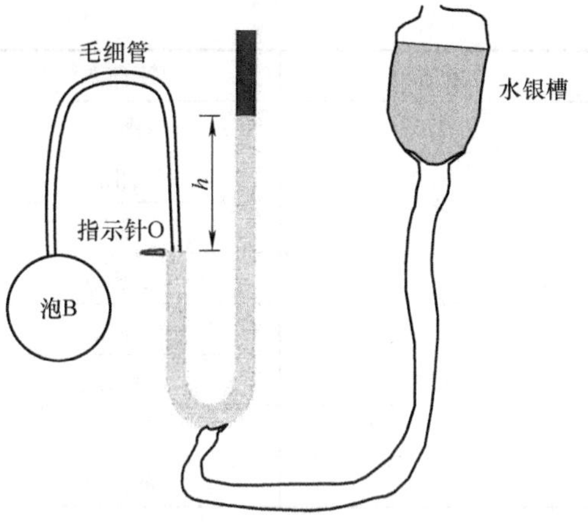

图 11.3　理想气体温度计

理想气体温标的建立是利用了气体的共性，它与测温物质没有关系，其测量误差相比于经验温标较小。但如果气体在液化温度下，就不能利用这一温标了。

由于经验温标的相对性和理想气体温标对低温和高温下的不适用性，迫使人们寻找不依赖任何物质的任何属性的温标。

（3）热力学温标　由于温度概念在热学理论中的重要性，建立一个完全不依赖于任何物质及其特殊性质的温标就尤为重要。开尔文曾在热力学第二定律的基础上引入一种能满足该项要求的温标，其标度法就是开氏标度法，即热力学温标。由于热力学温标与任何特定物质及其性质无关，而且对绝对零度以上的任何温度都具有意义，所以它是最理想的温标。但它只是一种理想温标，目前还没有具体实现。不过可以从理论上证明，理想气体温标在它所能使用的温度范围和热力学温标完全一致，这也就表明，可以用理想气体温标来实现热力学温标。在一般情况下，我们不再区分这两种温标，统称为热力学温标。热力学温度的单位是开尔文，简称“开”，用“K”表示。1K 等于水的三相点的热力学温度的 1/273.16。热力学温标是英国著名物理学家开尔文于 1848 年提出、1954 年国际会议确定的标准温标，它与摄氏温标之间的关系是

$$T=t+273.15$$

（4）国际温标　由于气体温度计的设备复杂，复现困难，且受测温范围的限制，不能满足科学技术上的各种需求。为了便于温度上的测量统一和规范，国际上经过多次修订，于 1968 年确定了国际实用温标（IPTS-68）。

规定 11 个可以复现的固定点（一定种类的纯物质的某种相平衡点，包括不同物质的凝固点、沸点、三相点。水的三相点只是其中之一）。各个固定点及其温度值见表 11.1。

将温度分为四个温度段，每个温度段使用的标准温度计分别是：第一段 13.81～273.15K，使用低温铂电阻温度计；第二段 273.15～903.89K，使用铂电阻温度计；第三段 903.89～1337.58K，使用铂铑热电偶温度计；第四段 1337.58K 以上，使用光学温度计。

表 11.1　国际实用温标（IPTS-68）

物质	平衡态	温度/K	温度/℃
氢	三相点	13.81	-259.34
	沸点（在 25℃/76atm 下）	17.042	-256.108
	沸点	20.28	-252.87

（续）

物质	平衡态	温度/K	温度/℃
氖	沸点	27.102	-246.048
氧	三相点	54.361	-218.789
	沸点	90.188	-182.962
水	三相点	273.16	0.01
	沸点	373.15	100.00
锌	凝固点	692.73	419.58
银	凝固点	1235.08	961.93
金	凝固点	1337.58	1064.43

11.3 热力学第一定律

当热力学系统温度发生变化时常常伴随着能量的变化。本节主要说明系统状态变化过程中的一些主要规律，首先介绍准静态过程，在此基础上引入功、热量和内能的概念，并阐明内能的改变与功、热量之间的关系。

11.3.1 准静态过程

处于平衡态的热力学系统，一旦受到外界的作用（例如，对系统做功或加热等），原来的平衡态就会遭到破坏，直到外界对它停止作用，经过一段时间后，各部分的状态又逐渐趋于一致，而达到另一个新的平衡态，即系统的状态发生了变化。当热力学系统的状态随时间变化时，我们就说系统经历了一个热力学过程，而这个过程是由一系列的中间状态组成的。

然而，实际发生的热力学过程往往进行得很快。当系统由某一个平衡态开始变化时，在还未到达相继的另一个新的平衡态之前，早已继续进行下一步的变化了。这样，系统在整个过程中必然要经历一系列的非平衡态，这种过程叫作非静态过程，亦称非平衡态过程。倘若系统在变化的过程中在每一时刻所经历的中间状态都非常接近于平衡态，则此过程就称为**准静态过程**。例如，当活塞快速推进而压缩气缸中的气体时，如图 11.4 所示，靠近活塞处的气体首先受到扰动而被压缩得稠密些，该处气体压强 p 将高于缸内其他处的气体压强，这时缸内各处的压强便不能时刻保持均匀一致，整个压缩过程将经历一个非静态过程。但是，当活塞足够缓慢地压缩气缸中的气体，并保持气体状态足够缓慢地变化时，靠近活塞处的气体压强 p 仅比缸内其他处的气体压强 p_i 稍有增加，这时气体的平衡态虽被破坏，但由于过程进行得较缓慢，有足够时间来达到下一个新的平衡态。于是，在过程进行中的任意时刻，可以近似地认为系统处于平衡态，而把系统的整个过程视作准静态过程。

在准静态过程中，由于系统所经历的每一个状态都可以当作平衡态处理，即都可以用一组确定的状态参量来描写，所以每个过程原则上都可以用一条平滑的过程曲线来表征，这就为热力学过程的研究提供了一个直观而方便的手段。例如，对于一定质量的理想气体来说，由于平衡态的参量 p、V、T 中只有两个量是独立的，所以给定任意两个参量的数值就确定了一个平衡态。因此，如果以压强 p 为纵坐标，体积 V 为横坐标，作 $p-V$ 图，则 $p-V$ 图上的任何一点都对应一个平衡态，而图中任意两点之间的任一条曲线都代表一个准静态过程，如图 11.5 所示。

对于非平衡态和非静态过程，因为系统内没有统一确定的参量，所以不能在 $p-V$ 图上表示出来。

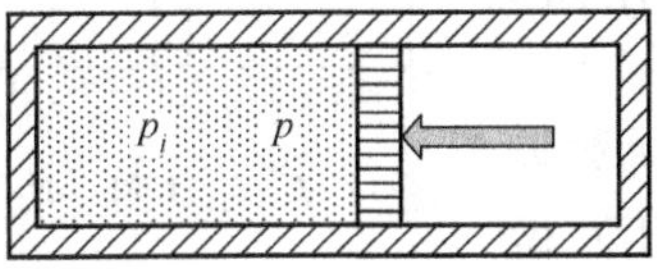

图 11.4 气体的压缩过程

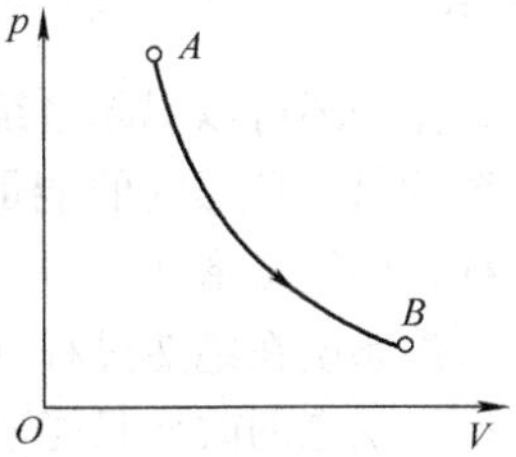

图 11.5 准静态过程的示意图

11.3.2 功

在力学中讲过，做功是物体与外界交换能量的过程，做功的结果是使物体的机械运动和机械能发生变化。但实际上功的概念很广泛，除了机械功外，还有电场功、磁场功等，其做功的结果还可以引起热运动状态、电磁运动状态等的变化。无论是哪一类型的功，做功的过程总是和能量的变化和运动形态的转化相联系。

在热力学中，准静态过程的功，尤其是当系统体积变化时压力所做的功具有重要意义。接下来我们研究封闭在带有活塞气缸中的气体。设一定质量的气体储存于如图 11.6 所示的气缸中。以 S 表示活塞的面积，气体作用于活塞的压强为 p，当气体经历一个准静态过程使活塞无摩擦地移动一微小距离 $\mathrm{d}l$ 时，气体对活塞所做的元功为

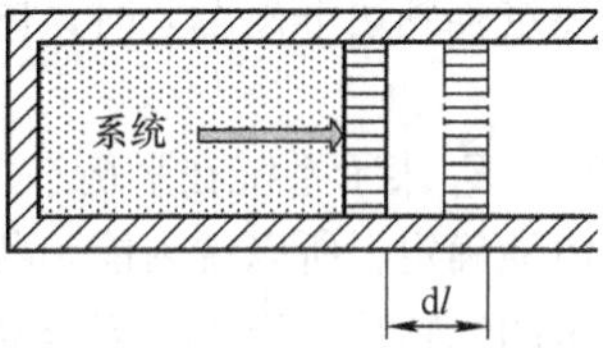

图 11.6 气体膨胀做功

$$\mathrm{d}A=pS\mathrm{d}l$$

由于 $S\mathrm{d}l=\mathrm{d}V$，所以上式可写为

$$\mathrm{d}A=p\mathrm{d}V$$

式中，p、V 都是描写气体平衡态的参量；$\mathrm{d}A$ 表示系统对外界（活塞）所做的功。当 $\mathrm{d}V>0$ 时，$\mathrm{d}A>0$，表示系统对外界做正功；当 $\mathrm{d}V<0$ 时，$\mathrm{d}A<0$，表示系统对外界做负功。

一般情况下，在体积变化的过程中，压强不是恒定不变的。为了计算在一个有限的准静态过程中系统的体积由 V_1 变到 V_2 时，系统对外界所做的总功，就需要知道这个过程中压强与体积的函数关系，那么所做的总功就为

$$A=\int_{V_1}^{V_2}p\mathrm{d}V \tag{11.2}$$

例 11.1 v 摩尔理想气体气体从状态 1 经等温膨胀到状态 2，设初态的压强为 p_1，初、末状态的体积分别为 V_1、V_2，求经此过程系统所做的功。

解 根据题意，过程中状态参量 p、V 间的关系 $pV=C(=p_1V_1)$，由式（11.2），系统在此过程中所做的功为

$$A=\int_{V_1}^{V_2}p\mathrm{d}V=\int_{V_1}^{V_2}\frac{C}{V}\mathrm{d}V=C\ln\frac{V_2}{V_1}=p_1V_1\ln\frac{V_2}{V_1}$$

另外，系统在准静态过程中所做的功还可以方便地在 $p-V$ 图上表示出来。在图 11.7 中，元功 $\mathrm{d}A$ 在 $p-V$ 图上可用画有斜线的面积来表示。当气体从初态Ⅰ准静态地变化到末态Ⅱ的过程中所做的功 A 等于许多这样的面积之总和，即过程线与 OV 轴在区间［V_1，V_2］内所包

围的面积。

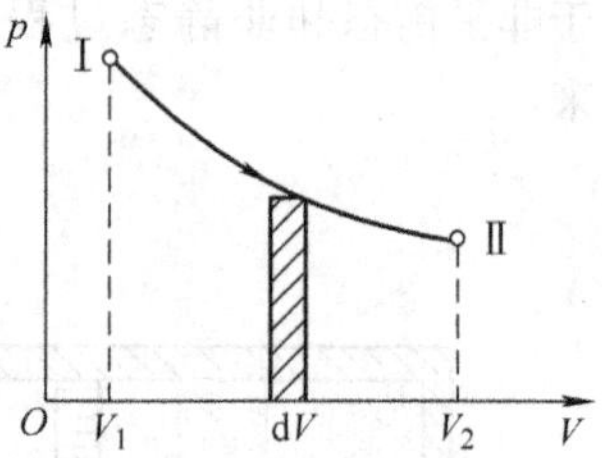

图 11.7 示功图—功的计算

11.3.3 内能

如前所述，做功还可以引起系统热运动状态的变化，所以做功还会改变系统的另一种形式的能量，即内能，这是在热力学中所要研究的一种新的能量形式。

内能可以通过系统在绝热过程（在这个过程中，系统与外界没有热量的交换，状态的改变只能通过机械或电的直接作用）做功来确定。可以设计以下实验，将系统（包括水及浸在水中的叶片和电阻丝）放在具有良好绝热的器壁中，通过两种不同的方式给系统做功。一是做机械功（搅拌），二是做电功（通电流），使系统由平衡态 1 变化到平衡态 2。如图 11.8 所示。大量实验结果表明，只要系统始末状态相同，其做功的数值都是相同的，同时也说明，系统经过绝热过程做功的数值与其做功的方式及经历过什么过程和状态无关，而只由始、末状态决定。进一步实验表明，两种方式做功相同，其系统中水的温度升高是一样的，表明通过做功，系统的能量发生了转变，这种能量即为内能（以 E 表示），它是一个只依赖于系统内部状态的函数。当热力学系统从平衡态 1 经过一个绝热过程到达平衡态 2 时，内能的增量等于外界对系统所做的功，即

$$E_2 - E_1 = -A = A' \tag{11.3}$$

式中，E_1 表示系统在平衡态 1 时的内能；E_2 表示系统在平衡态 2 时的内能，它们是由状态参量单值地确定，所以说内能是状态的单值函数；A 表示系统对外界所做的绝热功；A'表示外界对系统做的绝热功。当 $E_2 - E_1 > 0$ 时，即 $A < 0$，说明外界对系统做功；当 $E_2 - E_1 < 0$ 时，即 $A > 0$，说明系统对外界做功。

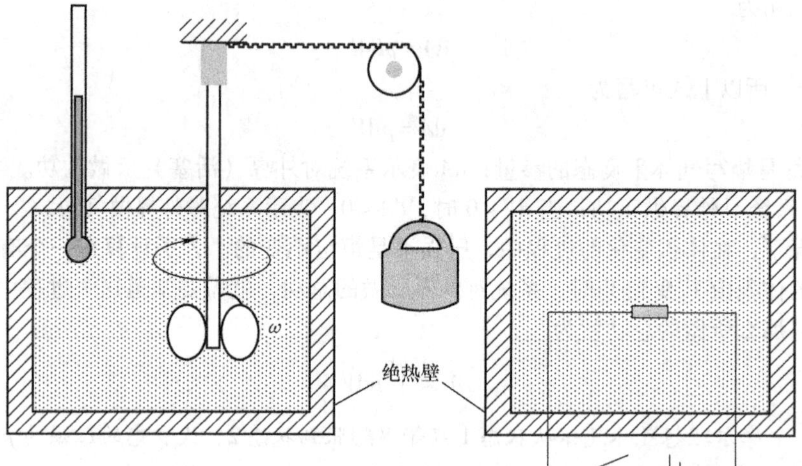

图 11.8 两种不同做功形式引起系统状态改变的装置

从式（11.3）可以看出，当系统从一个状态过渡到另一个状态时，其所消耗的绝热功在数值上等于两个态的内能差。依据该式，并不能确定任一状态的内能值，这种情况与力学中的重力势能相似，只有确定了某一参考点的重力势能，其他位置的重力势能才能完全确定。同样，某一状态的内能也是当标准状态（或参考态）的内能值确定后才能确定，其参考态的内能可以

任意选择并规定为零。在实际应用中，主要关注的是两态间的内能差，即内能的变化。

从以上分析看出，内能就是由热力学系统内部状态所决定的能量，它是系统状态的单值函数，当系统经过一绝热过程发生状态改变时，内能的增量等于外界对系统所做的功。这就是从宏观上对内能的定义。在下一章中，我们将从微观角度来进一步阐明内能的概念。

11.3.4 热量

做功是系统与外界交换能量的一种方式，外界对系统做功会使系统的状态（比如温度）发生改变，进而使系统的内能发生变化。另外，当两个温度不同的物体相互接触达到热平衡时，一定有能量从高温物体传向了低温物体，这种传递热运动能量的方式称为热传递，传递的能量就叫作热量。这是仅当系统与外界之间存在温度差时才会发生相互作用的另一种方式，但它同样可以使系统的状态发生变化，进而导致其内能发生变化。例如在图 11.8a 的实验装置中，去掉做功的叶片，并将容器底壁的绝热材料换成导热材料，用酒精灯对导热壁加热，同样可以使系统由状态 1 变到状态 2。由于内能是系统状态的单值函数，其内能也发生了相应的改变，这说明通过传热的方式也可以改变系统的内能。为了量度被传递能量的多少，我们引入热量的定义：热量就是在不做功的传热过程中系统内能变化的量度，通常用 Q 表示，即

$$Q = E_2 - E_1$$

由上式可以看出，热量的单位与能量的单位完全相同，按国际单位都是焦耳（J）。

在讨论功的意义时，曾经指出功是一个过程量，经历不同过程，其做功的数值是不同的，该结论对热量也同样成立。

11.3.5 热力学第一定律

当一个封闭的热力学状态发生变化时，往往同时存在以上两种相互作用，即系统与外界通过做功交换能量，又通过传热交换能量。当系统经历某一过程由平衡态 1 变到平衡态 2 时，设在这一过程中系统从外界吸收的热量为 Q，内能由 E_1 变为 E_2，系统对外所做的功为 A，由实验表明，系统内能的变化为

$$E_2 - E_1 = Q - A$$

$$\text{或 } Q = E_2 - E_1 + A \tag{11.4}$$

式（11.4）就是热力学第一定律的数学表达式，它表明，当热力学系统由某一平衡态经过任意过程到达另一个平衡态时，系统从外界所吸收的热量等于系统内能的增量和系统对外界做功之和。同时还说明，自然界中各种不同形式的能量都能够从一种形式转化为另一种形式，由一个系统传递给另一个系统，但在转化和传递中能量守恒。

热力学第一定律给出了内能、热量和功三者之间的数量关系，它适用于自然界中在两个平衡态之间发生的任何过程。如果系统只经历了一个无限小的状态变化，那么在这个微小的变化过程中，系统只吸收了无限小的热量和做了无限小的功，其内能的变化也无限小。这时式（11.4）就可以改写为如下形式：

$$đQ = \mathrm{d}E + đA \tag{11.5}$$

在式（11.5）中，因内能是状态函数，所以 $\mathrm{d}E$ 表示无限靠近的两个平衡态之间的内能差，而功和热量不是态函数，都与过程有关，所以 $đA$ 和 $đQ$ 只表示在无限小过程的一个无穷小量，所以用 d 字上加一横的符号 đ 来表示，以区别于态函数。

这里需要指出，当系统从内能为 E_1 的始态 1 改变到内能为 E_2 的末态 2 时，由于内能是状态的单值函数，所以系统的内能变化与过程无关，不论经历的过程如何，在过程的始、末状态既

定的情况下，其内能的改变量 E_2-E_1 就为一定值。

在发现热力学第一定律之前，曾有许多人试图制造一种机器，它可使系统不断地经历状态变化而仍能回到初始状态，即内能变化 $E_2-E_1=0$，同时又不消耗任何形式的能量而不断地对外做功，这种机器在历史上称为第一类永动机。然而，屡经实践，结果都失败了。根据热力学第一定律，做功必须提供能量。因此，第一类永动机是不能实现的。

小鸭喝水－永动机

例 11.2　有人设计一部机器，当燃料供给 1.05×10^8J 的热量时，要求机器对外做 30kW · h 的功，而放出 3.14×10^7J 的热量。问这部机器能工作吗？

解　依据所给条件，系统从外界所吸取的热量 $Q_1=1.05\times10^8$J，机器对外做的功 $A=30\text{kW}\cdot\text{h}=1.08\times10^8$J，系统向外界放热 $Q_2=3.14\times10^7$J。那么系统尽吸收的热量

$$Q=Q_1-Q_2=1.05\times10^8\text{J}-3.14\times10^7\text{J}=7.36\times10^7\text{J}<A$$

由此可以看出，系统从外界吸收的热量小于要求机器对外所做的功。因此，这部机器是不能工作的。

11.4　理想气体的内能　热容

为了应用热力学第一定律分析理想气体在任意变化过程中的能量的相互转化，我们先来研究理想气体的内能及热容。

11.4.1　理想气体的内能　焦耳实验

焦耳利用图 11.9 所示的内能测试实验装置：将气缸 A 内充以 22atm 的理想气体，气缸 B 内为真空，气缸 A、B 用阀门 C 隔开。整个装置放置于一个由绝热材料包裹的盛水容器中。当阀门 C 打开时，气缸 A 中的气体迅速向气缸 B 内部扩散，达到平衡时，焦耳测量了膨胀前后气体和水的平衡温度，发现绝热盛水容器内的水温没有变化。这个实验结果不仅说明气体在膨胀前后温度没有改变，同时还说明系统与外界也没有热量交换，此过程是气体进行的一个由绝热自由膨胀过程，并不属于准静态的等温过程。分析认为，在气体膨胀过程中，虽然后进入气缸 B 的气体对先进入气缸 B 中的气体做功了，但这个功是系统内部各部分之间所做的，其做功效果为零；而对于气体整体来说，由于气体在膨胀过程中不受外界阻力，所以系统对外界不做功，即 $A=0$。又由于系统与外界没有热量的交换，即 $Q=0$，由热力学第一定律可知，气体的内能保持不变，即有 $E_2=E_1$。

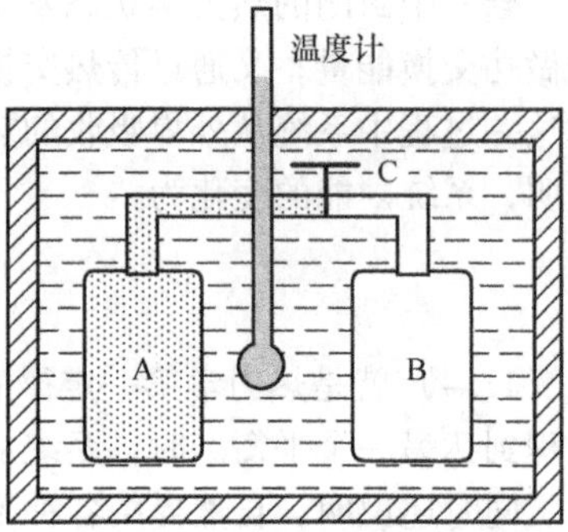

图 11.9　内能测试实验装置

焦耳实验的结果表明，尽管气体的体积发生了改变，但在体积变化的过程中温度并没有发生改变，进而说明气体的内能只与温度有关，与其体积是无关的。由此得出：理想气体的内能只能是温度的函数，即

$$E=E(T)\tag{11.6}$$

这一规律称为**焦耳定律**。由此可以更完善地给出理想气体的定义：严格遵从状态方程

$$pV=\nu RT\tag{11.7}$$

和焦耳定律的气体就叫作理想气体。式（11.7）中的 ν 为物质的量。实验表明，实际气体在压强不太大时，都近似遵循这两个规律，因而可近似看作是理想气体。

11.4.2 热容

实验指出，不同物质（可以是气体、液体或固体）在不同过程中升高相同温度时所吸收的热量一般是不同的。为了表示物质升高（或降低）1K 时所吸收（或放出）的热量，我们引入热容的定义：当一系统由于吸收一微小热量 $\mathrm{d}Q$ 而温度升高 $\mathrm{d}T$ 时，其热容的大小为

$$C=\frac{\mathrm{d}Q}{\mathrm{d}T} \tag{11.8}$$

上面热容的定义与系统的质量和经历的过程有关。为了表示一定种类的物质在一定过程中升温吸热的情况，常常引入比热容（$c=C/m$）和摩尔热容（$C_{\mathrm{m}}=C/\nu$），摩尔热容又分为摩尔定容热容和摩尔定压热容两种，分别用 $C_{V,\mathrm{m}}$ 和 $C_{p,\mathrm{m}}$ 表示，其定义分别为

$$C_{V,\mathrm{m}}=\frac{1}{\nu}\left(\frac{\mathrm{d}Q}{\mathrm{d}T}\right)_V \tag{11.9}$$

$$C_{p,\mathrm{m}}=\frac{1}{\nu}\left(\frac{\mathrm{d}Q}{\mathrm{d}T}\right)_p \tag{11.10}$$

式中，角标 V 和 p 分别表示过程中的体积和压强不变。一个系统的 $C_{V,\mathrm{m}}$ 和 $C_{p,\mathrm{m}}$ 在通常情况下是不相等的，对于液体和固体，由于体积随压强的变化很小，所以摩尔定容热容和摩尔定压热容也相差很小，一般不加以区别。但对于气体，二者有明显的不同。下面来讨论理想气体的摩尔热容。

对于 $\nu(\mathrm{mol})$ 理想气体进行的体积不变的准静态过程，由于 $\mathrm{d}A=p\mathrm{d}V=0$，在经历一个微小变化过程后，气体从外界吸收的热量为

$$(\mathrm{d}Q)_V=\mathrm{d}E \tag{11.11}$$

由此可以得到摩尔定容热容为

$$C_{V,\mathrm{m}}=\frac{1}{\nu}\left(\frac{\mathrm{d}Q}{\mathrm{d}T}\right)_V=\frac{1}{\nu}\left(\frac{\mathrm{d}E}{\mathrm{d}T}\right)_V \tag{11.12}$$

内能的增量为

$$\Delta E = E_2 - E_1 = \nu\int_{T_1}^{T_2} C_{V,\mathrm{m}}\mathrm{d}T \tag{11.13}$$

对于压强不变的过程，由于 $\mathrm{d}A=p\mathrm{d}V$，在经历一个微小变化过程后，气体从外界吸收的热量为

$$(\mathrm{d}Q)_p=\mathrm{d}E+p\mathrm{d}V \tag{11.14}$$

而对于理想气体，因其内能仅仅是温度的函数，只要温度变化 $\mathrm{d}T$ 相同，则任意过程的内能改变都相同，因而等压过程与等容过程的内能改变相同，于是可将式（11.11）代入式（11.14），得

$$\nu C_{p,\mathrm{m}}\mathrm{d}T=\nu C_{V,\mathrm{m}}\mathrm{d}T+p\mathrm{d}V \tag{11.15}$$

再对同一状态下理想气体的状态方程 $pV=\nu RT$ 两边微分，即

$$p\mathrm{d}V+V\mathrm{d}p=\nu R\mathrm{d}T$$

在等压过程中，由于 $\mathrm{d}p=0$，所以上式可化简为

$$p\mathrm{d}V=\nu R\mathrm{d}T$$

将此结果代入式（11.15），即可得到

$$\nu C_{p,\mathrm{m}}\mathrm{d}T=\nu C_{V,\mathrm{m}}\mathrm{d}T+\nu R\mathrm{d}T$$

经化简可得

$$C_{p,m} = C_{V,m} + R \tag{11.16}$$

式（11.16）称为迈耶公式，它表明理想气体摩尔定压热容等于摩尔定容热容与摩尔气体常数之和。由式（11.16）可以看出，因摩尔气体常数 R 恒为正值，所以 $C_{p,m} > C_{V,m}$。

11.5 热力学第一定律对理想气体的应用

下面应用热力学第一定律来分析理想气体在几种特殊热力学过程中的能量转化情况，主要讨论准静态过程。

11.5.1 等容过程

等容过程就是把理想气体存储在一个密闭固定的容器内，将容器与一系列的微小热源相继热接触，使容器内的气体被缓慢加热，气体的温度将会慢慢上升，压强增大，但其体积始终保持不变，这一过程就称为准静态的等容过程，它在 $p-V$ 图上是一条平行于 p 轴的直线，称为等容线，如图 11.10 所示。在等容过程中，由于体积不变，系统对外所做的功 $A=0$。根据热力学第一定律有

$$Q_V = \Delta E$$

上式表明，等容过程中传递的热量在数值上等于系统内能的改变。

根据摩尔定容热容的定义，在等容过程中温度由 T_1 升高到 T_2 时，物质的量为 ν 的理想气体所吸收的热量为 $Q_V = \nu C_{V,m}(T_2 - T_1)$，因而内能的增量也为

$$\Delta E = \nu C_{V,m}(T_2 - T_1) \tag{11.17}$$

11.5.2 等压过程

等压过程就是在压强保持不变的情况下，缓慢地向存储在气缸内的气体传热的过程。等压过程在 $p-V$ 图上是一条平行于 V 轴的直线 DF，如图 11.11 所示。在等压过程中，由于压强不变，当体积由 V_1 变化到 V_2 时，系统对外所做的功 $A = p(V_2 - V_1)$。说明功 A 在数值上等于图中阴影部分的面积。

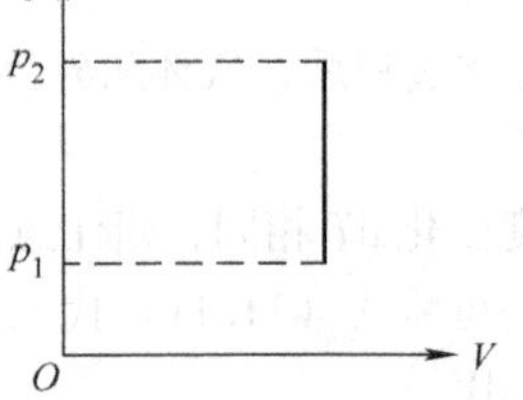

图 11.10

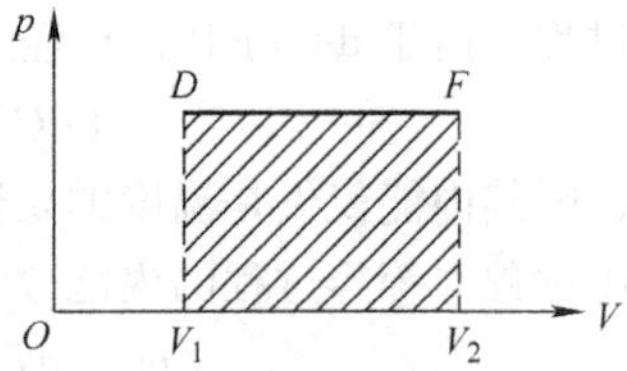

图 11.11

由摩尔定压热容的定义式可知，物质的量为 ν 的理想气体在等压过程中温度由 T_1 升高到 T_2 时，系统从外界吸收的热量为

$$Q_p = \nu C_{p,m}(T_2 - T_1) \tag{11.18}$$

根据热力学第一定律，在等压过程中系统内能的增量为

$$\Delta E = Q_p - A = \nu C_{p,m}(T_2 - T_1) - p(V_2 - V_1)$$

将理想气体的状态方程 $pV = \nu RT$ 和迈耶公式（11.16）代入上式，便得到

$$\Delta E = Q_p - A = \nu(C_{V,\mathrm{m}} + R)(T_2 - T_1) - \nu R(T_2 - T_1)$$
$$\Delta E = \nu C_{V,\mathrm{m}}(T_2 - T_1)$$

由以上推导可以看出，理想气体在等压过程中的内能增量与等容过程中内能增量的公式（11.17）完全一样。但这个结果并不是巧合，而是理想气体内能仅仅是温度的函数这一性质所决定的必然结果。同时也说明，只要始末温度一样，对于任意过程，理想气体的内能增量都可以用式（11.17）。

11.5.3　等温过程

等温过程就是系统温度保持不变的情况下，缓慢的向气缸进行传热，这一过程就称为等温过程。在 $p-V$ 图上可以用一条等边的双曲线 BC 来表示，如图 11.12 所示。由于理想气体仅仅是温度的函数，因而在等温过程中，理想气体的内能不变，即 $\Delta E=0$。由热力学第一定律可获得在此过程中热量与功的关系为

$$Q_T = A$$

上式表明，在等温膨胀过程中，系统吸收的热量全部用来对外做功；而在等温压缩过程中，外界对系统所做的功全部转化为系统向外界所放出的热量。

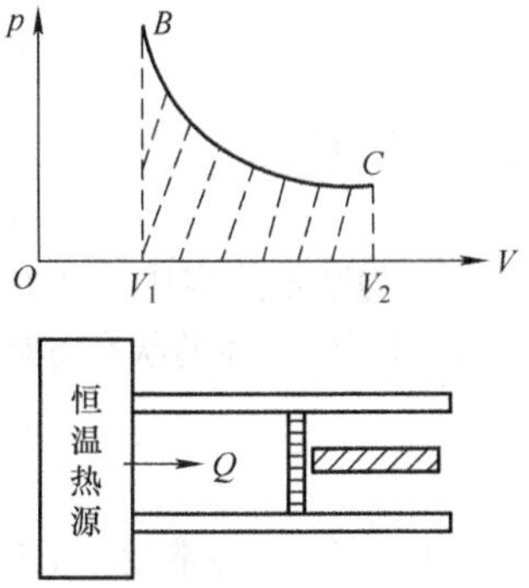

图　11.12

现在来计算等温过程中系统对外所做的功。设理想气体由状态 $B(p_1, V_1)$ 经等温变化到状态 $C(p_2, V_2)$，由功的定义式（11.2）可知，系统对外所做的功为

$$A = \int_{V_1}^{V_2} p\mathrm{d}V = \nu RT\ln\frac{V_2}{V_1} \tag{11.19}$$

其结果在数值上等于等温线 BC 与横坐标 V 所包围的阴影线部分的面积。在等温过程中，若气体做等温膨胀（$V_2>V_1$），$A>0$，则系统对外做正功；若气体做等温压缩（$V_2<V_1$），$A<0$，则系统对外做负功，说明外界对系统做正功。

11.5.4　绝热过程

绝热过程可以理解为系统与外界始终没有热量交换的过程。例如系统（气缸）被良好的绝热材料包裹，或者由于过程进行得很快，来不及热量交换，这样的过程就称为绝热过程。然而在实际过程中，热量的传递通常比较缓慢，一个过程只要进行得非常快，就可以看作是绝热过程。例如在工程技术中，蒸汽机、内燃机气缸中气体进行的有些压缩和膨胀过程非常快，来不及与四周交换热量，就可以近似看作是绝热过程。在绝热过程中，$Q=0$，根据热力学第一定律可得

$$E_2 - E_1 + A = 0$$
$$A = (E_1 - E_2) = \nu C_{V,\mathrm{m}}(T_1 - T_2) \tag{11.20}$$

式（11.20）表明，在绝热过程中，系统内能的改变是由于外界与系统之间做功引起的。若气体被压缩，外界对系统做功，$A<0$，则 $E_1-E_2<0$，即内能增加，$T_2>T_1$，气体温度升高；反之，若气体膨胀对外做功，$A>0$，则 $E_1-E_2>0$，内能减少，$T_2<T_1$，气体温度降低。

由以上分析可以看出，当气体做绝热膨胀时，气体的体积在不断增大，而同时内能的减少将会导致温度的降低，且压强随体积的增大又会变小，这就意味着在绝热过程中，用以描述气体状态的三个状态参量（p，V，T）都在同步变化。那这三个状态参量之间存在一个什么样的

关系呢？下面我们以理想气体经历一个微小的绝热过程来分析。

对于一个微小的绝热准静态过程，由式（11.20）有

$$-pdV=\nu C_{V,m}dT \tag{11.21}$$

而 p、V、T 三个状态参量又同时满足理想气体的状态方程 $pV=\nu RT$，将其状态方程微分，可得

$$pdV+Vdp=\nu RdT \tag{11.22}$$

由式（11.21）和式（11.22）消去 dT，便得

$$(C_{V,m}+R)pdV=-C_{V,m}Vdp$$

又因 $C_{p,m}=C_{V,m}+R$，令 $\gamma=C_{p,m}/C_{V,m}$，则上式便可改写为

$$\frac{dp}{p}=-\gamma\frac{dV}{V}\text{或写成}\frac{dp}{p}+\gamma\frac{dV}{V}=0$$

上式经积分后为

$$pV^{\gamma}=C_1 \tag{11.23}$$

式中，γ 为摩尔热容比，又称为泊松比，通常随温度变化很小，可视为常数；C_1 为常量。

利用理想气体的状态方程 $pV/T=C$ 还可以得到，

$$TV^{\gamma-1}=C_2 \tag{11.24}$$

$$p^{\gamma-1}T^{-\gamma}=C_3 \tag{11.25}$$

式中，C_2、C_3 均为常量。上述三式都称为绝热过程的过程方程。

图 11.13 所示的 $p-V$ 图上画出了绝热过程的过程曲线 AB，同时还画出了等温线 CD。从图中可以看出，绝热线与等温线陡度是不同的。这可以通过数学方法求其两曲线的斜率来进行比较。由 $pV=C$ 可以求出等温线的斜率为

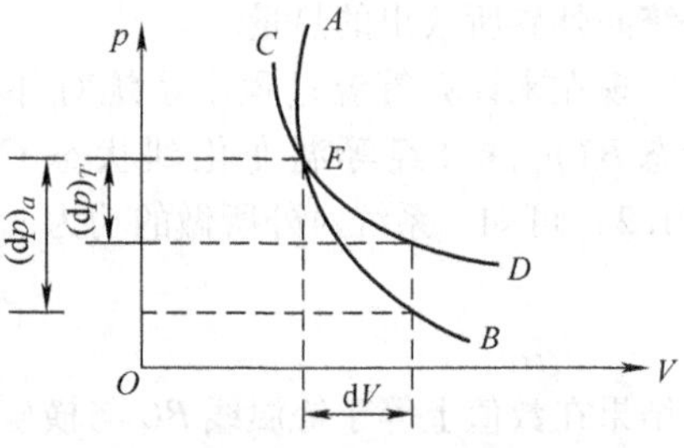

图 11.13 等温线与绝热线斜率的比较

$$\frac{dp}{dV}=-\frac{p}{V}$$

而绝热线的斜率为

$$\frac{dp}{dV}=-\gamma\frac{p}{V}$$

由于 $\gamma=\frac{C_{p,m}}{C_{V,m}}>1$，以致两条线在交点 E 处绝热线的斜率（绝对值）要比等温线的斜率大，所以两条线相比，绝热线要比等温线陡些。从物理角度分析：当气体由图中两曲线的交点 E 状态继续膨胀同样的体积 dV 时，若是等温过程，其压强的减小 $(dp)_T$ 仅仅是由于体积的增大所引起；若是绝热过程，其压强的减小 $(dp)_a$ 则不仅是由于体积增大而引起，同时还由于系统对外做功而导致其内能减少、温度降低所引起的，所以 $(dp)_a>(dp)_T$，表明气体在改变相同的体积时，经绝热膨胀后的压强改变要大于等温膨胀后的压强改变，进一步说明绝热线比等温线陡。

例 11.3 一定质量的理想气体，从初态（p_1，V_1）经准静态的绝热过程体积膨胀到 V_2，求在此过程中气体对外所做的功。设该气体的摩尔热容比为 γ，摩尔定容热容为 $C_{V,m}$，并导出 $C_{V,m}$ 与 γ 之间的关系。

解 由式（11.23）可得

$$pV^{\gamma}=p_1V_1^{\gamma}$$

$$p=p_1\frac{V_1^{\gamma}}{V^{\gamma}}$$

将上式代入功的计算式（11.2），即有

$$
\begin{aligned}
A &= \int_{V_1}^{V_2} p\mathrm{d}V = p_1 V_1^{\gamma} \int_{V_1}^{V_2} \frac{\mathrm{d}V}{V^{\gamma}} \\
&= \frac{p_1 V_1^{\gamma}}{1-\gamma}(V_2^{1-\gamma} - V_1^{1-\gamma}) \\
&= \frac{p_1 V_1}{\gamma - 1}\left[1 - \left(\frac{V_1}{V_2}\right)^{\gamma-1}\right]
\end{aligned}
\tag{11.26}
$$

式（11.26）还可以通过热力学第一定律（$Q = \Delta E + A$，且 $Q = 0$）和理想气体的状态方程求得，即

$$
\begin{aligned}
A &= -\Delta E = \nu C_{V,\mathrm{m}}(T_1 - T_2) \\
&= \nu C_{V,\mathrm{m}}\left(\frac{p_1 V_1}{\nu R} - \frac{p_2 V_2}{\nu R}\right) = \frac{C_{V,\mathrm{m}}}{R}\left(p_1 V_1 - \frac{p_1 V_1^{\gamma}}{V_2^{\gamma}} V_2\right) \\
&= \frac{C_{V,\mathrm{m}}}{R} p_1 V_1 \left[1 - \left(\frac{V_1}{V_2}\right)^{\gamma-1}\right]
\end{aligned}
\tag{11.27}
$$

由式（11.26）和式（11.27）便可以得到 $C_{V,\mathrm{m}}$ 与 γ 之间的关系，即

$$
C_{V,\mathrm{m}} = \frac{R}{\gamma - 1}
\tag{11.28}
$$

11.6　循环过程

热转化为功的过程需要某种装置通过工作物质（简称**工质**）将所吸收的热量转变为对外所做的机械功，这样的装置就称为**热机**，例如蒸汽机、内燃机、汽轮机等都属于热机。从前面介绍的几个热力学过程来看，理想气体的等温膨胀过程是最有利的，因为在此工作过程中物质的内能不变，所吸收的热量全部用于对外做功。但在实际中仅靠单一的气体膨胀过程来做功的机器是不存在的。因为热机中气缸的长度总是有限的，气体不可能无止境的膨胀下去。即使气缸做得很长，最后当气体的压强减小到与外界压强相等时，也就不能继续做功了。由此可以看出，要想继续不断地进行这种热功之间的转换，就必须使工作物质经膨胀做功后回到原来的初始状态，以便再次重复这样的做功过程。这种闭合状态的变化过程就称为循环过程。更准确地说，一热力学系统（如气体、液体）由某一平衡态出发，经过一系列变化后又回到原来状态的整个过程，称为**循环过程**，简称循环。如果过程进行得非常缓慢，就可以看作是准静态循环过程。这种循环在 $p-V$ 图上可用一条闭合曲线来表示，如图 11.14 所示。如果过程的进行是沿着闭合曲线 $abcda$ 的顺时针方向完成的，就称此循环为正循环，又称热循环；反之为逆循环，又称制冷循环。只有利用循环过程，才可以把热持续不断地转变为功。

热机的
工作原理

由于内能是状态的单值函数，所以当工质经历任何一个循环回到原来的状态时，它的内能不变，即 $\Delta E = 0$，根据热力学第一定律有 $Q = A$。

11.6.1　正循环及热机效率

系统从高温热源吸收热量，部分用以对外做功，部分用以向低温热源释放热量，这样的循环就称为正循环。如图 11.15 所示的循环过程 $a-b-c-d-a$ 是一个沿顺时针方向进行的过程，

在过程 abc 中，系统膨胀对外做功，其功的大小在数值上等于 $abcef$ 曲线所包围的面积；在过程 cda 中，外界对系统做功，即系统对外界做负功，其大小等于 $cdafe$ 所包围的面积。因此，在一个循环中，系统对外界做的净功就等于上述两面积之差，即闭合曲线 $abcda$ 所包围的阴影面积，通常用 A 来表示。显然，这个功是一个正功。按照热力学第一定律可知，在整个循环过程中，系统从外界吸收的总热量 Q_1 必然大于放出的总热量 Q_2，其差值 Q_1-Q_2 就等于对外界所做的净功 A。

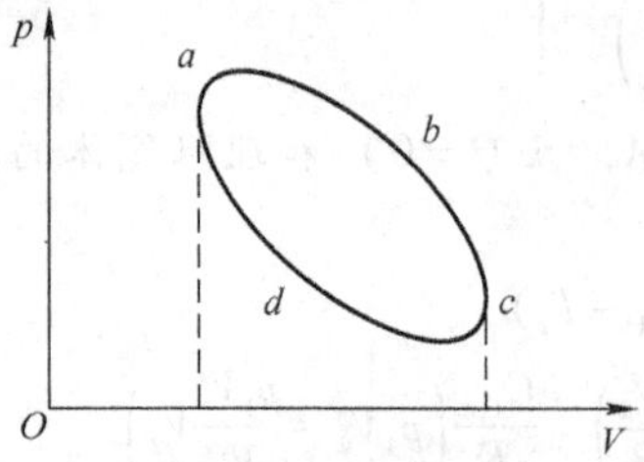

图 11.14　循环过程

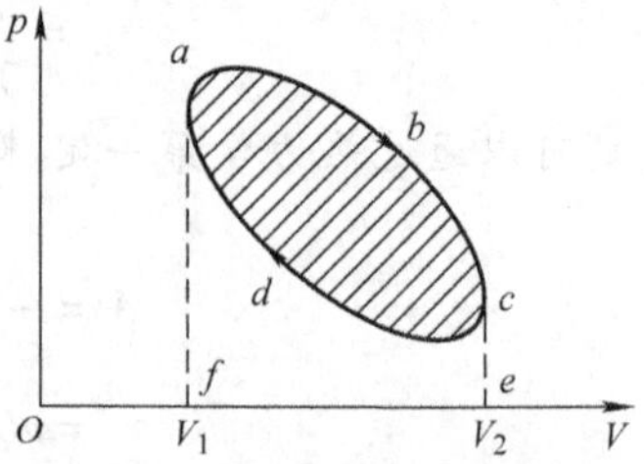

图 11.15　热机的循环过程

在一个循环中，为了表示系统从外界吸收热量后有多少可以转化为对外输出的有用功，我们引入热机效率的定义，即

$$\eta=\frac{A}{Q_1}=\frac{Q_1-|Q_2|}{Q_1}=1-\frac{|Q_2|}{Q_1} \tag{11.29}$$

式中，A 为在一个循环过程中系统对外界所做的净功；Q_1 表示系统从高温热源吸收的总热量；Q_2 表示系统向低温热源放出的总热量。由此可以看出，不同的热机其循环过程不同，效率也就不同。

例 11.4　在图 11.16 所示的循环（称焦耳循环）中，设 $t_1=27℃$，$t_2=127℃$，问燃烧 50kg 汽油可得到多少功？（已知汽油的燃烧值 $Q_a=4.69\times10^9\,\text{J/kg}$）

解　已知 $T_1=(273+27)\,\text{K}=300\text{K}$，$T_2=(273+127)\,\text{K}=400\text{K}$，$Q_1=Q_a=4.69\times10^9\,\text{J/Kg}$。在焦耳循环中，由于1→2 和 3→4 是绝热过程，所以 $Q_{12}=Q_{34}=0$，而 2→3 过程是等压吸热过程，4→1 是等压放热过程，所以系统经历一次循环，其总吸热 $Q_1=Q_{23}$，总放热 $|Q_2|=|Q_{41}|$，而 $Q_1=Q_{23}=\nu C_{p,\text{m}}(T_3-T_2)$，$|Q_2|=|Q_{41}|=\nu C_{p,\text{m}}(T_1-T_4)$，循环效率

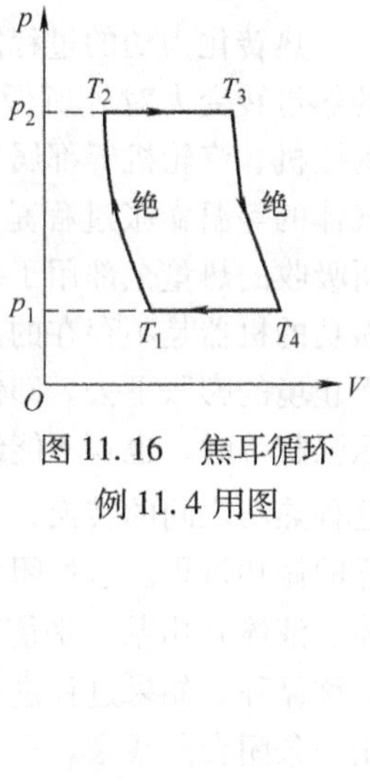

图 11.16　焦耳循环
例 11.4 用图

$$\eta=1-\frac{|Q_2|}{Q_1}=1-\frac{T_4-T_1}{T_3-T_2}=1-\frac{T_1(T_4/T_1-1)}{T_2(T_3/T_2-1)}$$

由 1→2 和 3→4 绝热过程方程可知

$$\frac{p_1^{\gamma-1}}{T_1^{\gamma}}=\frac{p_2^{\gamma-1}}{T_2^{\gamma}}\Rightarrow\left(\frac{p_1}{p_2}\right)^{\gamma-1}=\left(\frac{T_1}{T_2}\right)^{\gamma}$$

$$\frac{p_2^{\gamma-1}}{T_3^{\gamma}}=\frac{p_1^{\gamma-1}}{T_4^{\gamma}}\Rightarrow\left(\frac{p_1}{p_2}\right)^{\gamma-1}=\left(\frac{T_4}{T_3}\right)^{\gamma}$$

由上式便可得到

$$\frac{T_1}{T_2}=\frac{T_4}{T_3}\Rightarrow\frac{T_4}{T_1}=\frac{T_3}{T_2}$$

所以效率

$$\eta=1-\frac{T_1}{T_2}=1-\frac{300}{400}=25\%$$

燃烧 50kg 汽油可得到的功为

$$A=mQ_a\eta=50\times4.69\times10^9\times25\%\,\text{J}=5.86\times10^{10}\,\text{J}$$

11.6.2　逆循环及制冷系数

逆循环反应是制冷机的循环过程，图 11.17 所示的逆循环 $a-d-c-b-a$ 即为制冷机循环过程。当循环过程沿着逆时针方向进行时，分过程 adc 为膨胀过程，系统对外界做功，其功的大小在数值上等于 $adcef$ 曲线所包围的面积；cba 为压缩过程，外界对系统做功，其大小等于 $cbafe$ 所包围的面积。经过整个循环过程，外界对系统做净功在数值上等于上述两面积之差，即循环曲线 $adcba$ 所包围的阴影面积。而完成一次循环因其内能的改变量为零，由热力学第一定律可知，外界对系统做净功 $A'=|Q_1|-Q_2$，式中 Q_2 表示工作物质在一次循环中从低温热源吸收的总热量，Q_1 表示向高温热源放出的总热量。从以上分析可以看出，工作物质从低温热源吸取热量越多，其温度就会降低越多，从而达到制冷的作用，例如电冰箱、空调等。由于工作物质从低温热源吸取热量是以外界对工作物质做功为代价的，所以制冷机常常以从低温热源吸取的热量 Q_2 与外界消耗的功 A' 的比值来衡量制冷的效果，这个比值就定义为制冷机的制冷系数，通常用 w 来表示，即

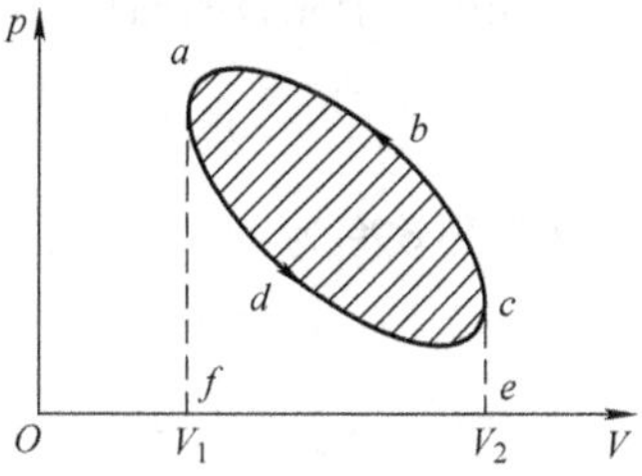

图 11.17　制冷机的循环过程

$$w=\frac{Q_2}{A'}=\frac{Q_2}{|Q_1|-Q_2} \tag{11.30}$$

由式（11.30）可知，消耗外界的功越小，工质从低温热源吸收的热量越多，其制冷系数越大，表明制冷机的效果越好。

11.6.3　卡诺循环

18 世纪后期，蒸汽机虽然得到了广泛的应用，但其效率是很低的，不超过 10%，90% 以上的热量都耗散了。对此人们开始改进蒸汽机，探索哪种循环的效率能更高些。

经过长期的探索，1824 年法国青年工程师卡诺分析了各种热机的设计方案和结构，提出了一种工质只与两个恒温热源交换热量的准静态理想循环，没有漏气和散热等影响，并从理论上证明了它的效率最高。这种循环就称为**卡诺循环**，其循环工作的热机称为**卡诺热机**。

1. 卡诺正循环及效率

图 11.18 所示是以理想气体为工质的卡诺正循环。这个循环由四个过程构成，其中 $A\to B$ 是等温膨胀过程，$B\to C$ 是绝热膨胀过程，$C\to D$ 是等温压缩过程，$D\to A$ 是绝热压缩过程。在经历一次循环中，各个过程的能量交换如下：

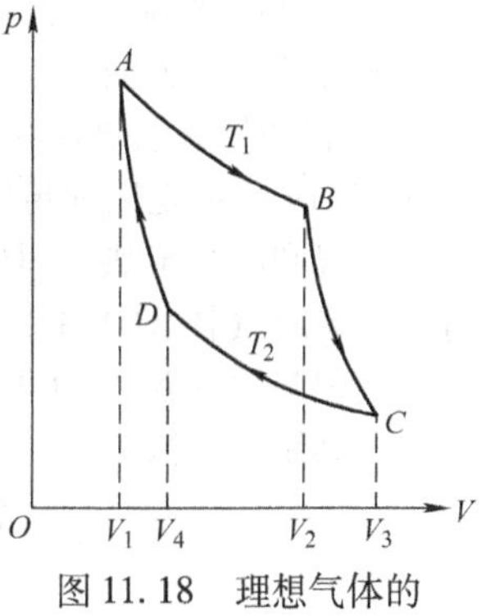

图 11.18　理想气体的卡诺正循环

系统由状态 A 到状态 B 是等温膨胀过程，系统从高温热源 T_1 吸热，即

$$Q_1=\nu RT_1\ln\frac{V_2}{V_1}$$

同时对外做功；从状态 B 到状态 C 是绝热膨胀过程，在膨胀过程中，系统与外界没有热量交换，但对外界做功，使气体温度降到 T_2；从状态 C 到状态 D 是等温压缩过程，外界对系统做功，气体向低温热源放热，即

$$|Q_2|=\nu RT_2\ln\frac{V_3}{V_4}$$

从状态 D 到状态 A 是绝热压缩过程，气体与外界没有热量交换，而外界对系统做功，使气体温度升高到 T_1，系统回到原来的状态。

在经历一个完整的循环后，由于内能不变，所以系统对外所做的净功为

$$A = Q_1 - Q_2 = \nu RT_1 \ln \frac{V_2}{V_1} - \nu RT_2 \ln \frac{V_3}{V_4}$$

其卡诺循环效率为

$$\eta_c = \frac{A}{Q_1} = \frac{T_1 \ln \frac{V_2}{V_1} - T_2 \ln \frac{V_3}{V_4}}{T_1 \ln \frac{V_2}{V_1}} \tag{11.31}$$

根据 BC 和 DA 绝热过程的过程方程，有

$$T_1 V_1^{\gamma-1} = T_2 V_2^{\gamma-1} \Rightarrow \frac{T_1}{T_2} = \left(\frac{V_2}{V_1}\right)^{\gamma-1}$$

$$T_2 V_3^{\gamma-1} = T_1 V_4^{\gamma-1} \Rightarrow \frac{T_1}{T_2} = \left(\frac{V_3}{V_4}\right)^{\gamma-1}$$

将以上两式代入卡诺效率式（11.31）中，有

$$\eta_c = \frac{T_1 - T_2}{T_1} = 1 - \frac{T_2}{T_1} \tag{11.32}$$

式（11.32）表明，理想气体卡诺循环的效率只由高温热源温度和低温热源温度决定，与工质的种类无关，卡诺循环的效率只能小于1，不可能等于1。

例 11.5 现代热电厂的高温热源温度为600℃，利用此温度下的水蒸气推动汽轮发电机后，在温度为30℃的冷凝器中冷却，如果把它看作是理想气体的卡诺循环，试求其循环效率。

解 因为高温热源温度 $T_1 = (600+273)\mathrm{K} = 873\mathrm{K}, T_2 = (273+30)\mathrm{K} = 303\mathrm{K}$

所以卡诺循环效率为

$$\eta_c = 1 - \frac{T_2}{T_1} = 1 - \frac{303\mathrm{K}}{873\mathrm{K}} = 65\%$$

实际上，由于各种损耗，其效率远远比此值低，只能达到36%左右。

由式（11.32）还可以看出，若 T_1 越大，T_2 越小，则效率越高。也就是说，两个热源温度差越大，从高温热源所吸收的热量 Q_1 利用率越高，进而指明了提高热循环效率的方向。

2. 卡诺逆循环及制冷系数

图 11.19 所示是以理想气体为工质的卡诺逆循环，它仍然是由两个等温和两个绝热过程构成。若使卡诺循环沿着逆时针方向进行，外界对气体做功 A'，气体向低温热源（温度为 T_2）吸热 Q_2，向高温热源（温度为 T_1）放热 $Q_1 = Q_2 + A'$，则这是一个制冷循环，其制冷系数为

$$w_c = \frac{Q_2}{A'} = \frac{Q_2}{|Q_1| - Q_2}$$

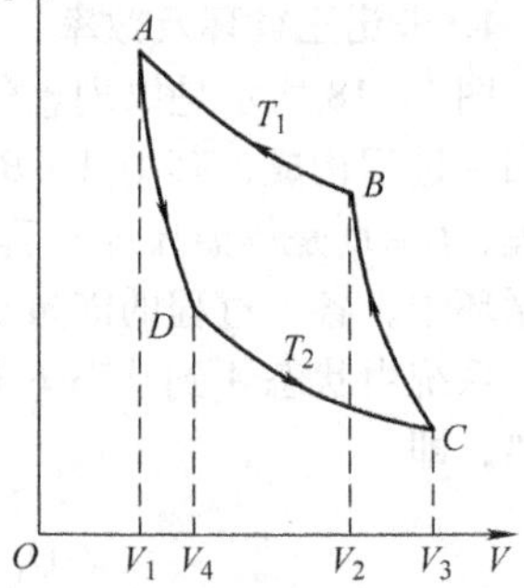

图 11.19 理想气体的卡诺逆循环

利用逆循环连续不断地做功，由上式可以看出，制冷系数越大，表明制冷机的性能越好。

对于以理想气体为工质的卡诺制冷循环，它由两条等温线和两条绝热线构成，并沿逆时针方向进行，其循环的制冷系数为

$$w_c = \frac{Q_2}{A'} = \frac{Q_2}{|Q_1| - Q_2} = \frac{T_2}{T_1 - T_2} \tag{11.33}$$

式（11.33）表明，卡诺制冷系数只与高温热源的温度和低温热源的温度有关，与其工质无关系。低温热源的温度 T_2 越小，其制冷系数 w_c 越小，说明要从温度越低的低温热源吸取热量，就必须消耗越多的外界功；反之，高温热源的温度 T_1 越大，制冷系数 w_c 也越小，表明制冷机的效果越好。

电冰箱是把内部的冷冻室作为低温热源，周围环境作为高温热源；空调是把室内作为低温热源，而把室外作为高温热源。

顺便指出，逆向循环也可以用作热泵。热泵与制冷机的工作原理是相同的，只是用于不同的目的，前者是用于给高温热源供热，后者的目的是使低温热源排热。例如在严寒的冬季，把室外作为低温热源，房间作为高温热源，通过工质从低温热源吸热（Q_2），在高温热源放热（Q_1），这是逆循环，这种不断向室内供热的“空调器”就称为热泵。

例 11.6 理想气体做卡诺循环，在热源温度为 100℃，冷却器温度为 0℃ 时，每经历一次循环，做净功 8kJ。今维持冷凝器温度不变，提高热源温度，使净功增加为 10kJ，若此两个循环都工作于相同的两条绝热线之间，问：此时热源温度为多少？这时效率为多少？

解 因理想气体做卡诺循环，且高温热源温度 $T_1=(273+100)\text{K}=373\text{K}$，低温热源温度 $T_2=273\text{K}$，对外做净功 $A=8\text{kJ}$，所以经历一次循环的效率为

$$\eta_c=1-\frac{T_2}{T_1}=1-\frac{273\text{K}}{373\text{K}}=26.8\%$$

又因为

$$\eta_c=\frac{A}{Q_1}=\frac{A}{A+|Q_2|}\Rightarrow|Q_2|=21.85\text{kJ}$$

现维持冷凝器温度不变，高温热源温度提高到 T_1'，且循环仍工作于相同的两条绝热线之间，所以该循环中理想气体从低温热源吸取的热量为 $Q_2'=Q_2$，其卡诺循环效率为

$$\eta_c'=\frac{A'}{Q_1'}=\frac{A'}{A'+|Q_2'|}=\frac{A'}{A'+|Q_2|}$$

且 $\eta'_c=1-\dfrac{T_2}{T_1'}=\dfrac{A'}{A'+|Q_2|}$，所以 $T_1'=398\text{K}$

所以 $\eta_c'=1-\dfrac{T_2}{T_1'}=1-\dfrac{273\text{K}}{398\text{K}}=31.4\%$

11.7 热力学第二定律

热力学第一定律给出了热量、功和系统内能之间的相互转化关系，说明自然界一切热力学过程都遵循能量守恒定律，但满足能量守恒的过程就一定能实现吗？不一定，满足能量守恒还需要考虑过程进行的方向性，这就是本节要介绍的内容——热力学第二定律。

自然界一切自发过程进行的方向和限度是本节讨论的核心问题。我们首先结合热机效率等问题给出热力学第二定律的两种描述，并说明它们是等价的。

11.7.1 热力学第二定律的基本表述

热力学第二定律是在研究热机效率时发现的。19 世纪初，随着工业社会的发展和科技水平的提高，蒸汽机等热机的效率也在不断增加。但是效率的提高是否有一个极限？或者说，能否制造出这样一种热机，它在循环中，工质将从高温热源吸取的热量全部转化为对外所做的有用功而无须向低温热源放出热量？早在热力学第一定律建立之前，卡诺就从理论上研究了热机效率的问题，并得到以下结论：热机必须工作于两个热源之间，其对外所做的功只依赖于两个热源的温度差及工质从高温热源吸取的热量。卡诺的结论是正确的，但用热质说的论证是错误的。

后来由开尔文和克劳修斯运用热功转化的观点研究了热机的效率，他们发现，只用热力学第一定律不能完全证明卡诺的结论，还需要引入一个新的原理，因此，他们分别提出了热力学第二定律的两种表述。

1. 开尔文表述

开尔文表述与热机相关，由热力学第一定律可知，效率大于100%的热机，又称第一类永动机，是不可能制成的。然而是否可以制成效率是100%的热机呢？

从卡诺热机效率的应用公式

$$\eta = 1 - \frac{|Q_2|}{Q_1}$$

可知，Q_1 是热机在一次循环中从高温热源吸取的热量，Q_2 是在同一循环中向低温热源放出的热量。由上面公式可以看出，若要使 $\eta = 1$，那就要求工质在一次循环中把从高温热源吸取的热量 Q_1 全部转换为有用的机械功，而工质又要回到初始状态，并没有任何热量放到低温热源去。这种理想热机并不违背热力学第一定律，然而，试图提高热机效率的大量实践表明，在任何情况下，热机都不可能只有一个热源，热机要不断地把从高温热源吸收的热量转变为有用功，就不可避免地要将部分热量传给低温热源，其效率就必然不可能等于1，它只能小于1。在总结大量实验的基础上，**开尔文于1851年提出了以下表述：不可能从单一热源吸取热量，使之完全转化为有用功而不发生其他变化。**

为了准确理解开尔文表述，需要特别注意以下两点：①所谓“单一热源”是指温度均匀的热源，否则就是两个或两个以上的热源了。②“其他变化”是指除了从单一热源吸热并把它转化为有用功之外的其他变化。例如，理想气体从单一热源吸热做等温膨胀，由于内能不变，即 $\Delta E = 0$，根据热力学第一定律，$Q = A$，所以气体从热源吸收的热量完全转变为对外所做之功。但是在这一过程中却引起了其他变化，如气体体积发生膨胀了，压强减小了。

从单一热源吸取热量并将其完全转化为有用功而不产生其他变化的热机，叫作第二类永动机。所以热力学第二定律的开尔文表述又可表述为：第二类永动机是不可能制成的。

2. 克劳修斯表述

克劳修斯表述与制冷机有关，制冷机的目的是将热量由低温热源送到高温热源。但是在制冷机的循环过程中，只有外界对机器做功 A，工质才能从低温热源吸热 Q_2，然后将热量送到高温热源，即 $Q_1 = Q_2 + A$。从以上分析可知，工质从低温物体吸收的热量越多，消耗外界的功越少，制冷机的制冷效果就越好。而大量实践也表明，热量不会自动地从低温物体传向高温物体。因此在1850年，克劳修斯提出了热力学第二定律的另一种表述：**不可能把热量从低温物体传到高温物体而不发生其他变化。**

11.7.2 热力学第二定律两种表述的等效性

热力学第二定律的开尔文表述与热功转化有关，克劳修斯表述与热传导有关。二者的描述表面上虽不相同，但它们都描述了过程进行的方向性，所以实质上是等效的，可以通过反证法来证明（参考黄淑清编写的《热学教程》）。即开尔文描述是正确的，则克劳修斯描述也是正确的，若违反了开尔文表述，也必然违反克劳修斯表述。

11.8 实际宏观过程的不可逆性

这一节我们将通过实例来说明宏观热力学过程的方向性，即不可逆性。

11.8.1 自然过程的方向性

首先我们来分析一个纯力学过程。如图 11.20 所示，让一个弹性小球从某一高度位置 A 自由下落，在与地面发生完全弹性碰撞后，如果不受空气阻力的作用，小球就会从地面位置 B 反弹回到位置 A。这样，球从下落又完全返回到原来的位置，而周围的一切都无变化。又比如，用一根细绳绑上一个小石头吊在钩子上让其来回摆动，如果不存在空气阻力和其他摩擦力的作用，小石头经过一个周期又会回到原来的位置，而周围的一切都无变化。这表明，一个无机械能耗散效应的纯力学过程，其正向和逆向两个过程的效应是可以相互抵消的。

现在我们来分析实际热力学过程的特征。经验表明，功可以完全转化为热（更确切来讲，机械能可以完全转化为热，例如摩擦生热），而热力学第二定律开尔文表述指出，要把热完全转化为功而不产生其他影响是不可能的。这实际上就是说，功变热的过程所产生的效应是不可能以其逆向过程完全消除的。例如以下三个热力学过程：

1. 功热转化

在焦耳实验中，如图 11.21 所示，重物可以自动下落，使叶片在水中转动，与水产生摩擦而使水温上升。这是机械能转化为内能的过程，即功变为热的过程。相反，如果通过降低水温，以为能够产生水流推动叶片转动，进而带动重物上升，即热自动地转化为功的过程是不可能发生的。这说明，通过摩擦而使功变为热的过程是不可逆的，这进一步证实了自然界里的功变为热的转化过程是具有方向性的。

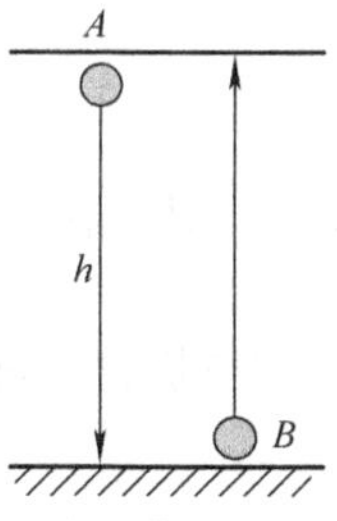

图 11.20 小球下落再回到原来的状态

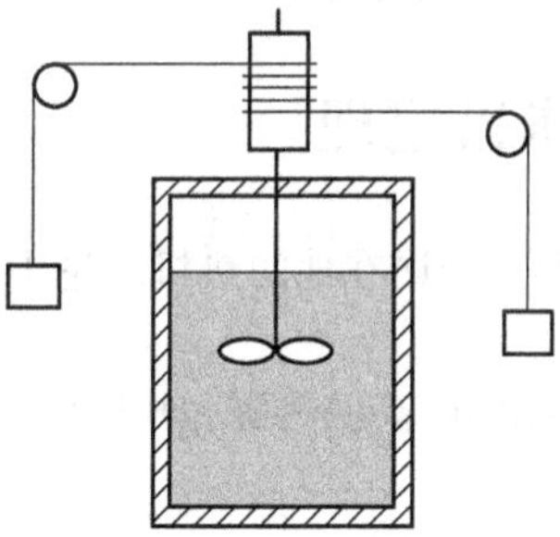
图 11.21 焦耳实验

2. 热传导

将两个温度不同的物体相互接触，热量总是自动地由高温物体传向低温物体，最后到达温度相同的平衡状态。而其相反的过程是，热量自动地由低温物体传向高温物体，两物体的温差越来越大，这种情况虽然不违背能量守恒定律，但在实际中是不可能发生的，这进而说明，热量由高温物体传向低温物体的过程是不可逆的，该过程也具有方向性。

3. 气体的绝热膨胀过程

如图 11.22 所示，将气体全部聚集在绝热容器中的 A 部分，B 部分抽成真空，两部分间用绝热挡板隔开。当把绝热容器中的挡板抽去时，聚集在 A 部分的气体将自动地迅速膨胀到整个空间，最后达到一个新的平衡态，如 C。而相反的过程，即将充满容器的气体自动压缩到原来的容器 A 中，B 部分变成真空状态，是无法实现的。这表明，气体向真空做绝热自由膨胀的过程也是不可逆的，此过程也存在方向性。

11.8.2 可逆过程与不可逆过程

以上三个典型的实际过程都是按一定方向进行的，其相反过程都不能自动发生，如果发生，则必然会产生其他变化。为进一步描述过程的方向性，我们引入可逆过程和不可逆过程的概念。

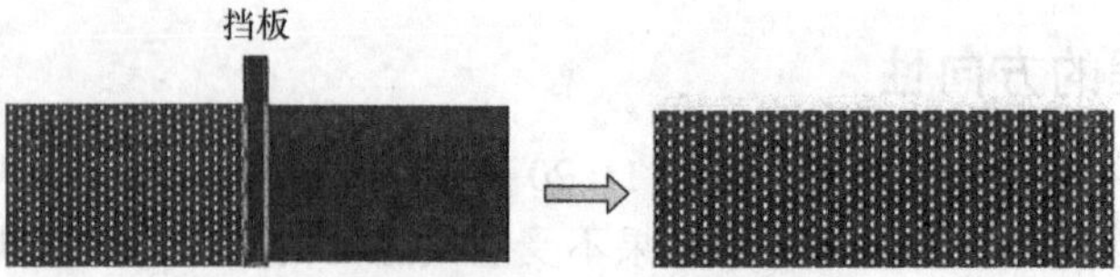

图 11.22 气体的绝热自由膨胀

如果一个过程可以逆向进行使系统和外界都能恢复到原来的状态而不引起任何其他变化，则这种过程就称为**可逆过程**；不满足此条件的过程就称为**不可逆过程**。因此，热力学第二定律的两种表述分别指出了功变为热的过程和热传导过程都是不可逆过程。再比如，实际中的扩散过程、爆炸过程、不同气体（或液体）的混合过程等，都是不可逆过程。

在实际的力学过程中，由于无法避免摩擦、黏滞性非完全碰撞等耗散效应，系统的机械能会转变成热而无可挽回部分散失掉的能量，以致系统自身回不到原来的状态。因此可以说，一切与热现象有关的实际宏观过程都是不可逆的。

现在我们更加清楚地认识到，热力学第二定律是独立于热力学第一定律之外的另一条自然界的基本规律。热力学第一定律论述了过程中能量转化的数量关系，热力学第二定律则进一步指出实际宏观过程是具有方向性的，某些方向的过程能自动实现，另一些方向则是不能自动实现，这些结论是由热力学第一定律得不到的。关于如何定量确定过程进行的方向和限度问题，将在后面的 11.10 节给出。

11.9 卡诺定理

1824 年，卡诺在他的热机理论中首先阐明了可逆热机的概念，并提出了有重要意义的卡诺定理：

1）在相同的高温热源和相同的低温热源之间工作的一切可逆热机，其效率都相等，与工质没有关系，即

$$\eta = 1 - \frac{T_2}{T_1}$$

2）在相同的高温热源和相同的低温热源之间工作的一切不可逆热机，其效率都不可能大于可逆热机的效率，即

$$\eta' < 1 - \frac{T_2}{T_1}$$

卡诺定理指出了提高热机效率的途径和方向，就实际过程而言，应当使实际的不可逆热机的效率尽量地接近可逆热机的效率。对高温热源和低温热源来说，增加两个热源之间的温差可以提高热机效率，但在实际应用中更多的是提高高温热源的温度。

11.10 熵与熵增加原理

11.7 节给出了热力学第二定律的宏观表述及意义，即热力学过程进行方向的定性判别，下面将进一步介绍热力学第二定律的数学表示。

11.10.1 克劳修斯等式

我们知道，可逆卡诺热机的循环效率满足

$$1-\frac{|Q_2|}{Q_1}=1-\frac{T_2}{T_1} \text{ 或 } \frac{Q_1}{T_1}=\frac{|Q_2|}{T_2}$$

由上式可知，虽然工质从高温热源（T_1）所吸收的热量 Q_1 和向低温热源（T_2）放出的热量 Q_2 不相等，但热量与相应热源温度的比值却是相等的。如果把 Q_1 与 Q_2 看作是代数量，系统吸热时 Q 为正，放热时 Q 为负，则上式便可改写为

$$\frac{Q_1}{T_1}+\frac{Q_2}{T_2}=0 \tag{11.34}$$

式中，$\frac{Q}{T}$称为热温比。式（11.34）表明：若系统经历一个可逆卡诺循环，其热温比的代数和为零。

将此结论推广到一个任意的可逆循环过程 $abcda$，如图 11.23所示，可以将此循环看成是由许多微小可逆卡诺循环组成。任意两个相邻的微小卡诺循环总有一段绝热线是共同的，但进行的方向是相反的，因此这些微小卡诺循环都在完成一个循环后，其相邻的小循环所共有的绝热过程都被相互抵消，结果就变为图中实线所示的由许多微小的等温过程和绝热过程所组成的锯齿边形的循环。当每个小卡诺循环无限狭窄而总数趋于无限多时，锯齿循环就无限接近于原来的可逆循环过程 $abcda$。如果这些微小循环的数目为 n 个，则其中包含了 $2n$ 个等温过程，如果用 ΔQ_i表示系统从热源 T_i吸收的热量，按照式（11.34），对 n 个微小可逆循环求和，应该有

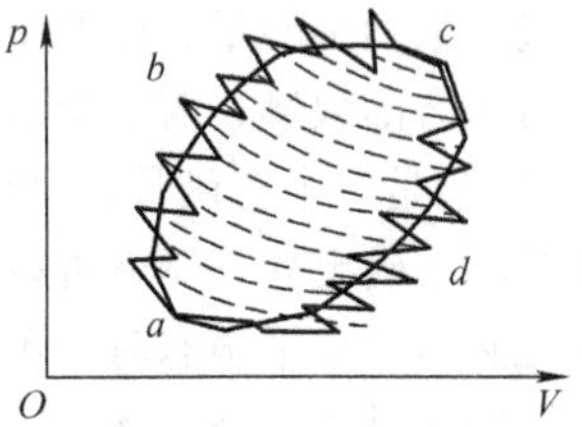

图 11.23　一个任意可逆循环

$$\sum_{1}^{2n}\frac{\Delta Q_i}{T_i}=0$$

若使 $n\to\infty$，这些微小的可逆循环过程的总和就会无限趋于一个任意可逆的循环过程 $abcda$，因此就可以得到

$$\oint\frac{đQ}{T}=0 \tag{11.35}$$

式中，T 为热源的温度；$đQ$ 表示系统在以无穷小过程中从热源吸收的热量。式（11.35）就称为克劳修斯等式，它表明，在任意可逆循环过程中热温比的总和为零。

11.10.2　态函数熵

如果一个物理量沿任一闭合路径的积分为零，那么就可以引入一个态函数。如图 11.24 所示的可逆循环中取两个状态 A 和 B，那么这个可逆循环就可以分为 AC_1B 和 BC_2A 两个过程，由式（11.35）可知

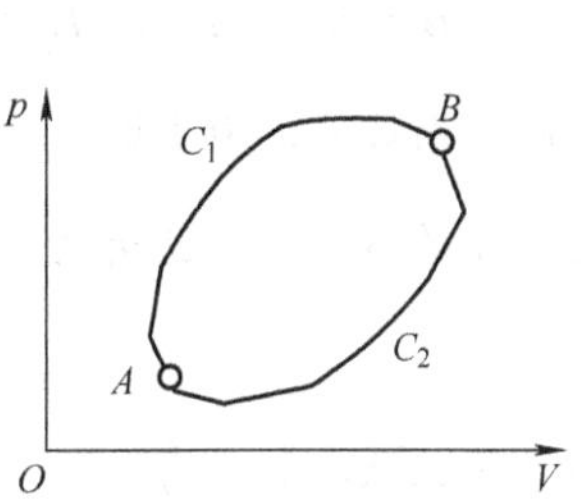

图 11.24　一个任意可逆循环

$$\oint\frac{đQ}{T}=\int_{AC_1B}\frac{đQ}{T}+\int_{BC_2A}\frac{đQ}{T}=0$$

由于过程是可逆的，所以上式右端的第二项可以沿路径 BC_2A 的逆过程 AC_2B 的积分来表示，但这时积分除上下限对换之外还要在这项前面加一负号，即

$$\int_{AC_1B}\frac{đQ}{T}-\int_{AC_2B}\frac{đQ}{T}=0 \text{ 或 } \int_{AC_1B}\frac{đQ}{T}=\int_{AC_2B}\frac{đQ}{T} \tag{11.36}$$

式（11.36）表明，系统从状态 A 到达状态 B，无论经历哪一个可逆过程，热温比的积分 $\int_A^B\frac{đQ}{T}$

都是相同的。也就是说，可逆过程的热温比积分与过程无关，只取决于初、末两个平衡状态，这就意味着存在一个新的表征系统平衡状态的态函数，此态函数在初、末两个状态间的增量为一确定值，它等于初、末状态之间任意一个可逆过程中的热温比 $đQ/T$ 的积分。这个态函数叫作熵，用 S 表示，是克劳修斯1865年命名的，所以又叫作克劳修斯熵。于是，由式（11.36）可知，当系统由初态 A 变化到末态 B 时，系统熵的增量为

$$\Delta S = S_B - S_A = \int_A^B \frac{đQ}{T} \tag{11.37}$$

式中，S_A、S_B分别表示任意给定的两个平衡态的熵。若选定初状态 A 的熵 $S_A=0$，则任意状态 B 的熵 $S_B = \int_A^B \frac{đQ}{T}$。但在实际问题中，我们更关注的是两个状态之间熵的变化。由式（11.37）可知，熵的量纲是能量除以温度，单位是 J/K 或 cal/K。

对于态函数熵，需要指出以下几点：

1）熵是一个态函数，是用以描述系统平衡态的状态参量（p，T；p，V 或 V，T）的函数，当系统状态确定后，熵就可以完全确定（只要参考态的熵值已确定）。因此，当系统由一个平衡态变化到另一个平衡态时，不论变化过程的具体形式如何，也不论过程是可逆的还是不可逆的，系统熵的增量 $\Delta S = S_2 - S_1$ 是一个完全确定的值。

2）熵具有可加性，系统的熵等于系统内各个部分熵的总和。

3）熵不同于热温比的积分 $\int \frac{đQ}{T}$，熵是一个态函数，而热温比 $\int \frac{đQ}{T}$ 是一个过程量，只有在可逆过程中熵的增加与热温比才相等，即 $dS = \frac{đQ}{T}$。

在应用式（11.37）计算热力学过程的熵变时，其积分的过程必须是可逆的。那么，对于不可逆过程又如何计算呢？因为熵的增量只与初、末状态有关，而与中间过程无关，因此，无论系统经历什么过程，我们都可以设想系统经过某个可逆过程由初态变化到末态来计算这个过程中的熵变。

例 11.7 一固态物体，质量为 m，熔点为 T_m，熔解热为 L，比热容（单位质量物质的热容）为 c。如对它缓慢加热，使其温度从 T_0上升为 T_m，试求熵的变化。假设供给该固态物体的热量恰好使它全部溶化。

解 设想用一温度比 T_0大一无限小量的热源与温度为 T_0的固态物体接触，使固体物体缓慢吸热而逐渐熔解，由于熔解过程温度不变，近似一个可逆等温吸热过程，其熵增 $\Delta S_1 = \frac{mL}{T_m}$。当固态物体的温度从 T_0上升为 T_m时，近似一个等容吸热过程，其熵增为

$$\Delta S_2 = \int_{T_0}^{T_m} \frac{dQ}{T} = \int_{T_0}^{T_m} \frac{mcdT}{T} = mc\ln\frac{T_m}{T_0}$$

则固态物体总的熵增为

$$\Delta S = \Delta S_1 + \Delta S_2 = \frac{mL}{T_m} + mc\ln\frac{T_m}{T_0}$$

例 11.8 一个人的体温为36℃，当环境温度为0℃时一天大约向周围散发 8×10^6J 热量。如果忽略进食带进体内的熵，试估算一天之内熵的产生。

解 要计算一天的熵增，可以把人体和环境看作一个体系，人体和环境分别近似为两个恒温热源，人体可近似为一个缓慢的等温吸热过程，环境可近似为一个缓慢的等温放热过程。由此可计算出人体的熵增

$$\Delta S_1 = \int \frac{\text{đ}Q}{T} = \frac{\Delta Q}{T} = \frac{8 \times 10^6 \text{J}}{(36 + 273)\text{K}} = 2.59 \times 10^4 \text{J/K}$$

而环境的熵增为

$$\Delta S_2 = \int \frac{\text{đ}Q}{T} = \frac{\Delta Q}{T} = \frac{-8 \times 10^6 \text{J}}{273\text{K}} = -2.93 \times 10^4 \text{J/K}$$

那么一天之内熵的产生为 $\Delta S = \Delta S_1 + \Delta S_2 = -3.4 \times 10^3 \text{J/K}$。

11.10.3 熵增加原理

前面由卡诺定理引入了态函数熵，为了用熵判别实际过程的方向性，我们先来分析以下两个典型不可逆过程中熵的变化情况。

1. 不可逆过程中熵的变化

（1）理想气体向真空做绝热自由膨胀的过程 如图 11.22 所示，一定质量的理想气体在初状态的体积为 V_1，经绝热膨胀后的体积为 V_2。整个过程中系统与外界没有热量交换，系统也没有对外界做功，所以由热力学第一定律可知，初状态和末状态的内能相等，即

$$E_1 = E_2$$

由于理想气体的内能仅仅是温度的函数，所以由上式可知，理想气体向真空自由膨胀后其温度是不变的，即 $T_1 = T_2$。

为了计算此过程的熵变，可以设想某一个连接同样初、末两态的可逆过程代替原来的不可逆过程，那么这个过程的熵变就可以利用式（11.37）计算，其结果就是不可逆过程的熵变。而对于理想气体向真空做绝热自由膨胀这一不可逆过程，由于初、末两态都是平衡态，且温度相等，只是体积由 V_1 变化到 V_2，所以就很容易用一个理想气体等温膨胀的可逆过程来连接初、末两态，只要过程进行得非常缓慢，就可近似看作一个可逆过程，这一过程虽然不同于自由膨胀过程，但两个过程的初、末状态相同，所以它们的熵变是相同的。但对于理想气体等温膨胀的逆过程，由于此过程的内能不变，即 $\text{d}E = 0$，根据热力学第一定律则有 $\text{đ}Q = p\text{d}V$，那么经历此过程的熵变为

$$S_2 - S_1 = \int_1^2 \frac{\text{đ}Q}{T}$$

$$= \int_1^2 \frac{p\text{d}V}{T} = \nu R \int_{V_1}^{V_2} \frac{\text{d}V}{V} = \nu R \ln \frac{V_2}{V_1}$$

此熵变也是理想气体自由膨胀从初态（T，V_1）变化到末态（T，V_2）时的熵变。由于 $V_2 > V_1$，所以 $S_2 > S_1$，说明经历此过程后系统熵增加。然而，如果按照绝热自由膨胀过程的特征 $\text{đ}Q = 0$，并将其代入到式（11.37）计算，便会得出熵变为零的错误结果（熵变为零是可逆绝热过程的特征），其原因主要是由于气体自由膨胀是不可逆过程。不能直接用熵变公式（11.37）来计算此过程的熵变。

（2）热传导过程 在绝热系统内部进行的热传导过程如图 11.25 所示，绝热容器被导热板隔成 A、B 两部分，其中 A 部分的水温为 T_1，B 部分的水温为 T_2，且 $T_1 > T_2$，$V_A > V_B$，$m_A = m_B = m$，由于 A、B 中间是导热板，经过一定时间后，两部分的水将会达到热平衡状态，其共同的温度为

$$T_0 = \frac{T_1 + T_2}{2}$$

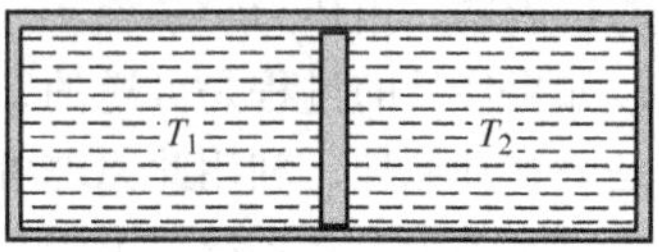

图 11.25 在绝热系统内部的热传导过程

为了计算此过程的熵变，我们需要找到一个连接初态与末态的可逆过程，再利用式(11.37）计算两态之间的熵差。为此，在系统之外可以放置一系列温度相差无限小的热源，首先使温度为 T_1 的热源与较热一端的水接触，再依次换成温度较低的热源，逐步使温度达到 T_0。采取同样的方法使右侧的冷水通过吸取无限小的热量也达到最后的平衡温度 T_0。那么，整个过程就可以看作是一个可逆过程。

热水在可逆的冷却过程中的熵变为

$$\Delta S_1 = \int_{T_1}^{T_0} \frac{\text{đ}Q}{T} = \int_{T_1}^{T_0} \frac{mc\mathrm{d}T}{T} = mc\ln\frac{T_0}{T_1}$$

式中，m 为水的质量；c 为水的比热。冷水在可逆升温过程中的熵变为

$$\Delta S_2 = \int_{T_2}^{T_0} \frac{\text{đ}Q}{T} = \int_{T_2}^{T_0} \frac{mc\mathrm{d}T}{T} = mc\ln\frac{T_0}{T_2}$$

整个系统在通过热交换而达到平衡状态时的总熵变为

$$\Delta S = \Delta S_1 + \Delta S_2 = mc\left(\ln\frac{T_0}{T_1} + \ln\frac{T_0}{T_2}\right) = mc\ln\frac{(T_1+T_2)^2}{4T_1T_2}$$

因 $\frac{(T_1+T_2)^2}{4T_1T_2} > 1, \ln\frac{(T_1+T_2)^2}{4T_1T_2} > 0$，所以 $\Delta S > 0$。

此结果表明，经过不可逆的热传导过程，绝热系统的熵增加了。通过这个例子我们又一次看到，在不可逆绝热过程中熵增加。

2. 熵增加原理

由以上实例分析可以看出，在不同的过程中熵可以增加，也可以减少。但如果把参与热交换的所有物体作为一个系统（绝热系统)，则上述两个实例（气体的绝热自由膨胀和绝热系统内部的热传导）表明，在不可逆的绝热过程中系统的熵总是增加的。而从这两个典型实例所得出的结果是具有普遍意义的。那么，当系统由初态 A 经过任一不可逆过程到达末态 B 时，其熵的增量为

$$S_B - S_A > \int_A^B \frac{\text{đ}Q}{T} \tag{11.38}$$

式（11.38）表明，对于从初态到末态的任何一个不可逆过程，其热温比的积分值小于系统末态和初态熵的差值。将式（11.37）和式（11.38）合在一起，即有

$$S_B - S_A \geqslant \int_A^B \frac{\text{đ}Q}{T}$$

对于绝热过程，由于 $\mathrm{d}Q=0$，上式可化简为

$$S_B - S_A \geqslant 0$$

$$\text{或 } \Delta S \geqslant 0 \tag{11.39}$$

这就是热力学第二定律的数学表达式，式中的等号适用于可逆过程，不等号适用于不可逆过程。同时也说明，当热力学系统从一个平衡态经绝热系统到达另一平衡态时，它的熵永远也不会减少。如果经历的过程是可逆的，则熵的数值不变；如果过程是不可逆的，则熵的数值增加。这就是熵增加原理，利用此原理可以判别热力学过程进行的方向。

对于一个孤立系统，由于它和外界不发生任何相互作用，因而在其中所进行的任何过程必定是绝热过程，它的熵永不会减少。

本章思维导图

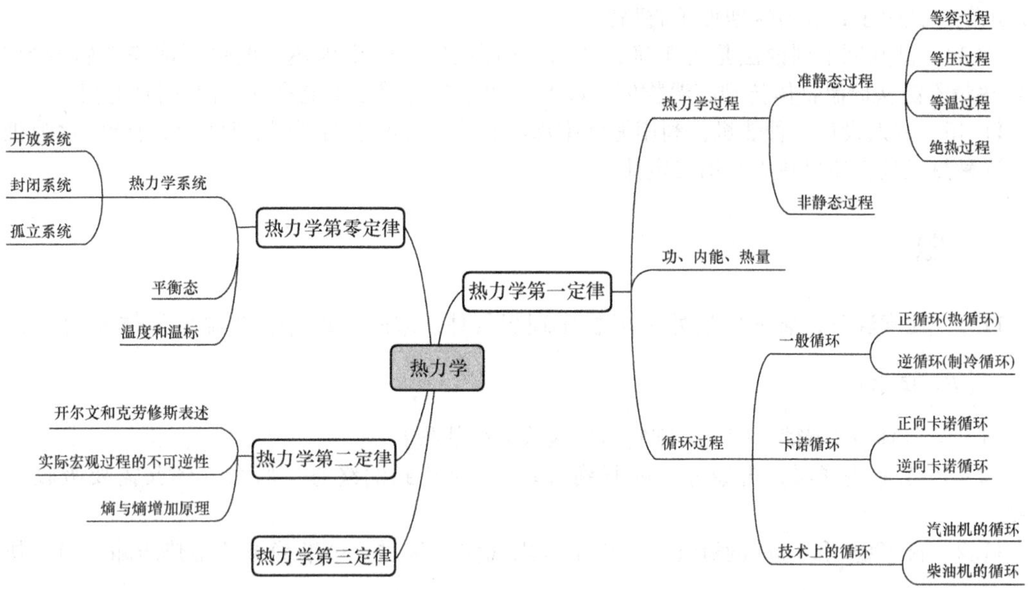

思 考 题

11.1 热运动与机械运动有何区别?

11.2 什么是热力学系统的平衡态？它是静态平衡还是动态平衡?

11.3 让金属棒的一端插入冰水混合的容器中，另一端与沸水接触，过一段时间后，棒上各处温度不再随时间变化，此时金属棒是否处于平衡态？为什么?

11.4 一年四季大气压基本不变，即压差很小，为什么冬天空气的密度较大?

11.5 内能和热能有何不同？下面两种说法是否正确？（1）物体的温度越高，则热量越多。（2）物体的温度越高，则内能越大。

11.6 在日常生活中，有人将温度、热量、内能和热现象等不同概念统称为“热”，试指出以下不同用语中的“热”分别指的是哪个概念?

（1）摩擦生热；（2）热功当量；（3）这盆粥太热；（4）人发烧感觉很热。

11.7 在$p-V$图上用一条曲线表示的过程是否一定是准静态过程？理想气体经过自由膨胀由状态（p_1，V_1）改变到状态（p_2，V_2），这一过程能否用一条等温线表示?

11.8 有可能对物体加热而不会导致物体的温度升高吗？有可能不做任何热交换而使系统的温度发生变化吗?

11.9 在一个房间里，有一台电冰箱正工作着。如果打开电冰箱的门，会不会使房间降温？会使房间升温吗？用一台热泵为什么也能使房间降温?

11.10 理想气体从同一状态开始分别经过等容、等压和绝热三种不同过程发生相同温度的变化，试问：（1）三个过程的末态并不相同，为什么说三者的内能差ΔU相同？（2）如果不是理想气体，三者的ΔU是否相同?

11.11 在$p-V$图上，一条等温线与一条绝热线是否能有两个交点？为什么?

11.12 可逆过程是否一定是准静态过程？准静态过程是否一定是可逆过程？有人说“凡是有热接触的物体，它们之间进行热交换的过程都是不可逆过程。”这种说法对吗？

11.13 一杯热水置于空气中，它总是要冷却到与周围环境相同的温度。在这一自然过程中，水的熵减少了，这与熵增加矛盾吗？

11.14 试判别下列说法是否正确：（1）功可以完全转变为热，但热不能完全转变为功。（2）热量不能从低温物体传到高温物体。（3）不可逆过程就是不能沿反方向进行的过程。

11.15 有人设计一种热机，利用海洋中深海和浅海处的水温不同而将海水内能转化为机械能。这种热机是否违反热力学第二定律？

习　题

11.1 在常温下，氧气经过处理可看作理想气体。32g 的氧气在 T_0 温度下体积为 V_0，且 $C_{V,\mathrm{m}}=\frac{5}{2}R$，试求：

（1）若气体等温膨胀到 $2V_0$，则它需要吸收多少热量？

（2）若先绝热降温，再经等压膨胀到（1）中所达到的终态，那么气体又需要吸收多少热量？

11.2 将 300K 和 1atm 的氦气（假设是理想气体）经过一个准静态的绝热压缩，当压强增加到 5atm 时，氦气的温度为多少？（已知氦气的 $C_{V,\mathrm{m}}=\frac{3}{2}R$）

11.3 1mol 的单原子理想气体从状态Ⅰ(p_1,V_1,T_1)变化至状态Ⅱ(p_2,V_2,T_2)，如图 11.26 所示，求其此过程气体吸收的热量。（已知单原子气体的 $C_{V,\mathrm{m}}=\frac{3}{2}R$）

11.4 已知一定质量的理想气体在 $p-V$ 图中的等温线与绝热线交点处两线的斜率之比为 0.714，

（1）求其摩尔定容热容；

（2）设 1mol 的该理想气体在初始态的温度为 300K，经过等压膨胀后，体积变为原来的 2 倍，求在此过程中理想气体内能的增量及理想气体对外界所做的功。

11.5 一系统由图 11.27 所示的状态 a 沿 acb 到达状态 b，有 80cal 热量传入系统，而系统做功 126J。

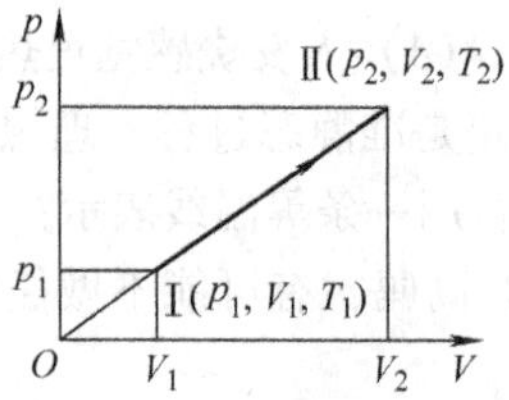

图 11.26 习题 11.3 用图

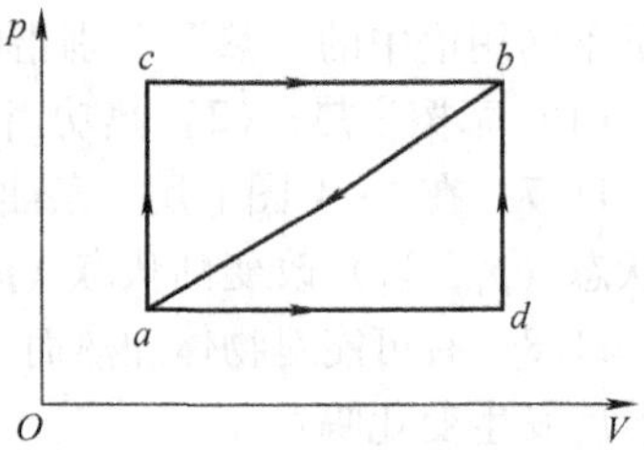

图 11.27 习题 11.5 用图

（1）若系统沿 adb 时系统做功 42J，问有多少热量传入系统？

（2）若沿 adb 时系统做功 42J，且状态 d 与状态 a 内能之差为 40cal，试求沿 ad 及 db 各自吸收的热量。

11.6 1mol 刚性双原子分子理想气体经循环过程 $abca$ 其相关状态量如图 11.28 所示，其中

ab 是斜直线，bc 是绝热线，ca 是等压线，且刚性双原子分子的 $C_{V,m}=\frac{5}{2}R$ 求：

（1）每段过程对外所做的功；

（2）此循环过程的效率。

（3）如果将 bc 换成等温线，其循环过程的效率又是多少？

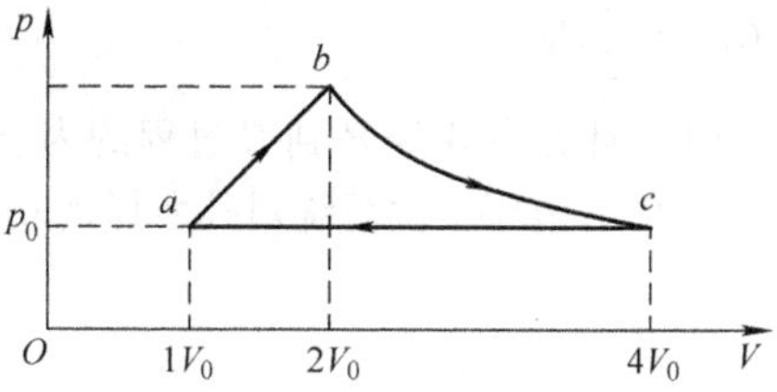

图 11.28　习题 11.6 用图

11.7　一个水平放置的绝热圆筒内有一个无摩擦的不导热的活塞。在活塞的每一侧均有 54L 的单原子理想气体，其压强为 1atm，温度为 273K，且单原子气体的 $C_{V,m}=\frac{3}{2}R$。缓慢地给左边的气体加热直到活塞压缩右侧气体达 7.59atm，问：

（1）需要对右边的气体做多少功？

（2）右边气体的最后温度为多少？

（3）左边气体的最后温度为多少？

（4）需要有多少热量传给左边的气体？

11.8　绝热气缸内有一不导热的隔板，把气缸分成 A、B 两室，每室中有质量相同的同种单原子分子理想气体，它们的压强都是 p_0，体积都是 V_0，温度都是 T_0。今通过 A 室中的电热丝 L 对气体加热，转给气体的热量为 Q，当达到平衡时，A 室的体积是 B 室的 2 倍，试求两室中气体的温度。

11.9　如图 11.29 所示，容器中的 10mol 氮气经一过程 $a\to b\to c\to a$ 由平衡态 a 回到平衡态 a，其中 $a\to b$ 是一个等温过程，且氮气的 $C_{V,m}=\frac{5}{2}R$，由图中数据，

（1）求等温过程中系统吸收的热量；

（2）求 $b\to c$ 和 $c\to a$ 过程中系统吸收的热量。

11.10　一定量双原子刚性分子的理想气体，经历如图 11.30 所示的循环过程。其中 ab 为等温过程，bc 为等压过程，ca 为等容过程。已知 $V_b=3V_a$，求循环效率。

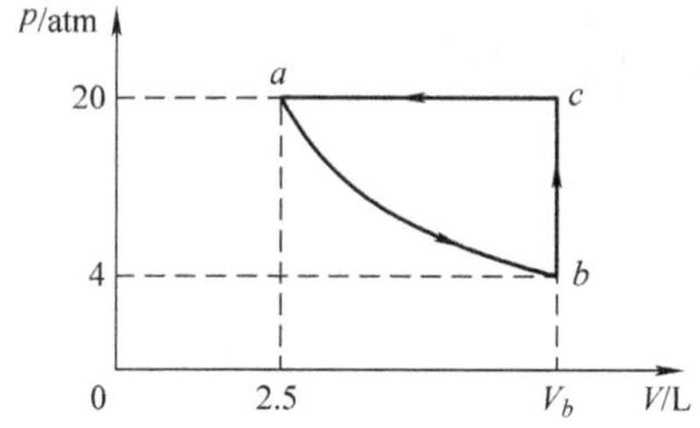

图 11.29　习题 11.9 用图

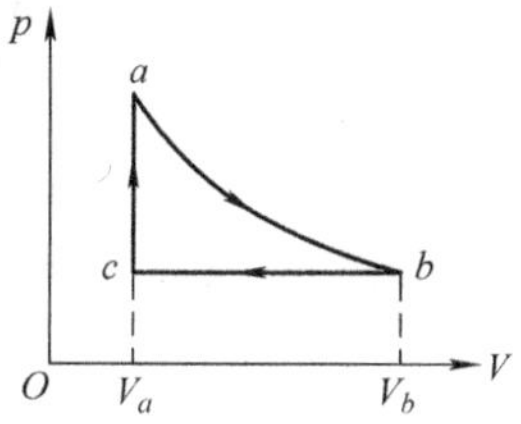

图 11.30　习题 11.10 用图

11.11　理想气体做卡诺循环，设热源的温度为 127℃，每一次循环吸入热量 100cal，放给冷却器热量 80cal。求冷却器的温度。

11.12　设燃气轮机内工质进行如图 11.31 所示的循环，其中 1－2、3－4 为绝热过程；2－3、4－1 为等压过程。试证明该循环的效率为 $\eta=1-\frac{T_4-T_1}{T_3-T_2}$。

11.13　已知 1mol 单原子理想气体所经历的准静态循环过程如图 11.32 所示，且单原子气体

的 $C_{V,m}=\frac{3}{2}R$。

（1）计算由 A 经 B 到 C 过程的内能增量和吸收的热量；

（2）求循环一次系统对外所做的功及效率。

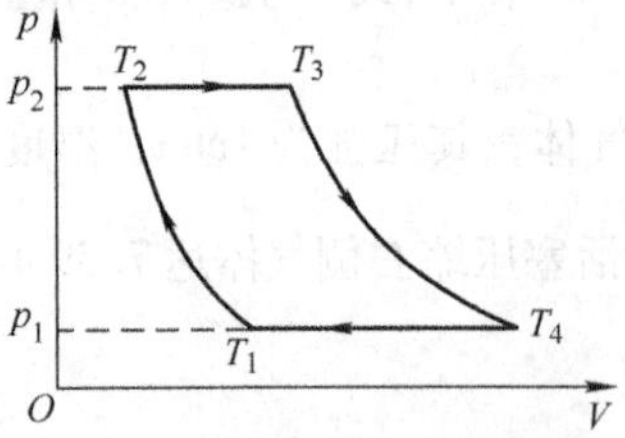

图 11.31　习题 11.12 用图

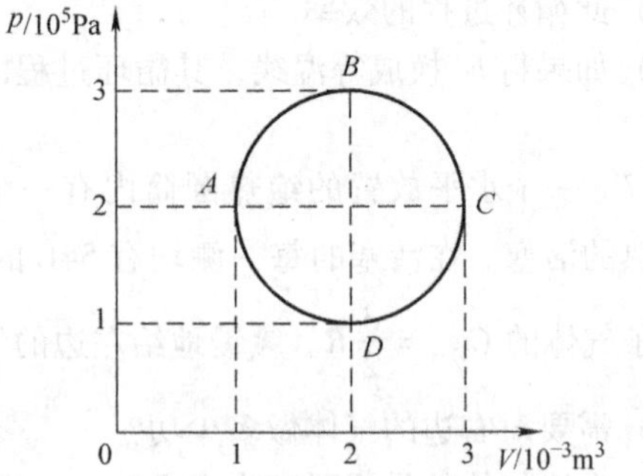

图 11.32　习题 11.13 用图

11.14　设一动力暖气装置由一台卡诺热机和一台卡诺制冷机组合而成。热机靠燃烧时释放的热量工作并向暖气系统中的水放热；同时，热机带动制冷机。制冷机自天然蓄水池中吸热，也向暖气系统放热。假定热机锅炉的温度为 $t_1=210$℃，天然蓄水池中水的温度为 $t_2=15$℃，暖气系统的温度为 $t_3=60$℃，热机从燃料燃烧时获得热量 2.1×10^7J，计算暖气系统所获取的热量。

11.15　当一台冰箱工作时，其冷冻室中的温度为 -10℃，室温为 15℃。若按理想卡诺制冷循环计算，问此制冷机每消耗 10^3J 的功，可以从冷冻室中吸收多少热量？

11.16　质量为 0.4kg、温度为 30℃的水与质量为 0.5kg、温度为 90℃的水放入一绝热容器中混合起来达到平衡，求此系统的熵变。

11.17　1mol N_2 理想气体由初态（T_1，V_1）经某一过程到达末态（T_2，V_2），求熵变。

*11.18　刚性容器中装有温度为 T_0 的 1mol 氮气，在此气体与温度也是 T_0 的热源之间工作的一个制冷机，它从热源吸热 Q_2，向容器中的气体放出热量 Q_1，经一段时间后，容器中的氮气的温度升至 T_1，试证明该过程中制冷机必须消耗的功为

$$A\geqslant\frac{5}{2}RT_0\left[\ln\frac{T_0}{T_1}+\left(\frac{T_1}{T_0}-1\right)\right]$$

第 12 章　气体动理论

热力学从宏观上研究物质热运动的特点及其遵循的规律，那么这些宏观的热运动与物质的微观结构之间有何关系呢？怎样从物质内部的原因来解释这些宏观热运动的微观本质呢？这就是本章需要学习的热现象的微观理论——统计物理学。本章从物质的微观结构出发，以气体作为研究对象，描述气体分子热运动的图景；运用统计方法，对表征气体宏观性质的宏观物理量与表征气体分子运动的微观物理量之间的关系进行讨论，以阐明气体的压强、温度、内能等宏观量的微观本质。

12.1　气体动理论的基本概念

分子运动论是从物质的微观结构出发来阐明热现象规律的一种理论，那么什么是物质的微观结构模型呢？根据大量热现象的实验观察，关于物质微观结构可以总结以下三个基本观点：

1）宏观物体（包括固体、液体和气体等）是由大量不连续的微观粒子——分子或原子组成的。

物质虽然含有大量的分子，但分子之间存在一定的间隙并保持着一定的距离。由于气体很容易被压缩，我们容易想象气体分子间具有的空隙很大；对于液体来说，虽然不能被压缩，但如果将水和酒精两种液体混合就会发现，其混合后的体积小于二者原来的体积之和。这一实验结果说明液体分子间也存在空隙。

2）分子都在不停地做无规则运动，运动的剧烈程度与物体的温度有关。

当我们将一瓶香水打开时，很快就会闻到香水弥漫在空间的气味。这就是由于分子做无规则运动而产生的物质迁移现象，这种现象就称为扩散。扩散现象可以通过实验直接观察出来。例如，在一杯清水中滴入一滴蓝墨水，我们就会看到整杯清水慢慢都变成了蓝色。由以上现象可以看出，不仅气体、液体存在扩散，固体也存在扩散现象，只不过是气体扩散的速度要远远大于液体和固体，其最有力的证明是布朗运动。

1827 年英国植物学家布朗（R. Brown，1773—1858）在用显微镜观察悬浮在水中的植物花粉时，看到这些悬浮粒子在不停地做无规则运动，尽管有外界极其轻微的干扰，但它们还是在不停地运动着，这种运动就称为布朗运动，其悬浮运动的粒子称为布朗粒子。后来经过多次实验进一步确定了这种运动并不是外界影响（如振荡、温度、气流等）所产生的，而是由于布朗粒子受到液体分子的不平衡撞击而产生的，由此说明，大量的液体分子也在不停地做无规则运动。在显微镜下，在跟踪一个大颗粒时发现，它与周围分子每碰撞一次所经过的自由路程都是不同的，如图 12.1 所示。

在不同温度下，观察悬浮在同一液体中同一种布朗粒子时发现，液体温度越高，粒子的布朗运动越激烈，这也充分说明了大量分子的无规则运动，其剧烈程度与温度有关。正是由于大量分子的无规则运动与温度有关，所以把这种运动又叫作分子的热运动。

3）分子之间有相互作用力。

对于组成固体、液体和气体的物质，如果要把它们打散，则需要施加不同的外力。一般情

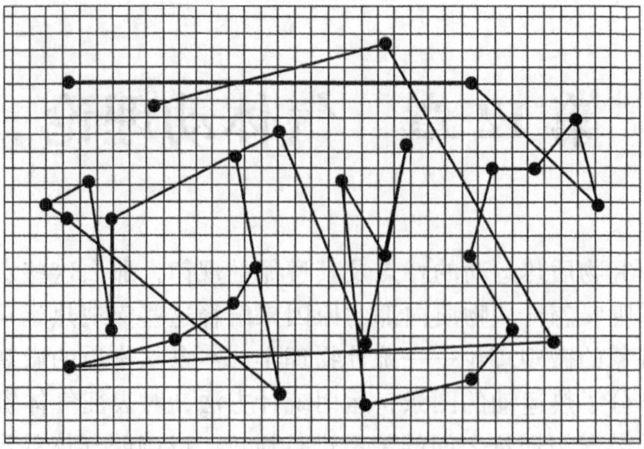

图 12.1　布朗运动中颗粒的运动轨迹

况下，打散固体需要施加的力要大于打散液体需要施加的力，而打散液体需要施加的力大于打散气体的。这些现象使我们很自然地想到分子间存在着相互吸引力，而且此力随分子间距离的减小而增大。由此可以设想，如果使被拉断的固体棒的两端面距离减小到足够小，那么分子力会不会使两段棒重新接上呢？实验表明是可以的。例如，取两端直径约 2cm，厚度约 1cm 的圆柱体铅块将两个端面打磨抛光，然后将这两个平面彼此接近，当减小到一定距离时，它们吸在一起了。如果将一端悬挂在支架上，另一端慢慢不断地挂上 50g 的砝码，大约挂到 30 多块时，两端才会重新拉开。以上实验说明，物体的分子间有相互作用力。也正是这种引力的作用，才使得固体中大量的分子凝聚在一起而保持一定的体积和形状。此外，当给气体施加力进行压缩时，压缩到一定程度后很难再继续压缩。这种现象说明分子间除引力之外还存在着斥力作用。进一步的实验结果表明，排斥力发生的距离要比引力间距小得多。

分子间的吸引力和排斥力总称为分子力，其值远大于两个分子间的万有引力。物质分子间的相互作用力随分子间距离的变化如图 12.2 所示，其中虚线表示分子间的引力 $F_{引}$和斥力 $F_{斥}$随分子间距离 r 而变化的曲线。二者之和就是图中用实线表示的分子力 F 随分子间距 r 变化的曲线。由图可知，分子间的引力和斥力都随分子间距离 r 的增大而减小，斥力要比引力减小更快。当两个分子间中心相距某一距离 $r=r_0$时，$F=0$，表明分子之间的引力和斥力相互抵消，这个距离就称为分子间的平衡位置，其数量级约在 10^{-10}m 左右。当分子间的距离 $r<r_0$时，$F>0$，表明分子间是斥力起主要作用，而且随着距离的减小，斥力急剧增大；当分子间的距离 $r>r_0$时，$F<0$，表明分子间是引力起主要作用，且随着分子间距的增加，其引力在迅速减小。当分子间距大于 10^{-9}m 时，其吸引力就可以忽略不计了。

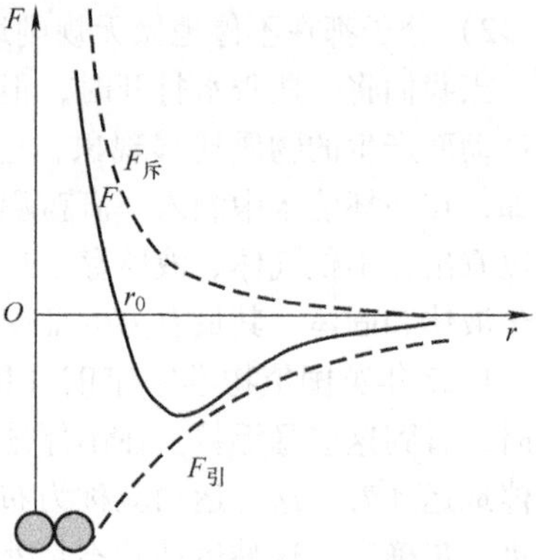

图 12.2　分子间的相互作用力曲线

因大量的分子在做无规则运动时所发生分子间的碰撞过程并不是我们平常所理解的那种直接接触的碰撞，而是当分子间非常接近时出现强大斥力而被弹开的过程。利用上述分子间的相互作用力图线可以说明两个分子间的所谓“碰撞”过程。设想一个分子静止不动，并处于坐标原点，另一个分子从很远处以一定的速度向着坐标原点的分子接近。当它与静止分子间的距离

$r > r_0$时，由于吸引力的作用，此分子的速率不断增大。但当接近到$r < r_0$时，由于分子间排斥力随距离的减小而急剧增大，所以分子的运动速率就急剧减小。当r达到某一数值d时，速率便减小到零，分子不再接近。随后，分子在强大排斥力作用下又被推开。这个过程就像两个弹性小球的碰撞过程，在此碰撞过程中两个分子中心所能达到的最小距离d就相当于弹性球的直径，所以d就叫作分子的有效直径。

综上所述，一切物体（不论是气体、液体还是固体）都是由大量的分子（或原子）组成，所有分子都在不停地做无规则运动，分子间具有相互作用力。这就是关于物质微观结构的三个基本观点。

12.2　气体分子热运动及其统计规律性

从分子热运动的图景中我们可以看到，每个分子的运动状态和它运动的历程变化都是各不相同的，具有很大的偶然性和不确定性，因而也是无规则的。但对于大量分子集体来说，运动却表现出确定的规律性，这就是宏观上看到的某一平衡态。在平衡态时，实验测得容器内气体分子各部分的密度是相同的，即分子沿各个方向运动的机会是相等的，对于大量的分子统计平均来说，沿着空间各个方向运动的分子数目应该相等，分子速度在各个方向上的分量平均值也应该相等。

下面从分子运动的观点来说明气体的宏观性质，而我们已知气体的宏观性质是分子无规则运动的整体的平均效果。由于分子的无规则运动，一个分子在任意连续两次碰撞之间所经过的自由路程是不同的，如图 12.1 所示。在一定宏观条件下，气体分子在连续两次碰撞之间所经过的各段路程的平均值称为**平均自由程**，用$\overline{\lambda}$表示；每个分子在单位时间内与其它分子发生碰撞的次数就称为**平均碰撞频率**，以$\overline{Z}$表示。若单位时间内分子运动的平均速率为$\overline{v}$，平均碰撞频率为$\overline{Z}$，则分子每碰撞 1 次走过的平均距离为

$$\overline{\lambda} = \frac{\overline{v}}{\overline{Z}} \tag{12.1}$$

现在我们来求解平均碰撞频率的大小。如图 12.3 所示，我们来跟踪一个分子 A，计算它在单位时间内与多少个分子发生了相碰。推导时，先把其他分子看作是静止的，而考虑分子 A 以相对速率$\overline{u}$运动，在t时间内移动的距离为$\overline{u}t$。由图可以看出，虽然分子的半径为$d/2$，但当分子 A 前进时，只要其他分子的中心与分子 A 扫过的圆柱体的轴线的距离小于d，就能与其相碰（假定分子是一些小钢球）。由此可以设想，如果以分子 A 的中心运动轨迹为轴线，以它的有效直径为半径作一个曲折的圆柱体，则凡是中心在此圆柱体内的分子都会与分子 A 相碰。为了便于计算分子的平均碰撞频率，可以把曲折圆柱体看成是一个直圆柱体。柱体的截面面积$\sigma = \pi d^2$，称为分子的有效碰撞面积。则在t时间内，相应圆柱体的体积为$\pi d^2\overline{u}t$，总分子数为$n\pi d^2\overline{u}t$（其中n表示单位体积内的分子数）。由以上分析看出，在时间t内，这些分子都会与分子 A 相碰，因此分子的平均碰撞频率为

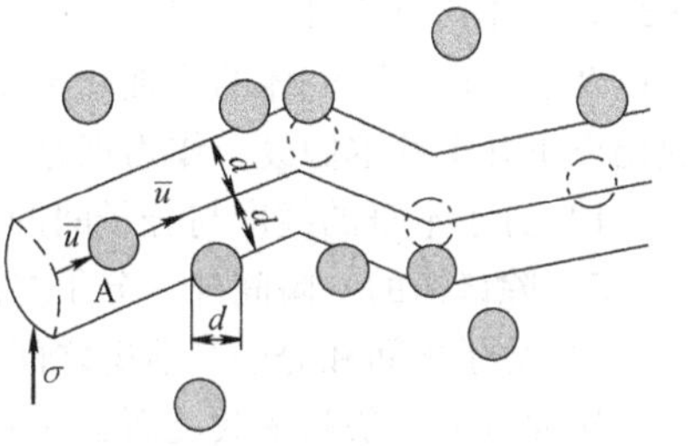

图 12.3　分子间的相互碰撞

$$\overline{Z} = \frac{n\pi d^2\overline{u}t}{t} = n\pi d^2\overline{u}$$

上式是假定当一个分子运动而其他分子都静止时所得出的结果。实际上一切分子都在做无

规则的运动，由统计理论计算可求出气体分子的平均相对速率与平均速率之间存在$\overline{u}=\sqrt{2}\,\overline{v}$的关系，由此可得到气体分子的平均碰撞频率为

$$\overline{Z}=\sqrt{2}n\pi d^2\overline{v} \tag{12.2}$$

由式（12.2）可以看出，分子的平均碰撞频率不仅与分子的平均速率$\overline{v}$、分子的密度n成正比，还与分子有效直径的平方成正比。由此可见，分子的大小对碰撞的频繁程度起着重要的作用，其分子的平均自由程为

$$\overline{\lambda}=\frac{\overline{v}}{\overline{Z}}=\frac{1}{\sqrt{2}\pi d^2 n}=\frac{kT}{\sqrt{2}\pi d^2 p} \tag{12.3}$$

式（12.3）说明，平均自由程与分子直径的平方及分子的密度n成反比，而与平均速率无关。另外，由式（12.3）还可以看出，分子的平均自由程的大小由气体种类和所处的状态决定。对于一定种类的气体，当其越稀薄时，分子的平均自由程越大。

例如，对于空气分子，其有效直径$d\approx3.5\times10^{-10}\,\mathrm{m}$，在标准状态下$\overline{Z}\approx6.5\times10^{9}\,\mathrm{s}^{-1}$，$\overline{\lambda}\approx6.9\times10^{-8}\,\mathrm{m}$。另外，如果气体容器线度小于平均自由程，那么在计算值时，实际平均自由程就是容器线度的大小。

12.3 理想气体的压强和温度

前面我们从宏观的角度定义过理想气体。现在以分子运动论的观点来介绍理想气体的微观结构，并从微观角度出发来讨论压强和温度这两个宏观物理量的微观本质。

压强的产生

12.3.1 理想气体的微观模型

与液体和固体分子比起来，气体分子间的平均距离要大得多，有实验得出，当气体凝结成液体时，体积要缩小到约千分之一，由此可知分子间距离要缩小到大约十分之一。液体分子几乎是紧密排列的，因此气体分子间的平均距离约为分子本身限度的10倍。气体越稀薄就越接近于理想气体，由此可见，理想气体分子间的平均距离要比分子本身的线度大得多。根据这一特点以及在平衡态下气体的压强和温度等不随时间改变的事实，在分子运动论的基础上，进一步提出以下几个基本假设，作为理想气体的微观模型：

1）分子本身的线度与分子间的平均距离相比可以忽略不计；

2）除碰撞的一瞬间外，分子之间以及分子与器壁之间的相互作用忽略不计；

3）分子之间和分子与器壁之间的碰撞都是完全弹性碰撞。

按照以上三条基本假设而建立的理想气体的微观模型可以归结为：理想气体是大量无规则地运动的、无引力的、弹性质点的集合。

12.3.2 理想气体的压强公式

从理想气体的微观模型出发，并假定单个分子的运动遵从经典的力学规律，而大量分子的无规则运动又满足以下统计假设：①在平衡态下，大量的气体分子沿各个方向运动的分子数是相同的；②在平衡态下，气体的性质与方向无关，因此，对大量的分子而言，三个速度分量的各种平均值都相等；③在一个小体积元$\mathrm{d}V$内，由于大量分子在做无规则运动，就统计效果而言，可以认为分子在与器壁碰撞之前，其动量是不变的。根据以上对于气体压强本质的定性分

析，我们来定量地计算图 12.4a 所示的容器中大量分子在单位时间内给予器壁单位面积上的平均冲量，从而导出理想气体的压强公式。因为在平衡态下，作用于各个器壁上任一点的压强都是相等的，所以可以选取器壁上的任意一部分 dS 来计算压强，如图 12.4b 所示。由于分子运动的速度大小和方向不同，为了计算方便，将分子分成若干组，每组内分子运动的大小和方向基本相同，以气体系统的质心为参考系，所取坐标如图 12.4a 所示。

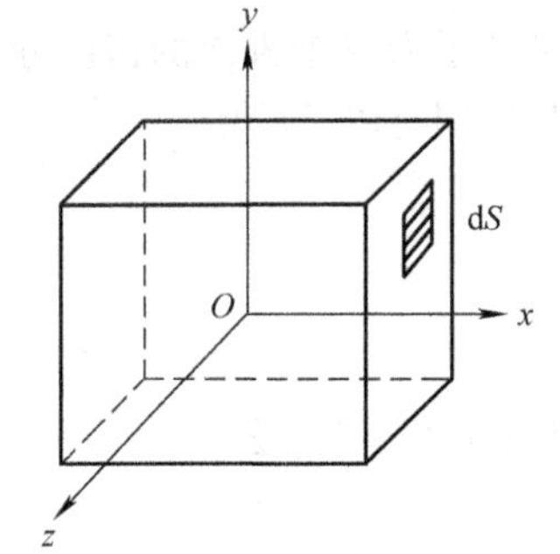

a) 分子作用在dS面元上的压强

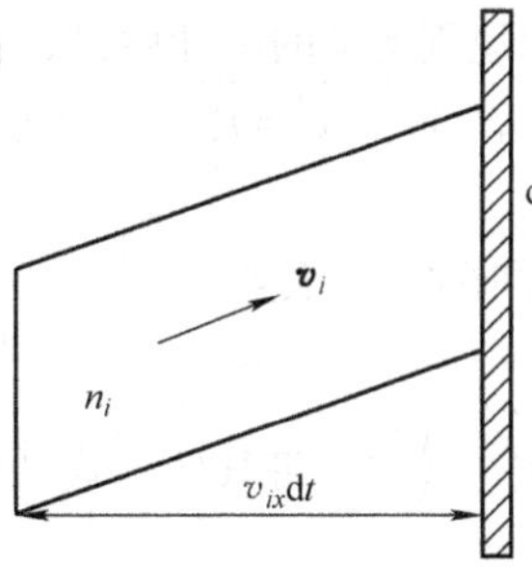

b) 计算在dt时间内从特定方向以速度分量 v_{ix} 碰撞到面积dS上的分子数和总分量

图 12.4

首先考虑速度为$\boldsymbol{v}_i$ 的任意一个分子在一次碰撞中对器壁的作用，其速度的三个分量分别为 $\boldsymbol{v}_{ix}$、$\boldsymbol{v}_{iy}$、$\boldsymbol{v}_{iz}$，假定器壁是平滑的，因而分子碰撞前后在 y、z 方向的速度分量不变，又因为是弹性碰撞，因而分子 i 与器壁碰撞后的动量变化为

$$(-mv_{ix})-mv_{ix}=-2mv_{ix}$$

根据动量定理，它等于气体分子受到器壁作用力的冲量，再根据牛顿第三定律，分子作用器壁冲量就是 $2mv_{ix}$。为了计算压强，需要算出在 dt 时间内碰撞到面积 dS 上的分子数给与器壁的总冲量。下面分几步来考虑：

第一步，对来自特定方向、速度分量为 v_{ix} 的这组分子给与器壁的冲量进行求和。

由图 12.4b 可知，在速度为$\boldsymbol{v}_i$ 的这组分子中，在时间 dt 内能够与 dS 碰撞的分子数是位于以有效碰撞面积 dS 为底、v_{ix}dt 为高、$\boldsymbol{v}_i$ 为轴线的斜柱体内。设在这个区间内单位体积的分子数为 n_i，则在 dt 时间内与 dS 碰撞的分子数为 $n_iv_{ix}\mathrm{d}t\mathrm{d}S$，给与 d$S$ 的总冲量为

$$n_iv_{ix}\mathrm{d}t\mathrm{d}S\cdot 2mv_{ix}=2n_imv_{ix}^2\mathrm{d}S\mathrm{d}t$$

第二步，求出来自特定方向、不同速度的分子给与器壁的总冲量为

$$\mathrm{d}I=\sum_i 2n_imv_{ix}^2\mathrm{d}S\mathrm{d}t$$

由于只有 $v_{ix}>0$ 的分子才能碰撞到器壁，而根据大量分子无规则运动的统计假设，相对于质心坐标，容器内 $v_{ix}>0$ 的分子数和 $v_{ix}<0$ 的分子数平均来说是相等的，即各占总分子数的一半，所以应将上式的求和式再除以 2，便得到

$$\mathrm{d}I=\sum_i n_imv_{ix}^2\mathrm{d}S\mathrm{d}t$$

而压强 p 又等于单位面积上所受的冲击力，即

$$p=\frac{\mathrm{d}F}{\mathrm{d}S}=\frac{\mathrm{d}I}{\mathrm{d}S\mathrm{d}t}=\sum_i n_imv_{ix}^2 \tag{12.4}$$

现在以$\overline{v_x^2}$表示所有分子的 v_x^2 的平均值，其定义为

$$\overline{v_x^2} = \frac{n_1 v_{1x}^2 + n_2 v_{2x}^2 + \cdots}{n_1 + n_2 + \cdots} = \frac{\sum_i n_i v_{ix}^2}{\sum_i n_i}$$

式中，$\sum_i n_i$ 等于单位体积内的分子数 n，式（12.4）便改写为

$$p = nm\overline{v_x^2} \tag{12.5}$$

根据大量分子无规则运动的统计假设，在平衡态下，大量分子沿三个方向的速度分量的平方的平均值应该相等，即$\overline{v_x^2} = \overline{v_y^2} = \overline{v_z^2}$，又因为速度与其三个分量之间有以下关系

$$v_i^2 = v_{ix}^2 + v_{iy}^2 + v_{iz}^2$$

对上面等式两边取平均，便得

$$\overline{v^2} = \overline{v_x^2} + \overline{v_y^2} + \overline{v_z^2}$$

因而有$\overline{v_x^2} = \overline{v_y^2} = \overline{v_z^2} = \frac{1}{3}\overline{v^2}$，将其代入式（12.5），即可得理想气体的压强公式

$$p = \frac{1}{3}nm\overline{v^2} \tag{12.6}$$

以 $\overline{\varepsilon}_k = \frac{1}{2}m\overline{v^2}$表示分子的平均平动动能，则压强又可以有如下表达，即

$$p = \frac{2}{3}n\left(\frac{1}{2}m\overline{v^2}\right) = \frac{2}{3}n\overline{\varepsilon}_k \tag{12.7}$$

式（12.7）说明，理想气体的压强取决于单位体积内的分子数和分子的平均平动动能两个因素。另外也要注意，虽然式（12.7）是从同种气体推导出来的，但是也可以证明，它对混合理想气体也是成立的，证明略。

12.3.3 理想气体的温度公式

由理想气体的状态方程 $pV = \frac{m}{M}RT$ 可得

$$pV = \nu RT$$

上式中 m 是气体的质量；M 是气体的摩尔质量；$R = 8.31\text{J/(mol·K)}$ 为摩尔气体常数。若以 N 表示体积 V 中的分子数，$N_A = 6.023\times10^{23}\text{mol}^{-1}$表示 1mol 任何气体中的分子数（又称阿伏加德罗常数），则 $\nu = N/N_A$，引入另一普适常量，称玻尔兹曼常数，用 k 表示，即

$$k \equiv \frac{R}{N_A} = 1.38\times10^{-23}\text{J/K}$$

则理想气体状态方程又可写作

$$pV = NkT \text{ 或 } p = nkT \tag{12.8}$$

式中，$n = N/V$ 是单位体积内的分子数，称为气体分子数密度。

再将 $p = nkT$ 代入压强公式（12.7），可得

$$\overline{\varepsilon}_k = \frac{3}{2}kT \tag{12.9}$$

式（12.9）称为理想气体的温度公式。式（12.9）说明气体分子运动的平均平动动能只与气体的温度有关，并与气体的热力学温度成正比。由此可以看出，任何理想气体分子的平均平动动能在相同的温度下都是相等的。温度越高，分子的平均平动动能越大，这就意味着分子的热运动越剧烈，即温度是反映物体内大量分子无规则热运动的剧烈程度，是大量分子平均平动动能

的量度，这就是温度的微观本质。由于温度是大量分子热运动的一种集体效应，它与压强一样，也具有统计意义。但对于单个分子和几个分子而言，温度这个概念已失去意义。

12.3.4　由分子运动论的基本公式推证理想气体实验定律

压强公式和温度公式是分子运动论的两个基本公式，是从物质分子运动论的基本观点出发，依据理想气体的微观模型，运用统计规律和力学从理论上推导出来的。这些推导结果是否正确，需要通过实验来验证。这两个公式中的宏观物理量压强和温度都与微观量及其统计平均值相联系，虽然压强和温度可以用实验方法直接测量出来，但公式中所涉及的微观量及其统计平均值是不能直接测定的。因而，它们也就不能直接由实验验证。然而我们可以通过这两个公式来解释和推证理想气体的其他实验定律，从而证明气体分子运动论的正确性，以下我们只讨论对**道尔顿分压定律**的推证。

设在同一容器内装有不同种类的气体分子，在单位体积内不同种类的气体分子数分别为 n_1、n_2、n_3、…，则单位体积内的总分子数为

$$n = n_1 + n_2 + n_3 + \cdots$$

根据压强公式，对于混合气体来说，有

$$p = \frac{2}{3} n \overline{\varepsilon}_k$$

在平衡状态时，各种气体的温度都相同，依据温度公式，其平均平动动能也是相同的，由此可得到

$$\begin{aligned} p &= \frac{2}{3} n \overline{\varepsilon}_k = \frac{2}{3}(n_1 + n_2 + n_3 + \cdots)\overline{\varepsilon}_k \\ &= \frac{2}{3} n_1 \overline{\varepsilon}_k + \frac{2}{3} n_2 \overline{\varepsilon}_k + \frac{2}{3} n_3 \overline{\varepsilon}_k + \cdots \end{aligned}$$

$$p = p_1 + p_2 + p_3 + \cdots \tag{12.10}$$

式（12.10）说明，混合气体的压强等于各种气体的分压强之和，这就是道尔顿分压定律。

例 12.1　一容器内储有氦气，其压强 $p = 1.00\text{atm}$，温度 $t = 27℃$，求：

（1）单位体积内的分子数；

（2）密度；

（3）一个分子的质量；

（4）分子的平均平动动能。

解　（1）根据式（12.9）

$$p = nkT$$

可算出单位体积内的分子数为

$$n = \frac{p}{kT} = \frac{1.00 \times 1.013 \times 10^5 \text{Pa}}{1.38 \times 10^{-23} \text{J/K} \times 300\text{K}} = 2.45 \times 10^{25} (\text{m}^{-3})$$

（2）由理想气体的状态方程可求得氦气的密度为

$$\rho = \frac{m}{V} = \frac{pM}{RT} = \frac{1.00 \times 1.013 \text{Pa} \times 10^5 \times 4 \times 10^{-3}}{8.31 \times 300} \text{kg/m}^3 = 0.16 \text{kg/m}^3$$

（3）每个分子的质量为

$$m_{分} = \frac{\rho}{n} = \frac{0.16}{2.45 \times 10^{25}} \text{kg} = 6.53 \times 10^{-27} \text{kg}$$

（4）分子的平均平动动能为

$$\bar{\varepsilon}_k=\frac{3}{2}kT=\frac{3}{2}\times1.38\times10^{-23}\times300\text{J}=6.21\times10^{-21}\text{J}$$

12.4 能量按自由度均分定理及理想气体的内能

在前几节研究大量气体分子的无规则运动时，只考虑了分子的平动。对于单原子可以将其看作质点，所以平动是它唯一运动的方式。但实际上气体分子还有双原子分子（如 N_2，O_2）和多原子分子（NH_3，H_2O），它们除有平动外，还有转动和分子内原子的振动。为了用统计的方法来计算分子的平均转动动能、平均振动动能和平均总能量，下面引入能量按自由度均分定理。为此，需要先介绍自由度的概念。

12.4.1 自由度的概念

在描述一个物体的空间位置时，需要用一定数目的坐标。例如要描述轮船在水平面上的运动，一般需要 2 个坐标来确定其位置，我们就说轮船运动有 2 个自由度；空中飞行的飞机，确定其位置需要 3 个坐标，我们就说飞机运动有 3 个自由度。所谓自由度，就是确定一个物体在空间位置所需要的独立坐标数。一般来说，一个不受任何约束的自由质点其自由度是 3。受到一种约束，自由度就减去一个。

以上例子中我们是把轮船和飞机看作质点来处理的，如果要考虑它们在空间的翻滚运动，就必须把它们看作刚体，需要研究其自由度。而本节主要研究双原子和多原子分子的运动，也需要知道它们的自由度。

由刚体运动理论可知，刚体的运动可以看作以质心为代表的平动和绕质心的转动。由此，刚体在空间的位置可确定如下：①确定质心的位置需要三个独立坐标 x、y、z；②确定通过质心的转轴 AB 需要 2 个坐标 α、β（或 β、γ 或 β、α），绕轴转过的角度需要 1 个坐标 θ，如图 12.5a 所示。

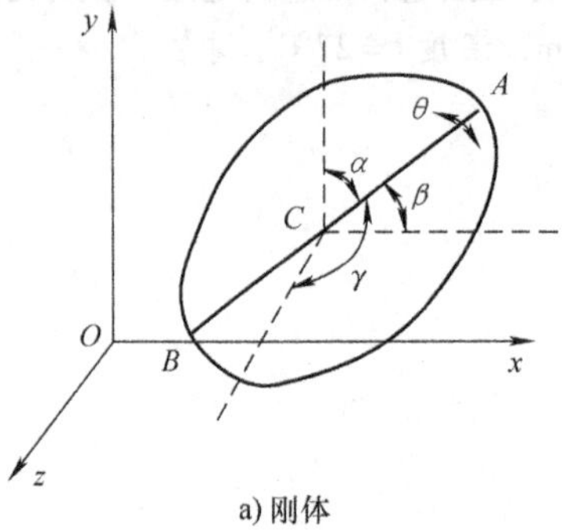

a) 刚体

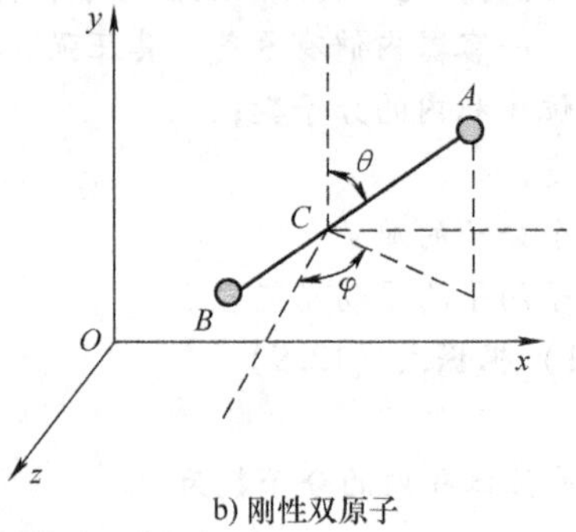

b) 刚性双原子

图 12.5 物体自由度的确定

12.4.2 分子的自由度

气体分子按其结构可分为单原子分子（如 He，Ar）、双原子分子（如 O_2、N_2）和多原子分子（NH_3、CO_2）。

对于单原子分子，可以将其看作自由质点，那么，用 3 个自由度就可以确定它的位置。

对于双原子分子，可以看作由两个质点构成，根据两个原子间的距离始终保持变和不变又分为弹性双原子分子和刚性双原子分子。确定双原子分子的自由度可以先将两个原子看作质点，首先确定质心的位置需要 3 个自由度，而两个原子连线的方位（由于原子都被看成质点，所以绕连线为轴的转动是无意义的）有 2 个转动自由度，如图 12.5b 所示。如果连线可以自由伸缩，那还需要 1 个自由度。因此，对于刚性双原子分子，通常有 5 个自由度，而对于弹性双原子分子则有 6 个自由度。

对于三原子以上的原子分子中，如果分子可看成是刚性的，即构成分子的原子间距保持不变，其整个分子就可以看成是刚性的，即可以将其看成自由刚体，确定其位置需要 6 个自由度，其中，3 个自由度用以确定质心位置，2 个自由度用以确定转动轴的方向，1 个自由度用以确定绕轴的转动。

一般来讲，如果某一分子由 N 个原子组成，则分子最多有 $3N$ 个自由度，其中 3 个属于平动自由度，3 个属于转动自由度，其余 $3N-6$ 属于振动自由度。

12.4.3　能量按自由度均分定理

在上一节中已得出理想气体分子的平均平动动能为

$$\bar{\varepsilon}_k = \frac{1}{2}m\overline{v^2} = \frac{3}{2}kT$$

平动有 3 个自由度，与此相对应，分子的平动也可以分解到三个坐标轴上，又因为

$$\overline{v^2} = \overline{v_x^2} + \overline{v_y^2} + \overline{v_z^2}$$

利用分子运动的无规则性，在平衡态下，大量分子沿各个方向运动的机会相等，上式又可以表示为

$$\overline{v_x^2} = \overline{v_y^2} = \overline{v_z^2} = \frac{1}{3}\overline{v^2}$$

因此有

$$\frac{1}{2}m\overline{v_x^2} = \frac{1}{2}m\overline{v_y^2} = \frac{1}{2}m\overline{v_z^2} = \frac{1}{3}\left(\frac{1}{2}m\overline{v^2}\right) = \frac{1}{2}kT \tag{12.11}$$

这个结果说明，分子在每一个平动自由度上具有相同的平均动能，其大小都等于 $kT/2$。

式（12.11）所表示的规律是一条统计规律，它只适合于大量分子集体。各平动自由度的平动动能相等是气体分子在无规则运动中不断发生碰撞的结果。正是由于碰撞的无规则性，所以导致在碰撞过程中动能不仅在分子间进行交换，而且可以从一个平动自由度转移到另一个平动自由度上。由于在各个自由度中并没有哪一个具有优势，因而每个平动自由度所获得的平均动能是相等的。

这种能量的分配在分子有转动和振动的情况下应该还会转移到这些自由度上。这就是说，在分子的无规则碰撞运动中，平动、转动和振动之间各自由度也可以进行能量的交换，且没有哪个自由度具有优势。因此可以得出一般的结论：各自由度的平均动能都是相等的。由经典的统计力学指出：**在温度为 T 的平衡态下，气体分子在任何一种运动形式的每个自由度都具有相同的平均能量，其值等于 $kT/2$**。这个结论称为能量按自由度均分定理，它不仅适用于理想气体，也适用于液体和固体分子的无规则运动。

根据能量按自由度均分定理，如果一个分子的平动自由度为 t，转动自由度为 r，振动自由度为 s，其平均总动能为

$$\bar{\varepsilon}_k = \frac{1}{2}(t+r+s)kT \tag{12.12}$$

平均总能量为

$$\bar{\varepsilon}=\frac{1}{2}(t+r+2s)kT \tag{12.13}$$

对于单原子分子，$t=3$，$r=0$，$s=0$，其平均总动能 $\bar{\varepsilon}_{\mathrm{k}}=\frac{3}{2}kT$。

对于刚性双原子分子，$t=3$，$r=2$，$s=0$，其平均总动能 $\bar{\varepsilon}_{\mathrm{k}}=\frac{5}{2}kT$。

对于弹性双原子分子，$t=3$，$r=2$，$s=1$，其平均总动能 $\bar{\varepsilon}_{\mathrm{k}}=3kT$，而平均总能量 $\bar{\varepsilon}=\frac{7}{2}kT$。

对于刚性多原子分子，$t=3$，$r=3$，$s=0$，其平均总动能 $\bar{\varepsilon}_{\mathrm{k}}=3kT$。

12.4.4 理想气体的内能和摩尔热容

第 11 章已从宏观角度介绍了理想气体内能的概念。接下来我们再从微观的角度进一步解释气体的内能，并从理论上导出理想气体的热容。

1. 理想气体的内能

作为质点系，因分子间无相互作用，所以分子间无势能，因而理想气体的内能就是分子本身具有的能量之和，即包括分子各种形式的动能和分子内部原子间的振动势能的总和。以 N 表示一定理想气体的分子总数，由以上分析和式（12.13）可知，理想气体的内能为

$$E=N\bar{\varepsilon}=\frac{1}{2}N(t+r+2s)kT$$

由于 $k=R/N_A$，$\nu=N/N_A$，则 ν 摩尔理想气体的内能为

$$E=\frac{1}{2}(t+r+2s)\nu RT \tag{12.14}$$

对单原子分子气体，因 $t=3$，$r=0$，$s=0$，其内能 $E=\frac{3}{2}\nu RT$。

对刚性双原子分子气体，$t=3$，$r=2$，$s=0$，其内能 $E=\frac{5}{2}\nu RT$。

对弹性双原子分子气体，$t=3$，$r=2$，$s=1$，其内能 $E=\frac{7}{2}\nu RT$。

对刚性多原子分子气体，$t=3$，$r=3$，$s=0$，其内能为 $E=3\nu RT$。

由以上结果可以看出，一定的理想气体的内能完全决定于温度和分子的自由度数，而与气体的压强和体积没有关系，此结果在热力学的焦耳实验中已得到了验证。

2. 理想气体的摩尔热容

根据 11.4.2 节关于摩尔定容热容的定义式

$$C_{V,\mathrm{m}}=\frac{1}{\nu}\left(\frac{\mathrm{d}Q}{\mathrm{d}T}\right)_V=\frac{1}{\nu}\left(\frac{\mathrm{d}E}{\mathrm{d}T}\right)_V$$

将式（12.14）代入上式，有

$$C_{V,\mathrm{m}}=\frac{1}{\nu}\frac{\mathrm{d}}{\mathrm{d}T}\left[\frac{1}{2}(t+r+2s)\nu RT\right]=\frac{1}{2}(t+r+2s)R \tag{12.15}$$

由式（12.15）可知，理想气体的摩尔定容热容与气体的种类和温度无关，而仅决定于分子的自由度数。由迈耶公式 $C_{p,\mathrm{m}}=C_{V,\mathrm{m}}+R$ 和 $\gamma=C_{p,\mathrm{m}}/C_{V,\mathrm{m}}$ 可以获得各种气体分子的 $C_{p,\mathrm{m}}$，$C_{V,\mathrm{m}}$ 和 γ 的理论值，如表 12.1 所示：

表 12.1　$C_{V,m}$、$C_{p,m}$和 γ 的经典理论值

分子种类		$C_{V,m}$	$C_{p,m}$	γ
单原子		$3R/2$	$5R/2$	1.67
双原子	刚性	$5R/2$	$7R/2$	1.40
	弹性	$7R/2$	$9R/2$	1.29

12.5　麦克斯韦速率分布律

在 12.3 节推导理想气体的压强中，已分析了每个分子运动速度各不相同，而且通过碰撞在不断发生变化，对任何一个分子来说，在任意时刻它的速度方向和大小都会受到很多偶然因素的影响，往往是不可预知的。但从大量分子的整体统计来看，气体分子的速度还是有规律的。早在 1859 年麦克斯韦就用概率论证明了在平衡态下，理想气体的分子按速度的分布是有确定规律的，这个规律就称之为麦克斯韦速度分布律。如果不考虑分子运动的方向，而只考虑分子速度的大小，其相应的分布就叫作麦克斯韦速率分布律。

接下来先介绍速率分布律的意义。当气体处于平衡态时，其各个分子的运动速率有的大、有的小，互有差异。又由于分子之间的不断碰撞将会导致速率继续发生变化，所以对单个分子的描述和说明很困难。按照经典力学的概念，气体分子的速率可以连续从 0 取到无穷大，因而说明分子按速率分布时就需要采取按速率区间分组的办法来研究其分布。因此我们可以采用统计的方法做如下探讨：把分子的速率按大小划分成若干相等的间隔 Δv，如表 12.2 所示。在某种温度下，将速率大小属于各区间内的分子数 ΔN 占总分子数 N 的百分比（即相对分子数）用实验测定。表 12.2 是空气分子在 273K 时按速率分布的情况。从表中可以看出，以低速率和高速率运动的分子数较少（例如，100m/s 以下的分子数只占 1.4%，600 ~ 700m/s 之间的分子数占总分子数的 9.2%），而多数分子（占总分子数的 21.5%）的运动速率是在 300 ~ 400m/s 之间，比这个速率大或小的相对分子数都呈依次递减趋势。在大量分子的热运动中，像上述这样的低、高速运动的分子数少，而多数分子以中等速率运动的分子分布情况，对于在任意温度下分布的气体分子基本上都是如此情况。这种分布就称为气体分子按速率分布的规律。

表 12.2　空气分子速率在 273K 时的统计分布

速率间隔 Δv/(m/s)	分子数的百分数 $\Delta N/N$	速率间隔 Δv/(m/s)	分子数的百分数 $\Delta N/N$
100 以下	1.4	400 ~ 500	20.5
100 ~ 200	8.1	500 ~ 600	15.1
200 ~ 300	16.7	600 ~ 700	9.2
300 ~ 400	21.5	700 以上	7.7

如果以速率 v 为横坐标，$\dfrac{\Delta N}{N}\Big/\Delta v$（即单位速率间隔内的相对分子数）为纵坐标，按表 12.2 给出的速率分布如图 12.6 所示。为了把速率分布的真实情况更详细地反映出来，在上面速率间隔取得足够小的情况下，即由 $\Delta v \to \mathrm{d}v$，便能得到一条平滑的速率分布曲线，如图 12.7 所示。速率分布曲线下的小矩形面积$\dfrac{\Delta N}{N\mathrm{d}v}\cdot\mathrm{d}v=\dfrac{\mathrm{d}N}{N}$代表速率在 $v \to v+\mathrm{d}v$ 范围内的分子数占总分子数的百

分比。

由分子速率分布曲线可知，曲线上任意一点的纵坐标是速率 v 的函数，可用 $f(v)$ 表示，即

$$f(v)=\frac{1}{N}\cdot\frac{\mathrm{d}N}{\mathrm{d}v} \tag{12.16}$$

式（12.16）就称为气体分子的速率分布函数，它表示在速率 v 附近，单位速率区间内的分子数占总分子数的百分比。

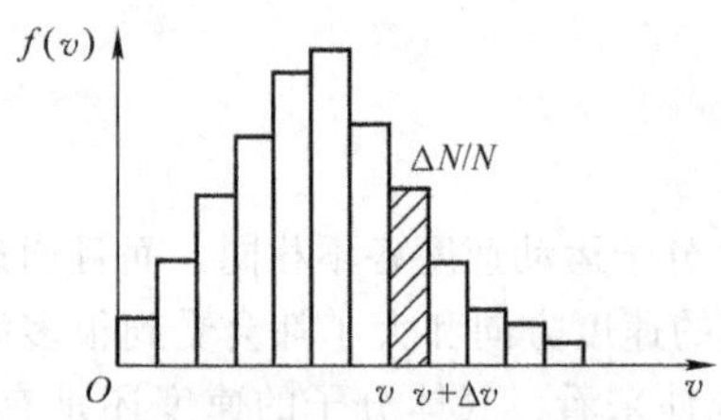

图 12.6 气体分子按速率的分布图

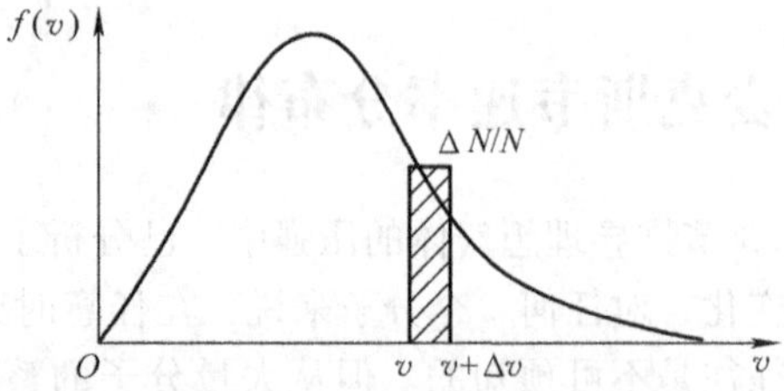

图 12.7 气体分子速率分布曲线

将式（12.16）对所有速率区间积分，将得到所有速率区间分子数占总分子数百分比的总和。它显然等于 1，因而有

$$\int_0^N\frac{\mathrm{d}N}{N}=\int_0^\infty f(v)\,\mathrm{d}v=1 \tag{12.17}$$

所有分布函数必须满足的这一条件叫作归一化条件。

麦克斯韦曾于 1859 年用概率论导出理想气体分子的速率分布规律，给出速率分布函数的具体表达式，由此函数给出的速率分布曲线与实验曲线（见图 12.7）相符合。它指出：在平衡态下，气体分子速率在 $v\to v+\mathrm{d}v$ 区间内的分子数占总分子数的百分比为

$$\frac{\mathrm{d}N}{N}=4\pi\left(\frac{m}{2\pi kT}\right)^{3/2}v^2\mathrm{e}^{-mv^2/2kT}\mathrm{d}v \tag{12.18}$$

与式（12.16）相比，可得麦克斯韦速率分布函数，即

$$f(v)=4\pi\left(\frac{m}{2\pi kT}\right)^{3/2}v^2\mathrm{e}^{-mv^2/2kT} \tag{12.19}$$

式中，T 是气体的热力学温度；m 是一个分子的质量；k 是波耳兹曼常数。由式（12.19）可知，对于给定质量的气体，麦克斯韦速率分布函数只与温度有关。以速率 v 为横轴，分布函数 $f(v)$ 为纵轴，所画出的曲线就称为麦克斯韦速率分布曲线，如图 12.8 所示，它能形象地表示出气体分子在不同温度下按速率分布的情况。同时还发现，温度较高时曲线较平坦，曲线的最高点更靠近速率较大的方向。这表明温度越高，速率大的分子数相对增多，即分子热运动的程度更加剧烈。

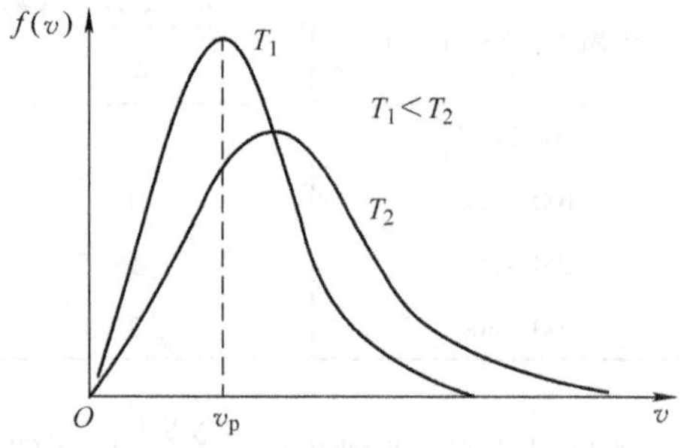

图 12.8 某种气体分子在不同温度时的速率分布曲线

从图中还可以看出，速率小和速率大的分子数都很少。在某一速率 v_p 处函数有一极大值，此速率为最概然速率。它的物理意义是：在速率 v_p 附近，单位速率区间内的分子数占总分子数的百分比最大。v_p 可由下式求出：

$$\left.\frac{\mathrm{d}f(v)}{\mathrm{d}v}\right|_{v_p}=0$$

即

$$v_p=\sqrt{\frac{2kT}{m}}=\sqrt{\frac{2RT}{M}}\approx 1.41\sqrt{\frac{RT}{M}} \tag{12.20}$$

由式（12.20）可知，最概然速率 v_p 随着温度 T 的升高而增大，随着气体分子质量 m 的增大而减小。从 12.8 图中还可以看出，温度越高，最概然速率越大，$f(v_p)$ 越小。

由于麦克斯韦速率分布律是一个统计规律，而大量的分子不停地在做无规则运动，要确定某一速率的分子数是很困难的，接下来我们引入分子的平均速率 $\bar{v}$。

$$\bar{v}=\frac{\sum_i N_i v_i}{N}=\frac{\int v\mathrm{d}N}{N}$$

式中，N_i 表示具有 v_i 速率的分子数；$\sum_i N_i v_i$ 表示对分子所具有的各种速率求和。然后将式（12.16）代入上式，即有

$$\bar{v}=\int_0^{\infty} vf(v)\,\mathrm{d}v \tag{12.21}$$

再将麦克斯韦速率分布函数式（12.19）代入式（12.21），可求得平衡态下理想气体分子的平均速率为

$$\bar{v}=\sqrt{\frac{8kT}{\pi m}}=\sqrt{\frac{8RT}{\pi M}}\approx 1.60\sqrt{\frac{RT}{M}} \tag{12.22}$$

同理，利用速率分布函数还可以求出方均根速率，即

$$\sqrt{\overline{v^2}}=\left[\int_0^{\infty} v^2 f(v)\,\mathrm{d}v\right]^{1/2}=\sqrt{\frac{3kT}{m}}=\sqrt{\frac{3RT}{M}}\approx 1.73\sqrt{\frac{RT}{M}} \tag{12.23}$$

由以上三种速率的推导结果可以看出，$v_p<\bar{v}<\sqrt{\overline{v^2}}$，它们均与温度 $T^{1/2}$ 成正比，与 $m^{1/2}$ 成反比，且三种速率有不同的应用，当讨论气体分子的速率分布时要用 v_p，计算分子的平均平动动能时要用 $v^{1/2}$，讨论分子间的碰撞时要用 $\bar{v}$。

例 12.2　试计算氧在标准状态下的分子平均碰撞频率 $\bar{Z}$ 和平均自由程 $\bar{\lambda}$，已知氧分子的有效直径为 3.60×10^{-10}m。

解　分子的平均速率为

$$\bar{v}=\sqrt{\frac{8RT}{\pi M}}=\sqrt{\frac{8\times8.31\times273}{3.14\times32\times10^{-3}}}\mathrm{m/s}=425\mathrm{m/s}$$

在标准状态下，气体分子的平均碰撞频率为

$$\bar{Z}=\sqrt{2}\pi d^2\bar{v}\frac{p}{KT}=\sqrt{2}\pi\times(3.6\times10^{-10})^2\times425\times\frac{1.013\times10^5}{1.38\times10^{-23}\times273}\mathrm{s}^{-1}=6.66\times10^9\mathrm{s}^{-1}$$

平均自由程为

$$\bar{\lambda}=\frac{\bar{v}}{\bar{Z}}=\frac{425}{6.66\times10^9}\mathrm{m}=6.38\times10^{-8}\mathrm{m}$$

例 12.3　计算大气中氦气分子和氦气分子在 27℃时的方均根速率，并说明地球大气中为何没有氦气、氢气而富含氧气和氮气？

解　由式（12.23）可得

$$\left(\sqrt{\overline{v^2}}\right)_{\mathrm{He}}=\sqrt{\frac{3RT}{M}}=\sqrt{\frac{3\times8.31\times300}{4.00\times10^{-3}}}\mathrm{m/s}=1.37\mathrm{km/s}$$

$$\left(\sqrt{\overline{v^2}}\right)_{N_2}=\sqrt{\frac{3RT}{M}}=\sqrt{\frac{3\times 8.31\times 300}{28.00\times 10^{-3}}}\text{m/s}=0.52\text{km/s}$$

地球表面物体的逃逸速度是11.2km/s，而例12.3计算出氦气分子的方均根速率约为逃逸速率的1/8，而氢气分子的方均根速率更大些，约为逃逸速率的1/6。计算结果表明，氦气分子和氢气分子都很难脱离地球的引力而散去。但由于速率分布的原因，相当多的氦气分子和氢气分子的速率超过了逃逸速率而可以散去。目前我们知道，大气中原始的化学成分大部分是氢和氦，由于太阳风（恒星会喷发大量的物质流，正值太阳形成初期）和地球升温的作用，使得相当数目的氦气分子和氢气分子的方均根速率超过了逃逸速率，正是由于它们的不断逃逸，原始大气逐渐向宇宙空间膨胀并逃逸散失。几十亿年过去后，今天的地球大气中就没有氢气和氦气了。然而氮气分子和氧气分子的方均根速率只有逃逸速率的1/25，这些气体分子很难逃逸散失出去。于是今天的地球大气就保留了大量的氮气（约占大气质量的71%）和氧气（约占大气质量的28%）。

12.6 玻耳兹曼分布律

上一节我们讨论了理想气体分子按速率的分布，如果再考虑速度的方向，那么气体分子又是如何分布呢？仿照气体分子按速率分布的推导思路，考虑速度分量分别在 $v_x\to v_x+\mathrm{d}v_x$、$v_y\to v_y+\mathrm{d}v_y$ 和 $v_z\to v_z+\mathrm{d}v_z$ 区间内的分子数占总分子数的百分比，这里的 $\mathrm{d}v_x\mathrm{d}v_y\mathrm{d}v_z$ 叫作速度区间。当气体处于平衡态时，从理论上可以导出在这个速度区间内分子数的比率（即百分比），为

$$\frac{\mathrm{d}N}{N}=\left(\frac{m}{2\pi kT}\right)^{3/2}\mathrm{e}^{-mv^2/2kT}\mathrm{d}v_x\mathrm{d}v_y\mathrm{d}v_z \tag{12.24}$$

式（12.24）就称为麦克斯韦速度分布律。如果不受外力场的作用，这时气体分子在空间的分布是均匀的，分子数密度在空间各处相同。如果气体分子处于外力场（如重力场）中，那么气体分子在空间的分布又将服从什么规律呢？

在麦克斯韦速度分布律表达式中，指数项 $\mathrm{e}^{-mv^2/2kT}$ 中的指数是一个与分子平均平动动能 $E_\mathrm{k}=\frac{1}{2}mv^2$ 有关的量，因此式（12.24）便可以写为

$$\mathrm{d}N=N\left(\frac{m}{2\pi kT}\right)^{3/2}\mathrm{e}^{-E_\mathrm{k}/kT}\mathrm{d}v_x\mathrm{d}v_y\mathrm{d}v_z$$

玻耳兹曼进一步考虑到，如果分子处在外力场（如重力场）中，不仅有动能，还有外力场势能，进而从理论上推导出：系统在外力场处于平衡态时，其中坐标介于区间 $x\to x+\mathrm{d}x$、$y\to y+\mathrm{d}y$、$z\to z+\mathrm{d}z$ 内，同时速度介于 $v_x\to v_x+\mathrm{d}v_x$，$v_y\to v_y+\mathrm{d}v_y$，$v_z\to v_z+\mathrm{d}v_z$ 内的分子数为

$$\mathrm{d}N=C\left(\frac{m}{2\pi kT}\right)^{3/2}\mathrm{e}^{-(E_\mathrm{k}+E_\mathrm{p})/kT}\mathrm{d}v_x\mathrm{d}v_y\mathrm{d}v_z\mathrm{d}x\mathrm{d}y\mathrm{d}z \tag{12.25}$$

式（12.25）就称为玻耳兹曼分布律，其中 C 为比例常数，与速度和位置无关。

下面我们来推导气体分子按势能 E_p 的分布律。为此需要求出在坐标区间 $x\to x+\mathrm{d}x$、$y\to y+\mathrm{d}y$、$z\to z+\mathrm{d}z$ 内具有各种速度的分子数 $\mathrm{d}N'$，即

$$\mathrm{d}N'=C\mathrm{e}^{E_\mathrm{p}/kT}\mathrm{d}x\mathrm{d}y\mathrm{d}z\iiint_{-\infty}^{+\infty}\left(\frac{m}{2\pi kT}\right)^{3/2}\mathrm{e}^{-E_\mathrm{k}/kT}\mathrm{d}v_x\mathrm{d}v_y\mathrm{d}v_z$$

由归一化条件可知，积分 $\iiint_{-\infty}^{+\infty}\left(\frac{m}{2\pi kT}\right)^{3/2}\mathrm{e}^{-E_k/kT}\mathrm{d}v_x\mathrm{d}v_y\mathrm{d}v_z=1$，所以

$$\mathrm{d}N'=C'\mathrm{e}^{-E_p/kT}\mathrm{d}x\mathrm{d}y\mathrm{d}z$$

进而得出在体积元 $\mathrm{d}x\mathrm{d}y\mathrm{d}z$ 内分子的数密度为

$$n=\frac{\mathrm{d}N'}{\mathrm{d}x\mathrm{d}y\mathrm{d}z}=C'\mathrm{e}^{-E_p/kT}$$

如果以 n_0 表示气体分子 $E_p=0$ 时的分子数密度，则 $n_0=C'$，因此可得

$$n=n_0\mathrm{e}^{-E_p/kT} \tag{12.26}$$

式（12.26）即为分子按势能的分布规律，是玻耳兹曼分布律的一种常用形式，也是一个具有普遍性的规律，对任何物质微粒（气体、液体的原子和分子及布朗粒子等）在保守场（重力场、静电场等）中运动的情况都是成立的。

依据式（12.26），很容易求出气体分子在重力场中按高度的分布规律。取高度 $h=0$ 时的重力势能为零，则高度为 h 时的重力势能 $E_h=mgh$，并且 n_0 也就是 $h=0$ 处单位体积内的分子数，于是可得出分布在高度 h 处单位体积中的分子数为

$$n=n_0\mathrm{e}^{-mgh/kT} \tag{12.27}$$

式（12.27）即为重力场中微粒按高度的分布规律。这一规律说明粒子数密度随高度按指数规律减小。同时还表明，分子质量 m 越大，n 就减小越快；气体温度 T 越高，n 减小越缓慢。这一关系反映了两种对立作用的矛盾统一：①重力的作用力图使气体分子靠近地面；②分子的无规则运动又使得分子处于均匀分布。正是二者的对立统一使重力场中的气体达到平衡时，气体分子在空间就出现了一种确定的上疏下密的非均匀分布，如图 12.9 所示。

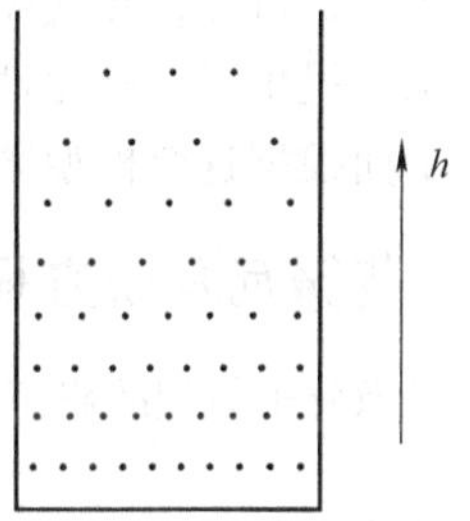

图 12.9　微粒数密度随高度的变化

由式（12.9）还可以导出大气压强 p 随高度的变化。将式（12.27）代入式 $p=nkT$ 可得

$$p=n_0\mathrm{e}^{-mgh/kT}kT=p_0\mathrm{e}^{-mgh/kT} \tag{12.28}$$

式（12.28）就称为恒温气压公式，式中 $p_0=n_0kT$ 是高度为零处的大气压强。在爬山或航海中，可用式（12.28）根据所测定的大气压强随高度的变化来计算上升的高度。但这个计算结果只具有近似性，因为实际上大气温度是随高度变化的。

12.7　范德瓦耳斯方程

如前所述，理想气体遵循的规律是 $pV=\nu RT$，且在压强趋于零的情况下才能成立。那如果压强增加到几十个大气压时，实验事实表明，利用此方程计算的结果与实际气体之间就有一定的偏差了。为了能更好地找到符合实际气体行为的状态方程，人们从理论上和实验上都进行了大量工作，提出了很多种实际气体状态方程。下面只介绍一种形式最简单、物理意义简明的方程，即范德瓦耳斯方程。

范德瓦耳斯分析了理想气体状态方程与实际不符合的原因，指出了它在微观结构理论上的缺陷，并在理想气体状态方程的基础上进行了修正，从而于 1873 年提出了比理想气体更具有广泛意义、且能反映实际气体行为的状态方程，即范德瓦耳斯方程。

12.7.1 范德瓦耳斯模型的提出

理想气体的微观模型把气体分子看成是无引力的弹性质点：一是忽略了分子的体积；二是忽略了分子间的相互作用力。对此，范德瓦耳斯首先分析了分子体积问题。根据分子有效直径的数量级为 $d=10^{-10}$m，可估计 1mol 气体分子所具有的固有总体积为 $N_A \cdot \frac{4}{3}\pi r^3 \approx 3.15\times10^{-7}\text{m}^3$。但是这些分子在紧密状态下所占有的空间在理论上证明大约是分子固有总体积的 4 倍，即 1mol 气体分子在紧密排列状态下所占有的空间 $b=4\times3.15\times10^{-7}\text{m}^3\approx10^{-6}\text{m}^3$。而我们知道在标准状态下，1mol 气体的体积为 $v_0=22.4\times10^{-3}\text{m}^3$，由此可见，这时气体分子处于紧密排列下所占有的体积只有整个气体体积的万分之四，因此在低压条件下分子的固有体积 b 就可以忽略。但是当压强 $p=10^3$atm 时，气体体积约减小到 $v_0=22.4\times10^{-6}\text{m}^3$，$b$ 是它的$\frac{1}{20}$，这时分子的固有体积就不能忽略了；其次分析了分子力，在稀薄气体中，由于分子间的平均距离较大，分子间的作用力就可以忽略。但当压强增大时，分子间的距离就会减小，若平均距离减小到 10^{-9}m 以下，分子间的吸引力就不能被忽略了。

由以上分析可知，在气体处于紧密排列时，“无引力的弹性质点”这一模型已不再适用。针对以上缺陷，提出了一种比理想气体分子模型更接近实际气体分子的模型——弱引力的弹性刚球模型。下面根据这个模型来修正理想气体的状态方程。

12.7.2 范德瓦耳斯方程

首先考虑分子体积的修正。因为分子的有效直径为 d，那么 1mol 理想气体的状态方程可写成

$$p=\frac{RT}{v} \tag{12.29}$$

式中，v 是 1mol 气体的体积（即容器的容积）。对于理想气体来说，由于分子本身体积可以忽略不计，那么这一体积就是分子的自由活动空间。

但是，当气体分子本身体积不可忽略时，在气体体积为 v 的情况下，分子可以自由活动的空间就减小为（$v-b$）。因此，考虑到分子本身的体积，式（12.29）应修正为

$$p=\frac{RT}{v-b} \tag{12.30}$$

前面已给出 b 大约是 1mol 气体分子本身总体积的 4 倍。接下来考虑分子引力所引起的修正。气体动理论指出，气体的压强是大量分子无规则运动中碰撞器壁的平均总效果。对于理想气体而言，由于分子间无相互作用，各个分子将直接撞向器壁。当分子间有吸引力时情况又如何呢？如图 12.10 所示，由于式（12.30）中的压强是把气体分子看作无引力弹性刚球时作用器壁的压强，根据气体处于平衡时满足的力学平衡条件可知，它也等于气体内部任一截面 AB 两边两部分气体间相互作用的压强。现在如果分子间有相互吸引力，则除此压强外，还由于分子间的相互吸引力使截面两边的气体间出现彼此对拉的张力而使压强减小，其减小量 Δp 正好等于单位截面两边气体分子间的吸引力之和（此合力垂直于截面，理论上可以证明）。由图 12.10 可以看出，此力既与 AB 左边的分子数密度 n 成正比，也与右边的分子数密度成正比，所以有

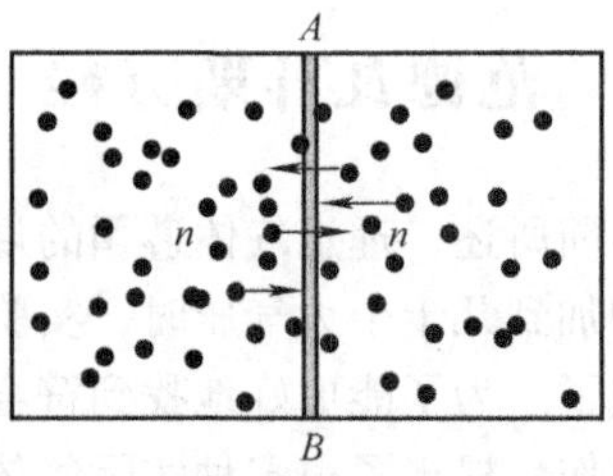

图 12.10 气体内单位截面压强的产生

$$\Delta p \propto n^2 \left(= \frac{N_A}{v} \right)^2 \propto \frac{1}{v^2}$$

即 1mol 气体由于分子间相互吸引作用而引起的附加压强为

$$\Delta p = \frac{a}{v^2} \tag{12.31}$$

式中，a 为反映分子间引力的一个比例常数。

由以上分析可知，当考虑分子间的引力作用时，气体分子实际作用于器壁的压强 p 应该是式（12.30）的压强再减去内部的附加压强 Δp，即

$$p = \frac{RT}{v - b} - \frac{a}{v^2} \tag{12.32}$$

将式（12.32）改写为

$$\left(p + \frac{a}{v^2}\right)(v - b) = RT \tag{12.33}$$

此即 1mol 气体的范德瓦耳斯方程。对物质的量为 ν 的任何气体，其体积 $V = \frac{m}{M}v$，则 $v = \frac{M}{m}V$，将此式代入式（12.33）可得到适用于物质的量为 ν 的气体的状态方程为

$$\left(p + \nu^2 \frac{a}{V^2}\right)(V - \nu b) = \nu RT \tag{12.34}$$

式（12.34）是荷兰物理学家范德瓦耳斯（Van der Waals）于 1873 年首先导出的。式中范德瓦耳斯常量 a、b 随气体的种类不同而不同，并且与温度和压强有关，可由实验测得。例如，对于氮气，在零摄氏度和压强低于 500atm 范围内，a 和 b 的值可取为

$$a = 1.39\text{atm} \cdot \text{L}^2/\text{mol}^2,\ b = 0.0391\text{L/mol}$$

实际气体在相当大的压强范围内更近似地遵守范德瓦耳斯方程。为了说明这一点，表 12.3 列出了在一定温度下，由对某种气体所测的各组 p、v 值算出了 pv 和 $\left(p + \frac{a}{v^2}\right)(v - b)$ 的值。从表中可以看出，1mol 氮气在等温压缩过程中，在 100atm 内，pv 和 $\left(p + \frac{a}{v^2}\right)(v - b)$ 都能较好地保持恒定。当压强增大到 1000atm 时，按照理想气体状态方程计算的结果，pv 的乘积已增大到 2 倍，出现了 100% 以上的误差，表明此方程不再适用，而用范德瓦耳斯方程计算的结果基本保持不变，但也有 2% 的误差，说明范德瓦耳斯方程也只是近似地反映了实际气体 pv 的宏观性质。

表 12.3 在 0℃时，1mol 氮气在不同压强下的 pv 和 $\left(p + \frac{a}{v^2}\right)(v - b)$ 对比值

p/atm	pv/atm·L	$\left(p + \frac{a}{v^2}\right)(v - b)$/atm·L
1	1.0000	1.000
100	0.9941	1.000
200	1.0483	1.009
500	1.3900	1.014
1000	2.0685	0.983

12.8 气体的输运过程

前面所讨论的都是系统处于平衡态下的问题，然而在实际上，自然界的许多问题都涉及系统在非平衡态下的变化过程。例如气体的内摩擦、热传导和扩散，就是典型的由非平衡态趋向

平衡态的变化过程。由于这三种过程中都发生了某种物理量的迁移或输运，故统称为输运过程。下面分别介绍这三种输运过程的基本规律。

12.8.1 内摩擦现象的宏观规律及微观解释

当流体内各部分流速不同时，任意相邻两层之间就会产生相互作用力，以阻碍各流层之间的相对运动，这种现象称为内摩擦现象，又称为黏滞现象。气体的内摩擦现象可通过下述实验来观察。如图 12.11 所示，两个水平圆盘 A、B 固定在同一轴上，B 盘不动，A 盘可由电动机带着转动。两盘之间是一层空气，当开动电动机使 A 盘转动时，过一会儿后会发现 B 盘也随之朝相同的方向转动起来。可见，这是由于圆盘 A 与空气之间及各相邻空气层之间出现的摩擦力最后带动 B 盘转动的缘故，这种摩擦力又称为黏滞力。

1. 内摩擦现象的宏观规律

为了说明内摩擦现象的宏观规律，可以从以下简单情况来考虑：设气体平行于 xOy 平面，并沿 y 轴正方向流动，流速 u 沿 z 轴方向增大，如图 12.12 所示。

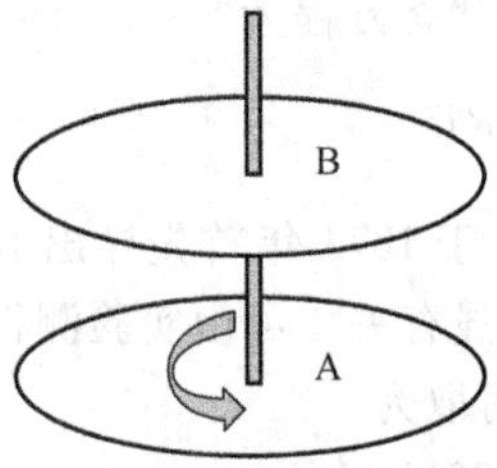

图 12.11 气体内摩擦现象的演示

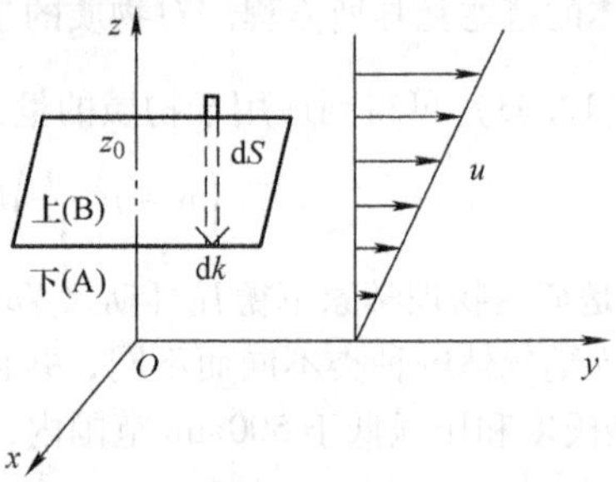

图 12.12 动量的输运过程

设想在流体内 $z=z_0$ 处垂直于 z 轴作一截面 dS，将气体分成上、下两部分，由于流速不均匀，下面流速小的流体层将对上面流速大的流体层产生一个沿 y 轴负方向的黏滞力 $d\boldsymbol{F}$，而上面流体层将对下面流体层产生一个沿 y 轴正方向的黏滞力 $d\boldsymbol{F}'$，且 $d\boldsymbol{F}=d\boldsymbol{F}'$。实验结果表明：上、下两部分相互作用的黏滞力的大小 $d\boldsymbol{F}$ 与两部分的接触面积 dS 和接触面 z_0处的速度梯度$\left(\frac{d\boldsymbol{u}}{dz}\right)_{z_0}$成正比，其数学表达式为

$$d\boldsymbol{F} = -\eta\left(\frac{d\boldsymbol{u}}{dz}\right)_{z_0} dS \tag{12.35}$$

式中，比例系数 η 为流体的黏度，它与流体的性质和状态有关，其单位为 $N\cdot s/m^2$；负号表示 $d\boldsymbol{F}$ 与流速的方向相反。

根据动量定理 $d\boldsymbol{p}=d\boldsymbol{F}\cdot dt$，并将其代入式（12.35）可得

$$dp = -\eta\left(\frac{du}{dz}\right)_{z_0} dSdt \tag{12.36}$$

式中，dp 是在 dt 时间内通过 dS 截面由 B 部向 A 部输送的动量。式（12.36）就是气体黏滞现象的宏观规律，它与液体的黏滞现象规律相同。

我们知道，液体的黏滞力主要是源于分子间的相互作用力，而气体分子间的作用力很弱，那么气体的黏滞现象又是如何形成的呢？

2. 内摩擦现象的微观解释

从分子运动论的观点看来，无论气体是否有宏观的流动，分子都在做不定向的无规则运动，

各个方向都具有不同的无定向动量，但当温度一定时，这种动量的平均值是零（因为动量是矢量）。当气体流动时，每个分子在原有无定向动量上又附加一个定向动量 $m\boldsymbol{u}$（m 为分子的质量，$\boldsymbol{u}$ 为气体的定向流速）。根据上面的假设，气体流速沿 z 方向增大，因此在截面 dS 以上 B 部的分子携带的定向动量要大于截面以下 A 部的分子的定向动量。由于分子同时又参与无规则运动，A、B 两部分子不断发生碰撞，进而导致 A、B 两部分定向动量的不等值交换，使 A 部在 dt 时间内通过 dS 面净获得了动量 d$\boldsymbol{p}$，宏观上形成了自上而下的动量输运过程。

按照上面对内摩擦现象的分析，动量 d$\boldsymbol{p}$ 是 A、B 两部分的分子在 dt 时间内通过 dS 面交换的总净动量，那么此动量应等于在相同时间内通过 dS 面交换一对分子数乘以每交换一对分子所引起的动量改变，接下来分步计算 d$\boldsymbol{p}$。

首先计算在 dt 时间内通过 dS 面的分子数 dN。

由于分子的无规则运动，沿各个方向的机会均是相等的，即沿 x、y、z 轴正、负方向运动的分子数的概率是 1/6。此外，分子无规则运动的速率又是各不相同的，为了简化，我们假定每个分子都以平均速率$\bar{v}$运动。为了求出在 dt 时间内通过 dS 面的分子数，可以以 dS 面为底，作一高度为$\bar{v}$dt 的柱体，那么这个柱体内平行于 z 向上运动的分子数就等于柱体内分子数的 1/6。如果引入单位体积内的分子数 n，则在 dt 时间由 A 部通过 dS 面移动到 B 部的分子数就为

$$\mathrm{d}N = \frac{1}{6}n\,\bar{v}\mathrm{d}S\mathrm{d}t \tag{12.37}$$

同理，在 dt 时间，B 部通过 dS 面移动到 A 部的分子数也等于 dN，如式（12.37）。因此，在 dt 时间内通过 dS 面交换的分子对数就等于$\frac{1}{6}n\,\bar{v}\mathrm{d}S\mathrm{d}t$。

下面计算每交换一对分子沿 z 轴正方向输运的净动量 dp'。

根据式（12.37），这些分子都是在 dS 面经过最后一次碰撞越过的，而这些分子在经历最后一次碰撞时离 dS 面的距离有远有近。平均来讲，可以近似认为它们离 dS 面的距离都等于平均自由程$\bar{\lambda}$。因此，以 u_{z_0}表示气体在 z_0处的流速，$u_{z_0-\bar{\lambda}}$和 $u_{z_0+\bar{\lambda}}$分别表示在 $z_0-\bar{\lambda}$ 和 $z_0+\bar{\lambda}$ 处的流速，则 $z_0-\bar{\lambda}$ 处分子携带的定向动量为 $mu_{z_0-\bar{\lambda}}$，$z_0+\bar{\lambda}$ 处分子的定向动量为 $mu_{z_0+\bar{\lambda}}$，那么每交换一对分子，沿 z 轴正方向输运的净动量为

$$\mathrm{d}p' = mu_{z_0-\bar{\lambda}} - mu_{z_0+\bar{\lambda}} \tag{12.38}$$

如果以$\left(\frac{\mathrm{d}u}{\mathrm{d}z}\right)_{z_0}$表示 $z=z_0$处的速度梯度，则有

$$u_{z_0-\bar{\lambda}} - u_{z_0+\bar{\lambda}} = -2\bar{\lambda}\left(\frac{\mathrm{d}u}{\mathrm{d}z}\right)_{z_0}$$

将上式代入式（12.38），可得

$$\mathrm{d}p' = -2m\bar{\lambda}\left(\frac{\mathrm{d}u}{\mathrm{d}z}\right)_{z_0}$$

因此便可得到在 dS 面交换 dN 对分子所输运的净动量总和为

$$\begin{aligned}\mathrm{d}p = \mathrm{d}k\mathrm{d}N &= \left[-2m\,\bar{\lambda}\left(\frac{\mathrm{d}u}{\mathrm{d}z}\right)_{z_0}\right]\frac{1}{6}n\bar{v}\mathrm{d}S\mathrm{d}t\\ &= -\frac{1}{3}mn\bar{v}\,\bar{\lambda}\left(\frac{\mathrm{d}u}{\mathrm{d}z}\right)_{z_0}\mathrm{d}S\mathrm{d}t\\ &= -\frac{1}{3}\rho\bar{v}\,\bar{\lambda}\left(\frac{\mathrm{d}u}{\mathrm{d}z}\right)_{z_0}\mathrm{d}S\mathrm{d}t\end{aligned}$$

式中，$\rho=mn$ 是气体的质量密度，负号表示：当速度梯度沿 z 轴方向增加时，动量实际上是沿 z

轴负方向输运的。将上式与式（12.36）比较，便可得到黏度η，即

$$\eta = \frac{1}{3}\rho \bar{v} \bar{\lambda} \tag{12.39}$$

由式（12.39）可知，黏度η这一宏观物理量与微观量的统计平均值$\bar{v}$和$\bar{\lambda}$相联系，因而揭示了黏度大小的微观机制。从分子运动论的观点来看，黏滞现象主要是由于分子运动输运定向动量造成的，且与密度ρ、平均速率$\bar{v}$和平均自由程$\bar{\lambda}$成正比。

12.8.2 热传导现象的宏观规律及微观解释

当物体内各部分温度不均匀时，由于分子的无规则运动和碰撞，将使热量从温度较高处传递到温度较低处，这种现象就称为热传导现象。

1. 热传导现象的宏观规律

为了说明热传导现象的宏观规律，可以从以下简单情况来考虑：设气体温度沿z轴方向逐渐升高，在$z=z_0$处垂直于z轴取一截面dS将气体分成A、B两部分，如图12.13所示。

由于B部的温度高于A部，则热量将通过dS由B部传向A部。如以dQ表示在dt时间内通过dS面沿z轴正方向传递的热量，以$\left(\frac{dT}{dz}\right)_{z_0}$表示$z=z_0$处的温度梯度，由实验可知，在$dt$时间内通过$dS$面沿$z$轴正方向传递的热量为

$$dQ = -k\left(\frac{dT}{dz}\right)_{z_0} dSdt \tag{12.40}$$

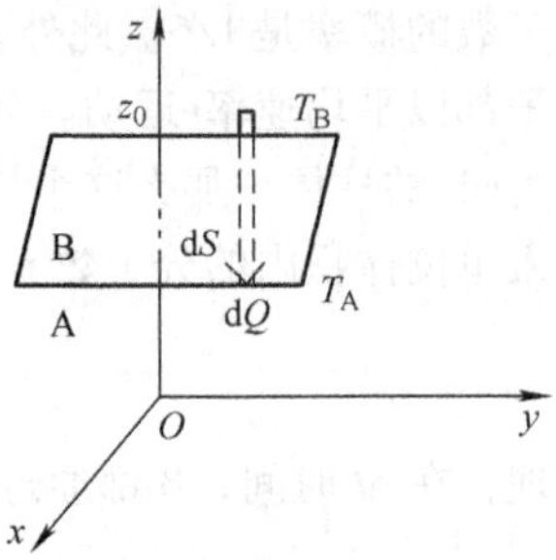

图 12.13 热量的输运过程

式中，比例系数k称为气体的热导率，它的数值与物质的种类和状态有关，其单位为W/m · K，负号表示热量沿温度减小的方向输运。

2. 热传导的微观解释

从分子运动论的观点来看，温度高的B部的分子无规则运动的平均能量大，温度低的A部的分子平均能量小。由于分子的无规则运动，从而导致A、B两部分的分子携带的能量发生了不等值交换，其交换的结果是将有净能量自上而下输运。这在宏观上就表现为热传导。

根据气体动理论，类似黏度η的推导，可得气体热导率k与分子运动微观量的统计平均值有如下关系：

$$k = \frac{1}{3}\rho \bar{v} \bar{\lambda} c_V \tag{12.41}$$

式中，c_V为气体的定容比热容，单位为（J/kg · K）。

式（12.41）表明，气体热导率与气体密度、定容比热容、分子平均速率和平均自由程成正比，从而揭示了决定热导率大小的微观机制。

12.8.3 扩散现象的宏观规律及微观解释

在混合气体内部，如果某种气体的密度不均匀，就会造成分子从密度大的地方向密度小的地方迁移，这种现象就叫作扩散。

1. 扩散现象的宏观规律

实际的扩散过程往往伴随有其他输运现象，情况比较复杂。为了说明扩散现象的宏观规律，下面仅考虑一种单纯的扩散过程，即由气体密度的不均匀而引起的质量迁移。如图12.14所示，

设混合气体（N_2和 CO）的温度和压强各处都相同。以 ρ 表示氮气 N_2的密度，此密度沿 z 轴方向逐步增大。由实验得出，在 $\mathrm{d}t$ 时间内通过 $\mathrm{d}S$ 面沿 z 轴正向输运的质量为

$$\mathrm{d}m = -D\left(\frac{\mathrm{d}\rho}{\mathrm{d}z}\right)_{z_0}\mathrm{d}S\mathrm{d}t$$

式中，比例系数 D 叫作气体的扩散系数，它的大小与物质的性质有关，其单位是 $\mathrm{m}^2\cdot\mathrm{s}$，而 $\left(\frac{\mathrm{d}\rho}{\mathrm{d}z}\right)_{z_0}$ 表示 $z=z_0$处的密度梯度，式中负号说明扩散总是沿着 ρ 减小的方向进行。

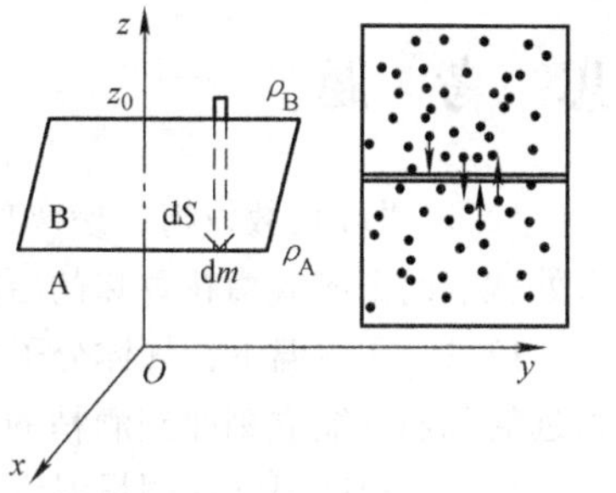

图 12.14　质量的迁移过程

2. 扩散现象的微观解释

从分子运动论的观点来看，$\mathrm{d}S$ 面上 B 部的分子数由于分子的无规则运动转移到 A 部，A 部的分子也可以转移到 B 部。但是由于 B 部单位体积内的分子数大于 A 部，所以在 $\mathrm{d}t$ 时间内由 B 部经 $\mathrm{d}S$ 面转移到 A 部的分子数大于由 A 部转移到 B 部的分子数，结果在 A、B 间发生了不等值的交换，这就在宏观上形成了物质的交换，从而出现扩散现象。

按照气体动理论，类似黏度 η 的推导，可得出在单纯扩散的情况下，气体扩散系数 D 与分子运动微观量的统计平均值有如下关系：

$$D = \frac{1}{3}\bar{v}\,\bar{\lambda} \tag{12.42}$$

由式（12.42）可知，分子无规则运动的平均速率越大，分子迁移得越快；平均碰撞自由程越大，分子扩散得越快。

本章思维导图

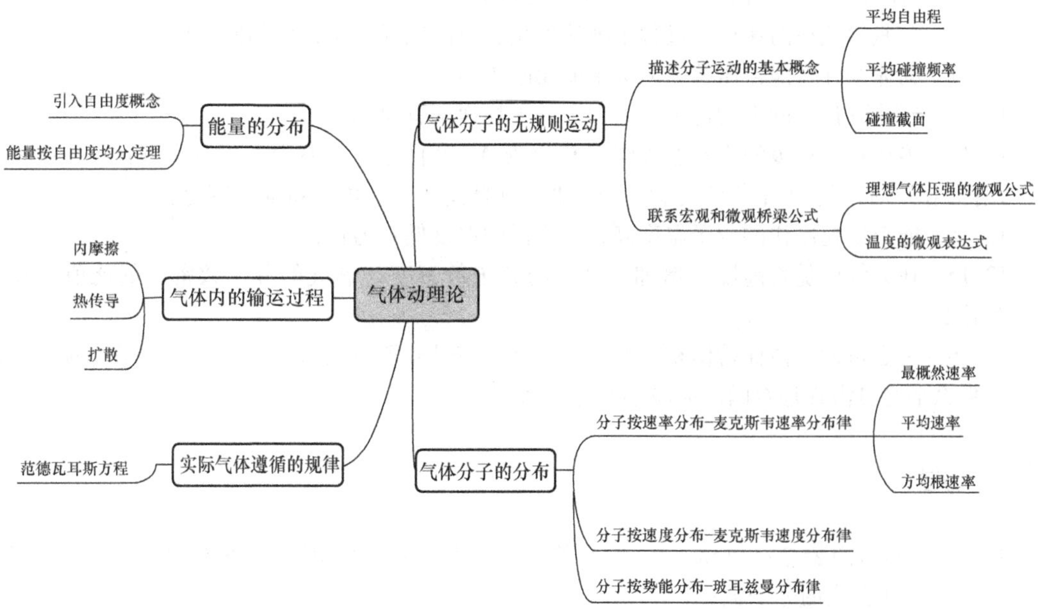

思 考 题

12.1 “墙角数枝梅，凌寒独自开。遥知不是雪，为有暗香来”（王安石《梅花》）。诗人在远处就能闻到淡淡梅花香味的原因是什么？

12.2 在室温下，气体分子平均速率可达几百米每秒，为什么打开一酒精瓶塞后，离它几米远的我们不能立刻闻到酒精的气味？

12.3 利用温度计测量温度依据的是什么原理？

12.4 在地球大气层的电离层中，电离气体的温度可以达到2000K，粒子数密度不过是每立方米中不超过10^{11}个，这个温度是什么意思？一块锡放到该处会不会熔化？由此你对温度的概念是否有了更为深刻、全面的认识？已知锡的熔点为231.89℃。

12.5 两个容器中盛有两种不同的理想气体，若它们的分子平均平动动能相等，但气体的质量密度不同，那它们的压强是否相同？

12.6 对一定量的气体来说，当温度不变时，气体的压强随体积的减小而增大；当体积不变时，压强随温度的升高而增大。从宏观来看，这两种变化同样使压强增大，从微观来看它们有何区别？

12.7 试指出下列各项所表示的物理意义：

（1）$\frac{1}{2}kT$；（2）$\frac{i}{2}RT$；（3）$\frac{i}{2}\nu RT$（ν为物质的量）；（4）$\frac{3}{2}kT$；（5）$f(v)\mathrm{d}v$

（6）$Nf(v)\mathrm{d}v$；（7）$\int_{v_1}^{v_2}vf(v)\mathrm{d}v$；（8）$\int_{v_1}^{v_2}Nvf(v)\mathrm{d}v$

12.8 布朗运动是否就是分子运动？如果不是，二者有何关系？

12.9 气体分子处于平衡态时分子的平均速度有多大？

12.10 一瓶氧气在高速运动过程中突然停止，瓶内氧气的压强会如何变化？

12.11 物体为什么能被压缩，但又不能无限压缩？

12.12 气体理论中的平均速率与力学中的平均速率有何不同？

12.13 绝热材料包裹的容器通过阀门C分为A、B两室。A室内充以真实气体，B室为真空。现把阀门C打开，A室气体充满整个容器，在此过程中，内能将如何变化？

12.14 能否说速度快的分子温度高，速度慢的温度低？为什么？

12.15 在大气中随着高度的增加，氮气的分子数密度与氧气的分子数密度的比值也在增大，为什么？

12.16 一定量的气体保持体积不变，当温度升高时分子运动得更剧烈，因而平均碰撞次数增大，那么平均自由程是否因此而减小？为什么？

习 题

12.1 一容器内装有$p=1\mathrm{atm}$、$t=27$℃的空气，且空气的平均摩尔质量为29g/mol，求空气：

（1）单位体积内的分子数；

（2）一个分子的质量；

（3）密度；

（4）分子的方均根速率；

（5）分子的平均平动动能。

12.2 一正方体容器内有质量为 m 的理想气体分子，分子数密度为 n。可以设想，容器的每壁都有1/6的分子数以速率 v（平均值）垂直地向自己运动，气体分子和容器壁的碰撞为完全弹性碰撞，求：

（1）每个分子作用于器壁的冲量；

（2）每秒碰在器壁单位面积上的分子数；

（3）作用于器壁上的压强。

12.3 问容器中质量一定的气体的分子平均自由程 $\overline{\lambda}$ 和平均碰撞频率 $\overline{Z}$ 在（1）等温过程中如何随 p 变？（2）等压过程中如何随 T 变？（3）等容过程中如何随 T 变？

12.4 真空管的线度为 10^{-2}m，其中真空度为 1.33×10^{-3}Pa，设空气分子的有效直径为 3.0×10^{-10}m，求27℃时单位体积内的空气分子数、平均自由程和平均碰撞频率。

12.5 图12.15表示某气体分子的速率分布曲线，试在图中标出：

（1）速率在150m/s附近单位速率区间内的分子数占总分子数的百分比；

（2）速率在200－400m/s范围内的分子数占总分子数的百分比；

（3）最概然速率；

（4）图中 A、B 两个阴影（Δv 相等）的面积不等说明了什么问题？

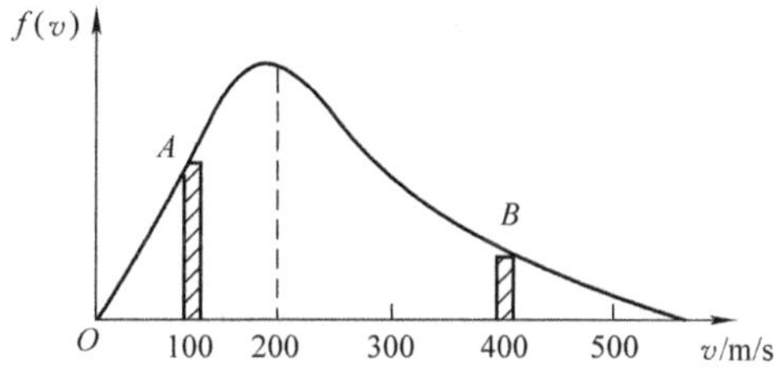

图12.15 习题12.5用图

12.6 假定 N 个粒子的速率分布曲线，如图12.16所示。

（1）由 N 和 v_0 求 a；

（2）求速率在 v_0 到 $2v_0$ 之间的粒子数；

（3）求 v_0 到 $2v_0$ 之间粒子的平均速率。

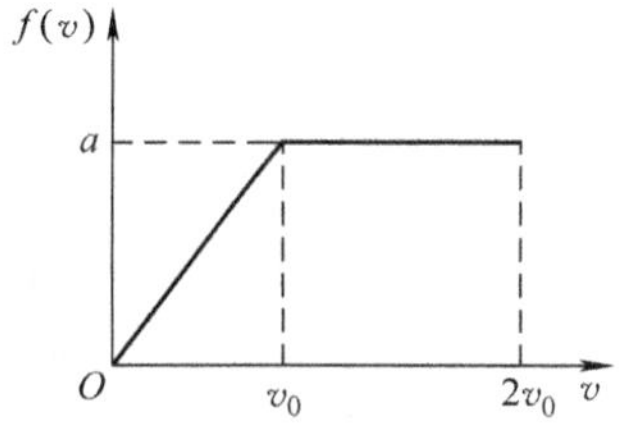

图12.16 习题12.6用图

12.7 有两个相同的容器，容积固定不变，一个盛有氨气，另一个盛有氢气（看成刚性分子的理想气体），它们的压强和温度都相等，现将5J的热量传给氢气，使氢气温度升高，如果使氨气也升高同样的温度，那么应向氨气传递多少热量？

12.8 计算下列一组粒子的平均速率、最概然速率和方均根速率：

粒子数 N_i	2	4	6	8	2
速率 v_i/(m/s)	10.0	20.0	30.0	40.0	50.0

12.9 一容积为10cm³的电子管，当温度为300K时，用真空泵把管内空气抽成压强为 5×10^{-6}mmHg的高真空，问此时管内有多少个空气分子？这些空气分子的平均平动动能之和是多少？平均转动动能之和是多少？平均动能之和是多少？（760mmHg = 1.013×10^{5}Pa，空气分子可认为是刚性双原子分子）（玻尔兹曼常数 $k=1.38\times10^{-23}$J/K）

12.10 一定量的气体先经过等容过程使其温度升高1倍，再经过等温过程使其体积膨胀为原来的2倍，问后来的平均自由程、黏度和热导率各为原来的多少倍？

12.11 一个充满了氧气的容器保持在室温下（300K），速率在599~601m/s区间内的分子的概率是多少？

12.12 飞机起飞前机舱中的压强计读数为1.0atm，温度为27℃。起飞后压强计的读数显示为0.8atm，温度仍为27℃，试计算飞机距离地面的高度。（空气的摩尔质量为29g/mol）

*12.13 一长为L、半径R的圆柱体，其内有N个分子，并以角速度ω绕圆柱体的中心轴转动，求柱体内气体分子的分布规律。

*12.14 容积为V_1的烧瓶中有N个氮气分子，另一个容积为V_2的烧瓶中有压强为p的氧气。将两个烧瓶接通后，混合气体的温度为T，问混合气体的压强为多少？

第 4 篇　振动与波动

第 13 章　机 械 振 动

振动是一种重要的运动形式，通常把描述一个系统的某一物理量在某一值附近作往复变化的现象称为**振动**。在力学系统中，这类振动称为机械振动，它所涉及的是物体位置随时间的变化，例如钟摆的运动、琴弦的运动、心脏的跳动、活塞的往复运动和固体中原子的运动等。尽管物理学其他各分支中振动的内容和本质与机械振动不同，例如电磁学中的电流、电压、电磁场强度等的电磁振动（或称电磁振荡），但它们随时间变化的情况以及许多其他性质在形式上有极大的相似性。因此，机械振动的基本规律是研究其他振动、波动、波动光学、无线电技术等的基础，在生产技术中有着广泛的应用。

振动可分自由振动和受迫振动，自由振动又可分有阻尼自由振动和无阻尼自由振动。无阻尼自由振动还可分为无阻尼非周期性自由振动和无阻尼周期性自由振动。在物理学中，把无阻尼周期性自由振动称为**简谐振动**。

本章首先讨论简谐振动，因为简谐振动是最简单、最基本的振动，任何复杂的振动都可以认为是两个或多个简谐振动的合成；其次简要介绍阻尼振动和受迫振动，也对单摆的非线性振动中的随机性给予简单说明。

13.1　简谐振动的描述

以水平弹簧振子为例，在一个光滑的水平面上，轻质弹簧一端被固定，另一端系有一个质量为 m 的小球。当弹簧处于自然状态时，小球处于平衡位置。若将小球向右水平移至点 A 后静止释放，小球就在弹性力的作用下围绕平衡位置 O 点往复运动起来。

我们取小球的平衡位置 O 为坐标原点，并取水平向右为 x 轴正向。当 $t=0$ 时，小球处于平衡位置且向 x 轴正向运动，如图 13.1 所示，当 $t=T$ 时，小球回到初始状态，小球位移与时间的关系曲线如图 13.2 所示。

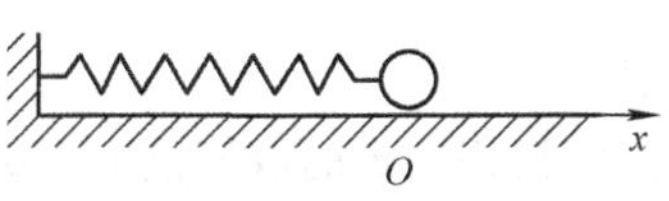

图 13.1　弹簧振子的振动

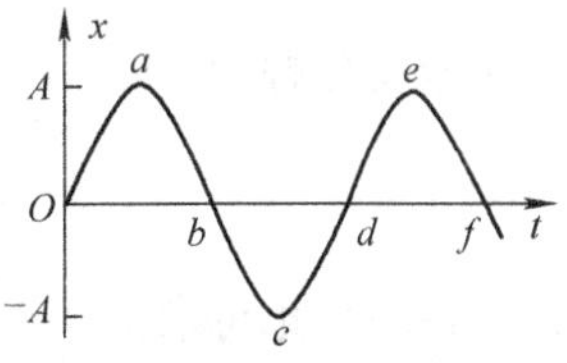

图 13.2　小球位移与时间的关系曲线

物体离开平衡位置的位移按余弦函数（或正弦函数）的规律随时间变化，即

$$x = A\cos(\omega t + \varphi) \tag{13.1}$$

$x-t$ 的关系曲线称为振动曲线。简谐振动的特点就是等幅和周期性运动。

13.1.1 描述简谐振动的特征量

1. 振幅 A

简谐振动的运动函数为 $x=A\cos(\omega t+\varphi)$，其中 A 表示振动质点离开平衡位置的最大距离，它给出了振动质点运动的范围，称为**振幅**，其单位用米（m）来表示。

2. 角频率 ω

简谐振动的运动函数为 $x=A\cos(\omega t+\varphi)$，是时间上的周期函数，**周期**用 T 表示。所谓周期就是简谐振动物体往复一次所经历的时间，单位为秒（s）。由简谐振动函数得

$$x = A\cos(\omega t + \varphi) = A\cos[\omega(t+T)+\varphi] = A\cos(\omega t + \varphi + \omega T)$$

因为余弦函数的周期是 2π，所以有

$$\omega T = 2\pi$$

周期的倒数是**频率**，用 ν 表示，即 1s 内物体所做完全振动的次数，单位为赫兹（Hz），有

$$\omega = \frac{2\pi}{T} = 2\pi\nu \tag{13.2}$$

式（13.2）表示物体 2πs 内所做的完全振动次数，和频率成正比，所以 ω 称为角频率（又称圆频率），它的单位是 rad/s。

3. 初相位 φ

对 $x=A\cos(\omega t+\varphi)$ 求关于 t 的一阶导数，得物体的振动速度，即

$$v = -\omega A\sin(\omega t + \varphi) = \omega A\cos\left(\omega t + \varphi + \frac{\pi}{2}\right) \tag{13.3}$$

式（13.3）也是一个简谐振动，其振幅是 ωA。由此可以看出，当 A、ω 一定时，物体简谐振动的状态由物理量（$\omega t+\varphi$）确定。也就是说，（$\omega t+\varphi$）即确定了任意时刻振动物体相对平衡位置的位移，也同时确定了物体在该时刻的速度，其量值（$\omega t+\varphi$）称为振动的**相位**。φ 是 $t=0$ 时刻的振动相位，叫**初相位**，它确定了振动物体在开始记时时刻的运动状态。相位和初相位的单位都用 rad（弧度）来表示。式（13.3）表明速度的相位与位移相位差是 $\pi/2$，习惯上我们常说速度的相位**超前**位移 $\pi/2$。对式（13.3）求导，可得振动物体的加速度，即

$$a = \frac{dv}{dt} = -\omega^2 A\cos(\omega t + \varphi) = \omega^2 A\cos(\omega t + \varphi + \pi) \tag{13.4}$$

物体的加速度也是做简谐振动，它的振幅为 $\omega^2 A$，它的相位与位移相位差 π，我们称二者**反相**。

设 $t=0$ 时刻振动物体的位移为 x_0，初速度为 v_0，由简谐振动的运动函数和式（13.3），有

$$x_0 = A\cos\varphi$$
$$v_0 = -A\omega\sin\varphi \tag{13.5}$$

由式（13.5）可求得振幅为

$$A = \sqrt{x_0^2 + \frac{v_0^2}{\omega^2}} \tag{13.6}$$

由初始条件，用式（13.5）也可求得初相位 φ。以后约定初相位 φ 的取值范围为 $0\sim2\pi$ 或 $-\pi\sim\pi$，一般取 $-\pi\sim\pi$，即有

$$\tan\varphi = -\frac{v_0}{\omega x_0} \tag{13.7}$$

对于一个简谐振动，如果A、ω、φ都知道了，就可以写出它的完整表达式，其简谐振动的特征也就完全清楚了。因此这三个量就称为简谐振动的特征量。

例13.1 已知一物体沿y轴做简谐振动，求图13.3中（A）、（B）、（C）、（D）所示振动曲线的初相位。

解 （A）从振动曲线中看出，当$t=0$时质点处于正最大位移处，则有$y_0=A=A\cos\varphi$，即$\cos\varphi=1$。所以初相位$\varphi=0$；

（B）当物体处在平衡位置并向y轴负向运动时，由式（13.5）可得，$y_0=A\cos\varphi=0$，$v_0=-A\omega\sin\varphi<0$，即$\cos\varphi=0$和$\sin\varphi>0$。

$\cos\varphi=0$说明$\varphi=\pm\pi/2$，因$\sin\varphi>0$，所以$\varphi=\pi/2$。

（C）物体处于正最大负位移处，有$y_0=A\cos\varphi=-A$，即$\cos\varphi=-1$，所以初相$\varphi=\pi$。

（D）物体处在平衡位置且向y轴正向运动，同样由式（13.5），有$\cos\varphi=0$和$\sin\varphi<0$。$\cos\varphi=0$说明初相可能是$\pm\pi/2$，因为$\sin\varphi<0$，所以取$\varphi=-\pi/2$。

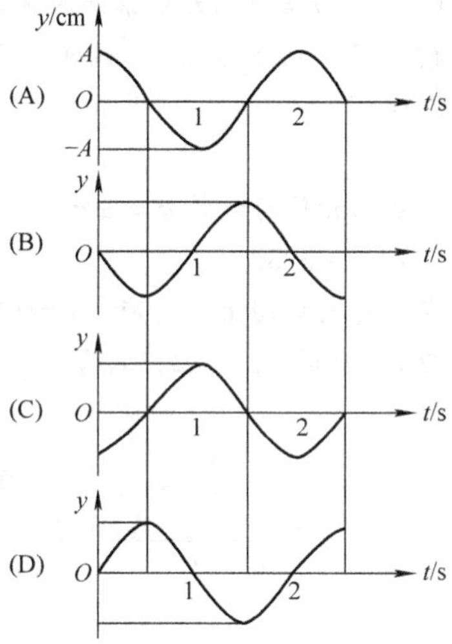

图13.3 例13.1用图

13.1.2 简谐振动的旋转矢量表示法

简谐振动的位移与时间的关系也可以用几何方法表示，它使我们能够更形象地了解简谐振动的各个物理量的意义，从而为简谐振动的合成研究提供了最简捷的方法。

如图13.4所示，对应于$x=A\cos(\omega t+\varphi)$的简谐振动，我们在空间取坐标原点的位置矢量（径矢）$\boldsymbol{A}$，使它的大小为简谐振动的振幅A，与x轴的夹角为振动的初相位φ；然后，让$\boldsymbol{A}$从初始位置（相应于$t=0$时）开始在同一平面内以简谐振动角频率ω大小做匀角速度的逆时针方向的转动，这样的径矢$\boldsymbol{A}$称为**旋转矢量**。旋转矢量$\boldsymbol{A}$在任意时刻t与x轴所成的角（$\omega t+\varphi$）就是该时刻的相位，$\boldsymbol{A}$在x轴上的投影就代表了给定的简谐振动$A\cos(\omega t+\varphi)$。这种几何表示法称为**旋转矢量表示法**，又称为**相量图法**。旋转矢量转动一周，就相当于简谐振子振动一个周期，相位（$\omega t+\varphi$）从0到2π的变化过程表示了一个周期中振子的各个不同位置。

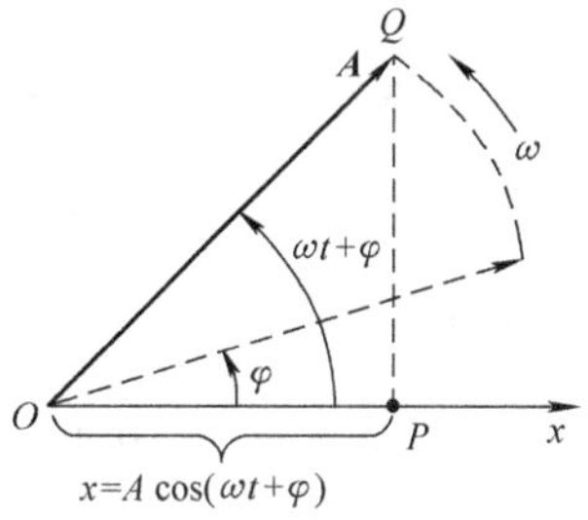

图13.4 相量图

例13.2 一弹簧振子沿x轴做振幅为A的余弦变化的简谐振动，试用旋转矢量表示法确定下列$t=0$时刻质点运动状态相应的初相位：

（1）$x_0=-A$；

（2）过$x_0=0$处向x轴正向运动。

解 （1）对应于$x_0=-A$的旋转矢量图如图13.5a所示，很容易看出其初相为$\varphi_1=\pi$。

（2）对应于$x_0=0$的旋转矢量在图中有两种可能的位置，如图13.5b所示。不过，由于质点向x轴正向运动，下一时刻的位移一定是正的，旋转矢量逆时针旋转，只有向下的旋转矢量位置满足要求。因此，其初相位为$\varphi_2=3\pi/2$（或$-\pi/2$）。

例13.3 一质点沿x轴做简谐振动，周期$T=4s$，振幅$A=16cm$，$t=0$时的物体位移为8cm，且向x轴正向运动，求：

(1) 此简谐振动的表达式;

(2) 在 $t=T/4$ 时质点的位置、速度、加速度;

(3) 从初始时刻开始第一次通过平衡位置的时间。

解 (1) 由于振幅 $A=16\text{cm}$,而 $t=0$ 时的物体位移为 8cm,说明 $t=0$ 时质点位于 $x_0=A/2$ 处,因此有

$$x_0=A/2=A\cos\varphi,\ \cos\varphi=1/2,$$

说明初相位可能是 $\varphi=\pm\pi/3$。又因为质点向 x 轴正向运动,有 $v_0=-A\omega\sin\varphi>0$,$\sin\varphi<0$,所以取 $\varphi=-\pi/3$。

在旋转矢量图上,对应于 $t=0$ 时的 $x_0=A/2$,旋转矢量有两种可能的位置,如图 13.6 所示,但对应 $v_0>0$ 的 $x_0=A/2$,只有图中下面的位置满足要求。

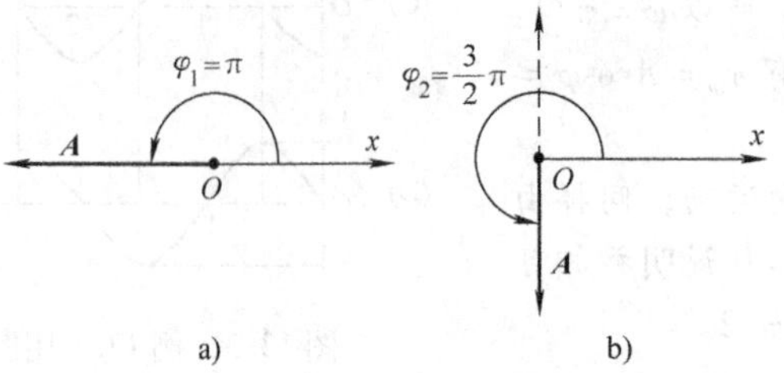

图 13.5 例 13.2 用图

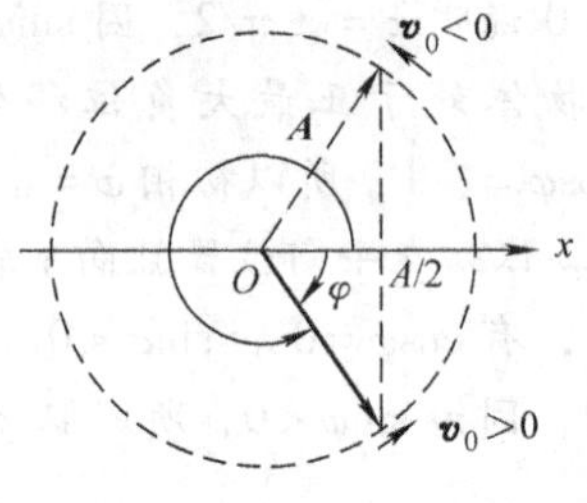

图 13.6

根据初相位 $\varphi=-\pi/3$,$A=0.16\text{m}$,$T=4\text{s}$,物体振动的表达式可以写为

$$x=A\cos\left(\frac{2\pi}{T}+\varphi\right)=0.16\cos\left(\frac{\pi}{2}t-\frac{\pi}{3}\right)$$

(2) 当 $t=T/4$ 时,质点的位置为

$$x=0.16\cos\left(\frac{2\pi}{T}\frac{T}{4}-\frac{\pi}{3}\right)=0.16\times\frac{\sqrt{3}}{2}\text{m}=0.14\text{m}$$

其速度为

$$v=-0.16\times\frac{2\pi}{T}\sin\left(\frac{\pi}{2}-\frac{\pi}{3}\right)=-0.08\pi\times\frac{1}{2}\text{m/s}=-0.13\text{m/s}$$

加速度为

$$a=-\omega^2x=\left(\frac{2\pi}{T}\right)^2\times0.14=-0.35\text{m/s}^2$$

(3) 根据旋转矢量图 13.6,从初始时刻开始的初相位 $-\pi/3$ 到第一次通过平衡位置(即相位为 $\pi/2$),旋转矢量所转过的弧度,即相位经 Δt 时间的增加为

$$\omega\Delta t=\frac{\pi}{2}\Delta t=\frac{\pi}{2}-\left(-\frac{\pi}{3}\right)=\frac{5\pi}{6}\Rightarrow\Delta t=\frac{5}{3}\text{s}。$$

13.2 简谐振动的动力学

图 13.7 水平弹簧振子的振动

以图 13.7 所示的**水平弹簧振子为例**,我们取小球的平衡位置 O 为坐标原点,并取水平向右为 x 轴正向。

对于小球振动过程中离开平衡位置的任意位移的大小 x 处,它所受力的大小 F(忽略空气阻力)为

$$F = -kx \tag{13.8}$$

式中，k 为弹簧的劲度系数，小球受力与其位移大小成正比，与位移的方向相反并指向平衡位置，此力又称为**恢复力**。由牛顿第二定律可得小球的加速度与位移的关系为

$$a = \frac{F}{m} = -\frac{k}{m}x \tag{13.9}$$

令 $\omega^2 = \frac{k}{m}$，且 $a = \frac{d^2x}{dt^2}$，将此关系代入上式，可整理为

$$\frac{d^2x}{dt^2} + \omega^2 x = 0 \tag{13.10}$$

这就是小球运动的动力学微分方程，它的解具有正弦或余弦函数的形式。我们采取余弦函数形式来表示，因此有

$$x = A\cos(\omega t + \varphi) \tag{13.11}$$

式中，A、φ 是积分常量，可由初始条件确定。

式（13.11）表示在恢复力（$F = -kx$）作用下，物体相对平衡位置的位移按余弦函数规律随时间周期性地变化，这种运动称为**简谐振动**。式（13.11）是式（13.10）的解，也就是说，一个物体在与位移大小成正比而与位移方向相反的恢复力作用下的运动一定是简谐振动，式（13.8）或式（13.11）表明的是简谐振动的动力学特征。

对于水平弹簧振子，有

$$\omega = \sqrt{\frac{k}{m}} \tag{13.12}$$

式（13.12）表明，角频率只和振动系统本身的物理性质有关，所以振动周期 $T = \frac{2\pi}{\omega} = 2\pi\sqrt{\frac{m}{k}}$ 和振动频率 $\nu = \frac{\omega}{2\pi} = \frac{1}{2\pi}\sqrt{\frac{k}{m}}$ 又叫作振动系统的**固有周期**和**固有频率**。

例 13.4 竖直悬挂的弹簧上端固定在升降机的顶棚上，下端悬挂一质量 $m = 250\text{g}$ 的物体。当物体静止时，将物体向下拉动 4cm 并给于物体 21cm/s 向上的初速度。如果此时开始计时，且选取竖直向下作为物体运动的正方向，弹簧的劲度系数 $k = 12.5\text{N/m}$，求其运动函数。如果使升降机向上或向下做匀速直线运动，物体振动频率是多少？如果升降机以加速度 a_0 向上做匀加速运动，其振动频率又是多少？

解 如图 13.8 所示，当物体处在平衡位置时，由于弹簧伸长了 Δz_1，物体此时受到重力和弹力作用，并使物体保持平衡，根据受力平衡条件，可得

$$mg - k\Delta z_1 = 0$$

物体在任意位置时，其受力 $F = mg - k\Delta z$，Δz 为弹簧的伸长量，它应为 $\Delta z = \Delta z_1 + z$，所以有

$$F = mg - k\Delta z = mg - k\Delta z_1 - kz$$

上式给出 $mg = k\Delta z_1$，所以有

$$F = -kz$$

因此，物体的运动是一个简谐振动。它的角频率仅由振动系统的（竖直弹簧振子）性质确定，所以有

$$\omega = \sqrt{\frac{k}{m}} = \sqrt{\frac{12.5}{250 \times 10^{-3}}}\text{rad/s} = 7.07\text{rad/s}$$

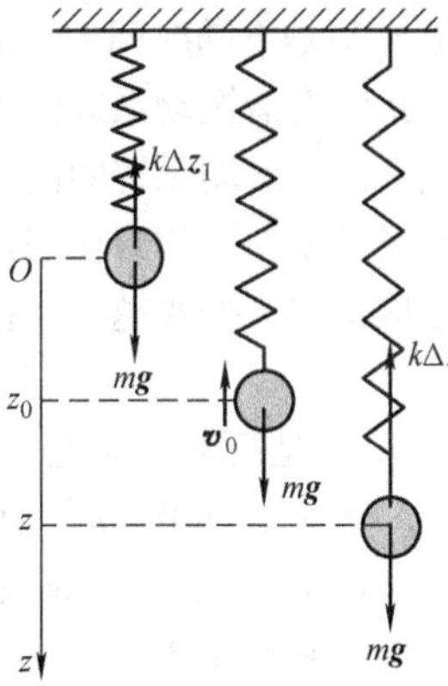

图 13.8 例 13.4 用图

由式（13.6），求得其振幅为

$$A = \sqrt{z_0^2 + \frac{v_0^2}{\omega^2}} = \sqrt{(4 \times 10^{-2})^2 + \frac{(21 \times 10^{-2})^2}{(7.07)^2}}\text{m} = 4.98 \times 10^{-2}\text{m}$$

根据式（13.7）得

$$\varphi = \arctan \frac{-v_0}{\omega z_0} = \arctan \frac{21 \times 10^{-2}}{7.07 \times 4 \times 10^{-2}} = \arctan 0.74$$

初相可取 $\varphi = \pm 0.64\text{rad}$。由于 $v_0 < 0$，$\sin\varphi > 0$，所以取 $\varphi = 0.64\text{rad}$。因此，物体的运动函数为

$$z = 4.98 \times 10^{-2} \cos(7.1t + 0.64)(\text{m})$$

因为 $\omega = \sqrt{k/m}$ 是振动系统固有的角频率，它只取决于系统的固有性质，所以无论升降机是向上或向下匀速运动还是匀加速运动，都不能改变系统固有的角频率，只不过升降机向上匀加速运动时，振动物体平衡位置处的弹簧伸长量 Δz 不是 mg/k 而是 $m(g + a_0)/k$ 而已。故所求物体相对平衡位置的振动频率为

$$\nu = \frac{1}{2\pi}\sqrt{\frac{k}{m}} = \frac{1}{2\pi} \times \sqrt{\frac{12.5}{2.50 \times 10^{-1}}}\text{Hz} = 1.13\text{Hz}$$

13.3 简谐振动的能量

以图 13.1 所示的水平弹簧振子为例，当物体的位移大小为 x，速度为 $\mathrm{d}x/\mathrm{d}t$ 时，如果规定振动物体的平衡位置即坐标原点 O 处系统势能为零，则系统的弹性势能具有 $\frac{1}{2}kx^2$ 的形式。由位移表达式（13.1）和速度表达式（13.3）我们得到弹簧振子的总机械能为

$$E = E_k + E_p = \frac{1}{2}mv^2 + \frac{1}{2}kx^2$$

$$= \frac{1}{2}m\omega^2 A^2 \sin^2(\omega t + \varphi) + \frac{1}{2}kA^2 \cos^2(\omega t + \varphi)$$

而 $\omega^2 = k/m$，即有

$$E = E_k + E_p = \frac{1}{2}kA^2 = \frac{1}{2}m\omega^2 A^2 \tag{13.13}$$

式（13.13）的推导结果说明，尽管振动系统的动能和势能都在随时间周期性地变化，但它们的总能量 E 却是不随时间 t 变化的一个常量。对于水平弹簧振子系统的能量有这样的结论，其他任何形式的简谐振动系统的能量也都有同样的结论，只要平衡位置既是坐标原点又是系统势能的零点。简谐振动系统的能量 E 是一个常量，即有 $\mathrm{d}E/\mathrm{d}t = 0$，说明系统没有受到其他力的作用，这样的简谐振动又称为**无阻尼自由振动**。另外，由式（13.13）看出，简谐振动的能量与振幅的二次方成正比。振幅越大，振动能量也就越大，以后经常用振幅的二次方来表示简谐振动的强度。

图 13.9 是简谐振动能量 E 随位移 x 的变化示意图。其中，横坐标表示位移 x，纵坐标表示能量 E，PON 是过坐标原点 O 且对称于纵坐标轴的一条抛物线，它是系统的势能曲线。其总能量 PN 是平行于 x 轴的一条直线，它与势能曲线分别交于 $x = A$ 和 $x = -A$ 的 P、N 两点，简谐振动的运动区域就在 $2A$ 范围之内。

在横坐标任一点 x 处作一条平行于能量 E 的直线 xab，分别与抛物线和 PN 交于 a 和 b 点，其 xa 和 ba 直线段分别表示振子在位移 x 处的势能和动能，而在平衡位置处，势能为零，动能为

$\frac{1}{2}kA^2$，在 $x=\pm A$ 处，动能为零，势能为$\frac{1}{2}kA^2$。

例 13.5　如图 13.10 所示，用一立方形均质木块在水中的浮沉来模拟船舶在江河中的竖向振动，设此木块的边长 $l=25\text{cm}$，密度 $\rho=0.8\text{g/cm}^3$，浮于水面上，水的密度 $\rho_{水}=1.0\text{g/cm}^3$。今把木块完全压入水中，然后放手，木块将冒出水面，做上下浮沉的往复运动。若不计水对木块的阻力和被木块所吸附的水的质量。(1) 试问木块是否做简谐振动？(2) 求木块运动的表达式。

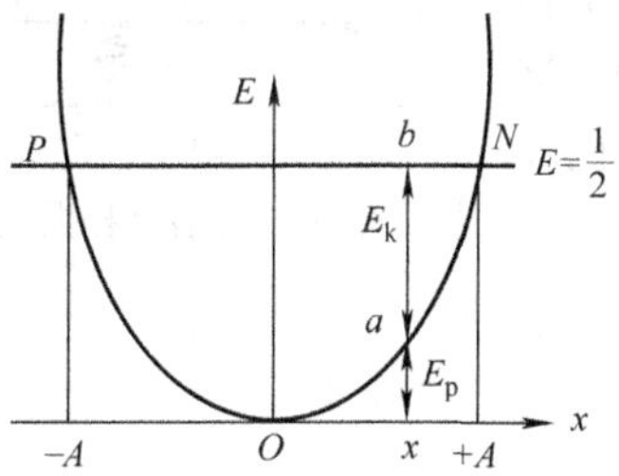

图 13.9　简谐振子的能量

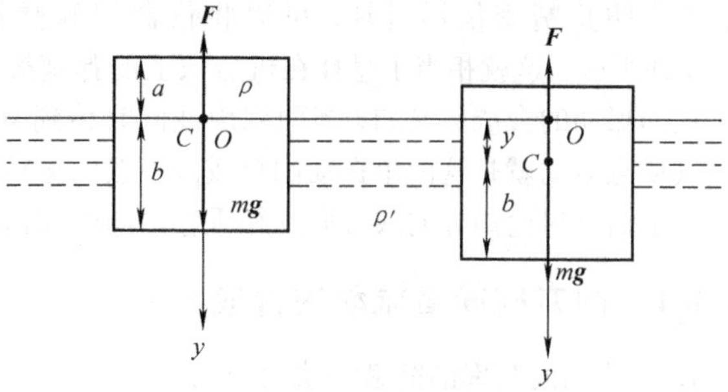

图 13.10　例 13.5 用图

解　(1) 先讨论木块是否做简谐振动。设木块浮在水面上而处于静平衡时，浸没在水中部分的深度为 b，木块的底面积为 S，则浸没部分的木块体积为 bS，这就是被木块所排开的水的体积。根据阿基米德浮力定律，这时木块所受浮力的大小为 $F=\rho' bSg$，方向竖直向上；它与竖直向下的木块重力 $mg=\rho Slg$ 相平衡，即 $\rho' bSg=\rho Slg$。由此求得木块浸没部分的深度为

$$b=\frac{\rho}{\rho'}l=\frac{0.80}{1.00}\times 25\text{cm}=20\text{cm}$$

露出水面的高度为

$$a=l-b=(25-20)\text{cm}=5\text{cm}$$

这时，在木块上，与顶端相距 5cm 的 C 点恰在水面上，如图 13.10 所示。为此我们取水面上 O 点为原点，取 Oy 轴正向为竖直向下。当木块运动时，在任一时刻的位置可用木块上的 C 点相对于水面的位移 y 来描述。这时，木块所受的重力和浮力就不再平衡，且由 $b\rho'=\rho l$ 可求出木块所受的合力大小为

$$F=-(b+y)\rho' Sg+\rho Slg=-\rho' Sgy$$

式中，由于 ρ'、S、g 均为恒量，故合力的大小 F 与位移大小成正比而两者正、负号相反，即 F 是一个准弹性力，可知木块做简谐振动。

根据牛顿第二定律可列出木块的运动方程，还可从中求出角频率为

$$\omega=\sqrt{\frac{\rho' Sg}{\rho Sl}}=\sqrt{\frac{\rho' g}{\rho l}}=\sqrt{\frac{g}{b}}=\sqrt{\frac{9.8}{0.2}}\text{rad/s}=7\text{rad/s}$$

(2) 设简谐运动表达式为 $x=A\cos(\omega t+\phi)$，则速度为

$$v=\frac{\mathrm{d}x}{\mathrm{d}t}=-\omega A\sin(\omega t+\phi)$$

依据题意，开始时，木块刚好全部压入水中，即 $t=0$ 时，$y=+5\text{cm}$，$v=0$，由此可求出 $A=5\text{cm}$，$\varphi=0$。于是，可得木块的简谐振动表达式为

$$y=5\cos(7t)$$

13.4 简谐振动的合成

在实际问题中所遇到的振动往往是同一质点同时参与两个或多个简谐振动，质点偏离平衡位置的位移是各个简谐振动相应的位移矢量和，物理上称之为振动的合成（或叠加）。例如，在剧烈震动的机房内，为了防止精密仪器震坏，可以将仪器用软弹簧悬挂起来，如图 13.11所示。这就相当于悬挂在机房顶上的弹簧振子振动与机房相对于地面振动的合成。又如，当两列声波同时传到空间某一点时，该点空气质点运动就是这两个振动的合成。一般的振动合成问题都比较复杂，下面只讨论同方向或方向互相垂直的两个简谐振动的合成。

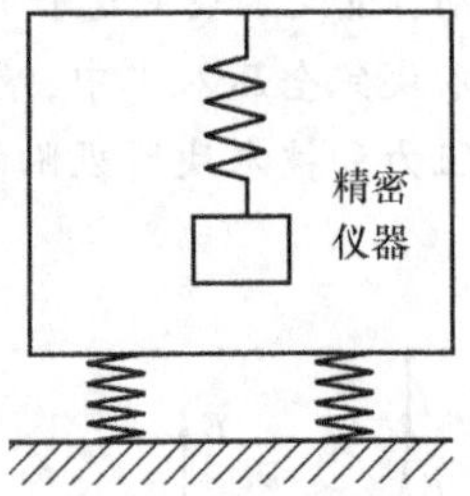

图 13.11　同幅反相振动

13.4.1 同方向简谐振动的合成

1. 同方向同频率的简谐振动的合成

设质点同时参与两个在同一直线上进行的简谐振动，它们的频率都为 ω，但振幅和初相位分别为 $\boldsymbol{A}_1$、$\boldsymbol{A}_2$ 和 φ_1、φ_2，它们在任一时刻 t 的位移的大小分别为

$$x_1 = A_1\cos(\omega t + \varphi_1)$$

$$x_2 = A_2\cos(\omega t + \varphi_2)$$

这两个振动即在同一直线上进行，则在任意时刻的合成位移的大小 x 应等于这两个位移的大小的代数和，即

$$x = x_1 + x_2 = A\cos(\omega t + \varphi_1) + A_2\cos(\omega t + \varphi_2)$$

利用旋转矢量图示法很容易得到合振动的表达式。如图 13.12所示，因为 $\boldsymbol{A}_1$、$\boldsymbol{A}_2$ 以同一角速度 ω 绕 O 点旋转，所以它们之间的夹角 $\Delta\varphi = \varphi_2 - \varphi_1$（即两个分振动的相位差）是始终保持不变的，因而由 $\boldsymbol{A}_1$ 和 $\boldsymbol{A}_2$ 构成的平行四边形的形状保持不变，并以角速度 ω 整体做逆时针旋转。旋转矢量 $\boldsymbol{A}$ 是 $\boldsymbol{A}_1$ 和 $\boldsymbol{A}_2$ 的合矢量，它的末端在 x 轴上的投影点的位移就表示了两个分振动的合成，即

$$x = A\cos(\omega t + \varphi) \tag{13.14}$$

式中，A 为合振幅；φ 为合振动的初相位。式（13.14）表明，在同一直线两个频率相同的简谐振动的合振动仍然是一个同频率的简谐振动。由图 13.12，根据余弦定理可得到合振动的振幅为

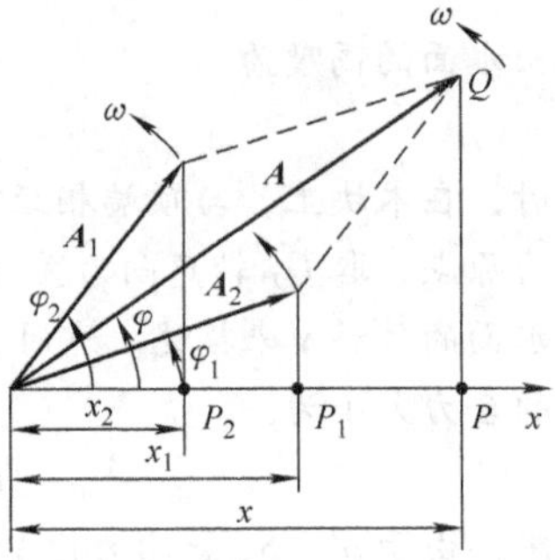

图 13.12　两个同方向、同频率简谐振动的合成

$$A = \sqrt{A_1^2 + A_2^2 + 2A_1A_2\cos(\varphi_2 - \varphi_1)} \tag{13.15}$$

合振动的初相位为

$$\varphi = \arctan\frac{A_1\sin\varphi_1 + A_2\sin\varphi_2}{A_1\cos\varphi_1 + A_2\cos\varphi_2} \tag{13.16}$$

由式（13.15），如果两个分振动的振幅已定，则合振动的振幅取决于它们的相位差 $\Delta\varphi = \varphi_2 - \varphi_1$。

1）当两个分振动同相，即 $\Delta\varphi = \varphi_2 - \varphi_1 = 2k\pi$（$k = 0$，$\pm1$，$\pm2$，…）时，则

$$A = \sqrt{A_1^2 + A_2^2 + 2A_1A_2} = A_1 + A_2 \quad (13.17)$$

合振幅是两个分振幅之和，式（13.17）出现最大值，表明两个振动相互加强。

2）当两个分振动反相，即 $\Delta\varphi = \varphi_2 - \varphi_1 = (2k+1)\pi$（$k=0$，$\pm1$，$\pm2$，…）时，则

$$A = \sqrt{A_1^2 + A_2^2 - 2A_1A_2} = |A_1 - A_2| \quad (13.18)$$

合振幅是两个分振幅的差值，式（13.17）出现最小值，说明两个振动相互减弱。如果 $A_1 = A_2$，则 $A=0$，说明两个同频率等幅反向的简谐振动的合成结果将使质点处于静止状态。为了防止运输过程中的颠簸对精密仪器的破坏影响，精密仪器的运输包装通常采取图13.11所示的形式。将仪器用较软的弹簧在包装箱内悬挂起来，再用弹簧支架固定于稳重的底座上。当运输过程中遇到剧烈颠簸时，仪器参与的是悬挂弹簧给予的近似简谐振动上又叠加了箱体给予的同方向的近似简谐振动。这样的包装在一般情况下都会对仪器起到很好的保护作用。

例13.6 一质点同时参与同一直线上的两个分振动，其分振动为

$$x_1 = 6\times10^{-2}\cos\left(10t + \frac{3}{4}\pi\right)(\text{cm})$$

$$x_2 = 8\times10^{-2}\cos\left(10t + \frac{\pi}{4}\right)(\text{cm})$$

求合振动的振幅、初相位及函数表达式。

解 这是同方向同频率简谐振动的合成问题，合振动仍是简谐振动。由于两个分振动的相位差 $\Delta\varphi = -\pi/2$，所以质点的合振动振幅为

$$A = \sqrt{A_1^2 + A_2^2} = \sqrt{6^2 + 8^2}\text{cm} = 10\text{cm}$$

根据式（13.16），注意到合振动初相应在 $\pi/4 \sim 3\pi/4$ 之间，所以有

$$\varphi = \arctan\frac{A_1\sin\varphi_1 + A_2\sin\varphi_2}{A_1\cos\varphi_1 + A_2\cos\varphi_2} = \arctan7 = 0.45\pi$$

合振动的函数表达式为 $x = 10\cos(10t + 0.45\pi)$。

2. 同方向不同频率的简谐振动的合成

如果质点同时参与两个同方向不同振动频率的简谐振动，其合成结果就比较复杂了。在图13.12所示的旋转矢量合成图中，如果 $\boldsymbol{A}_1$ 和 $\boldsymbol{A}_2$ 旋转的角速度不同，它们之间的夹角会随时间而变，因而它们的合矢量的大小和旋转的角速度都要不断变化，其合振动不再是简谐振动。下面我们仅讨论两个振幅相同但频率不同的简谐振动的合成。

为简便起见，我们设两个同方向的分振动分别为

$$x_1 = A\cos(\omega_1 t + \varphi)$$

$$x_2 = A\cos(\omega_2 t + \varphi)$$

由于它们的角频率分别为 ω_1 和 ω_2，振幅均为 A，初相位均为 φ。合振动的合位移必然沿 x 方向，利用三角函数的和差化积公式可得合振动的表达式为

$$\begin{aligned} x &= x_1 + x_2 = A\cos(\omega_1 t + \varphi) + A\cos(\omega_2 t + \varphi) \\ &= 2A\cos\left(\frac{\omega_2 - \omega_1}{2}t\right)\cos\left(\frac{\omega_2 + \omega_1}{2}t + \varphi\right) \end{aligned} \quad (13.19)$$

从式（13.19）中，我们看不出合振动具有明显的周期性。但当两个分振动的频率都较大且又相差很小时，它就包含了明显的周期性。

式（13.19）中的两个因子 $\cos\frac{\omega_2 - \omega_1}{2}t$ 和 $\cos\left(\frac{\omega_2 + \omega_1}{2}t + \varphi\right)$ 是两个周期性变化的量，都代表简谐运动。如果有 $|\omega_2 - \omega_1| \ll \omega_2 + \omega_1$，第二个量的频率比第一个大得多，即第一个的周期比第

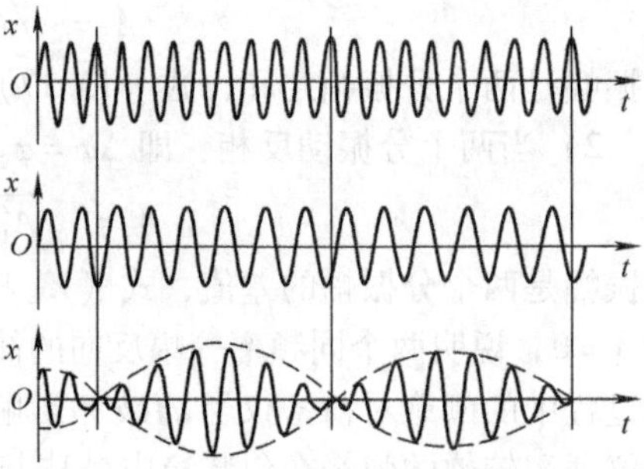

图 13.13　拍的形成

二个的大很多。因而 $2A\cos\frac{\omega_2-\omega_1}{2}t$ 是随时间相对缓慢变化的量，而 $\cos\left(\frac{\omega_2+\omega_1}{2}t+\varphi\right)$ 是随时间变化较快的量，那合振动就可以看作是以角频率 $\frac{\omega_2+\omega_1}{2}$ 振动，但振幅是被调制的简谐振动，如图 13.13 所示。当两分振动同相时，合振幅最大，这相当于图 13.12 中两旋转振幅矢量 $\boldsymbol{A}_1$ 和 $\boldsymbol{A}_2$ 转到一起的同一位置；当两分振动反相时，合振幅最小，这相当于与图中两振幅矢量转到方向相反的位置。合振幅从 $2A\to0\to2A$ 的周期性缓慢变化，使合振动表现出忽强忽弱的现象。这种频率都较大、而频率差很小的两个同方向简谐振动合成时所产生的合振幅时大时小、周期性变化的现象叫作**拍**。当两个频率差很小的音叉同时振动时，在空间就会产生拍现象，我们所听到的忽强忽弱的声音就是拍音。那么，单位时间内合振动加强或减弱的次数称为**拍频**。由图 13.13可以看出，当调制因子 $\cos\frac{\omega_2-\omega_1}{2}t$ 变化一个周期时，合振动的强弱各出现两次，因此拍频 ν 应等于调制因子频率的两倍，即拍频

$$\nu=2\left|\frac{1}{2\pi}\cdot\frac{\omega_2-\omega_1}{2}\right|=\left|\frac{\omega_2-\omega_1}{2\pi}\right|=|\nu_2-\nu_1| \tag{13.20}$$

式（13.20）说明拍频为两分振动频率之差。实际中常用该式在已知一个高频振动的频率情况下测量一个未知相近振动频率。拍现象有着许多实际应用，如用音叉校准乐器以及调制高频振荡的振幅和频率等。

*3. 同方向、同振动频率、振幅相同、相位差依次相同的 N 个简谐振动的合成

设质点同时参与 N 个在同一直线上进行的简谐振动，它们的频率和振幅相等，初相位依次相差一个恒定值。

$$\begin{aligned}x_1&=A_1\cos\omega t\\x_2&=A_2\cos(\omega t+\varphi)\\x_3&=A_3\cos(\omega t+2\varphi)\\&\vdots\\x_N&=A_N\cos[\omega t+(N-1)\varphi]\end{aligned}$$

由于分振动都沿着同一个方向，其合振动就是以上 N 个方程的线性相加，即

$$x=x_1+x_2+\cdots+x_N$$

式中，$A_1=A_2=\cdots=A_N=A_0$，由前面讨论可以推知，这 N 个简谐运动的合振动仍为简谐运动，其表达式为

$$x=A\cos(\omega t+\theta)$$

下面用旋转矢量法求上式合振动的振幅 A 和初相位 θ。

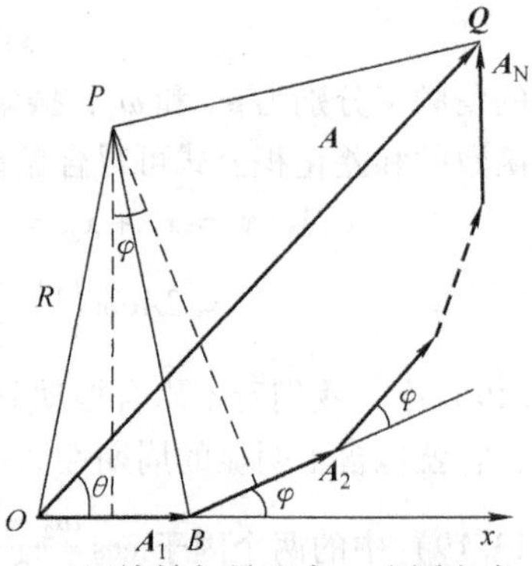

图 13.14　用旋转矢量法求 N 个同方向、同频率且依次相位差为 φ 的等幅简谐振动的合成

由图 13.14 所示，N 个旋转矢量依次相接，因为 $\angle OPB=\varphi$，所以 $\angle OPQ=N\varphi$。设多边形

外接圆的半径 $PO=PB=\cdots=PQ=R$，$\theta=N\varphi$，于是，由几何关系可求出合振动的振幅

$$A=2R\sin\frac{\theta}{2}$$

且 $R=\dfrac{\frac{A_0}{2}}{\sin\frac{\varphi}{2}}$，将此 R 代入上式可得

$$A=2R\sin\frac{\theta}{2}=A_0\frac{\sin\frac{N\varphi}{2}}{\sin\frac{\varphi}{2}} \tag{13.21}$$

在特殊情况下，当 $\varphi=2k\pi$，$k=0$，±1，±2，…时，$A=NA_0$，合振幅最大（主极大）；当 $N\varphi=2k'\pi$，$k'\neq0$，Nk 时，合振幅为零（极小）；当 $N\varphi=(2k+1)\pi$，$k=\pm1$，±2，…时，合振幅 $A=2R$（次极大）。同方向、振动频率相同、振幅相同、相邻相位差相同的 N 个简谐振动的合成是后面讲到多光束干涉的理论基础。

13.4.2 振动方向相互垂直的简谐振动的合成

两个相互垂直方向振动的合成

1. 两个相互垂直的同频率简谐振动的合成

当质点同时参与两个振动方向不在同一方向上的振动时，一般情况是质点运动将变为平面曲线运动，最简单的情况是振动方向互相垂直的同频简谐运动的合成。设两个同频简谐振动分别在 x 轴和 y 轴上进行，它们的振动表达式分别为

$$x=A_1\cos(\omega t+\varphi_1)$$
$$y=A_2\cos(\omega t+\varphi_2)$$

事实上，它们在时刻 t 质点的位置坐标是 (x,y)，所以消去上面两参数方程中的 t，即可得到质点的运动轨迹方程为

$$\frac{x^2}{A_1^2}+\frac{y^2}{A_2^2}-\frac{2xy}{A_1A_2}\cos(\varphi_2-\varphi_1)=\sin^2(\varphi_2-\varphi_1) \tag{13.22}$$

这是一个椭圆方程，它的形状由两分振动的振幅和相位差确定。

1）当 $\varphi_2-\varphi_1=0$ 时，即两振动同相，由式（13.22）可得

$$\frac{x}{A_1}-\frac{y}{A_2}=0$$

上式表明，质点的轨迹是通过坐标原点、斜率为 A_2/A_1 的一条直线，如图 13.15a 所示。

2）当 $\varphi_2-\varphi_1=\pi/2$ 时，即 y 向振动相位超前 x 向 $\pi/2$，由式（13.22）可得

$$\frac{x^2}{A_1^2}+\frac{y^2}{A_2^2}=1$$

它表明，质点的轨迹是一个以坐标轴为主轴的椭圆，如图 13.15c 所示。如果 $A_1=A_2$，质点运动是右旋的圆周运动。

3）当 $\varphi_2-\varphi_1=\pi$ 时，即两振动反相，由式（13.22）得

$$\frac{x}{A_1}+\frac{y}{A_2}=0$$

这表明，质点的轨迹是通过坐标原点、斜率为 $(-A_2/A_1)$ 的一条直线。这种情况与 $\varphi_2-\varphi_1=0$ 时类似，如图 13.15e 所示。

4）当 $\varphi_2-\varphi_1=3\pi/2$（或为 $-\pi/2$）时，质点运动轨迹和 $\varphi_2-\varphi_1=\pi/2$ 时一样，是一个正椭圆。不过此种情况是 x 向振动相位超前 y 向振动 $\pi/2$，所以质点沿椭圆轨道的运动方向是逆时针方向，或说成是左旋的，如图 13.15g 所示。同样，如果 $A_1=A_2$，质点运动是左旋的圆周运动。

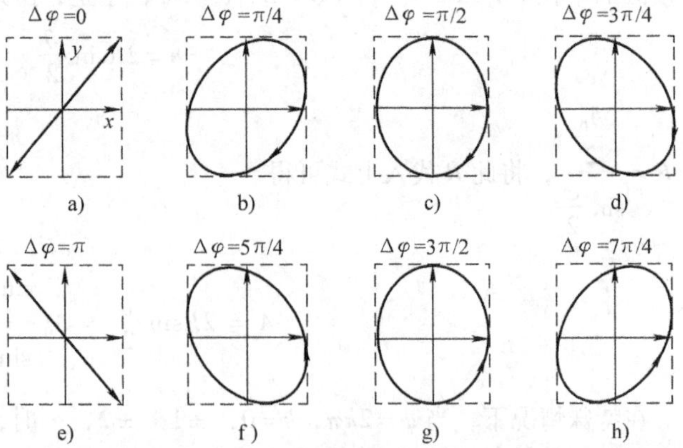

图 13.15　几种相差不同的合成轨

当 $\varphi_2-\varphi_1$ 等于其他值时合振动的轨迹一般是椭圆，图 13.15 给出了 8 种不同的情形，分别对应于不同的相位差 $\Delta\varphi$。总之，对于两个互相垂直的同频简谐振动的合成，仅当两分振动同相或反相时，合振动才是一条直线上的简谐振动，其他情况的合成结果不是简谐振动，是平面运动。同时，也向我们表明了图 13.15 中所代表的质点各种运动状态都可以看作是不同相位差的相互垂直的两个同频简谐振动的合成。

2. 两个相互垂直的不同频率简谐振动的合成

振动方向相互垂直而频率不同的两个简谐振动的合成运动是比较复杂的，并且运动轨道也是不稳定的。如果两分振动的频率相差很小，其合成运动和两个相互垂直同频率振动合成结果近似，只是由于频率差别引起了相位差随时间的变化，导致合成运动轨迹按图 13.15 中的顺序由直线变为椭圆、又由椭圆变为直线循环地变化。如果两分振动的频率相差很大，并且具有简单的整数比，合运动的轨迹是稳定的闭合曲线。图 13.16 给出了几种分别具有不同整数频率比和不同初相位差情况下的合运动的轨迹。这些图形称为李萨如（J. A. Lissajous，法国，1822—1880）图形。利用李萨如图形可以比较方便地测定未知简谐振动的频率和确定相互垂直的两个简谐振动的相位差。

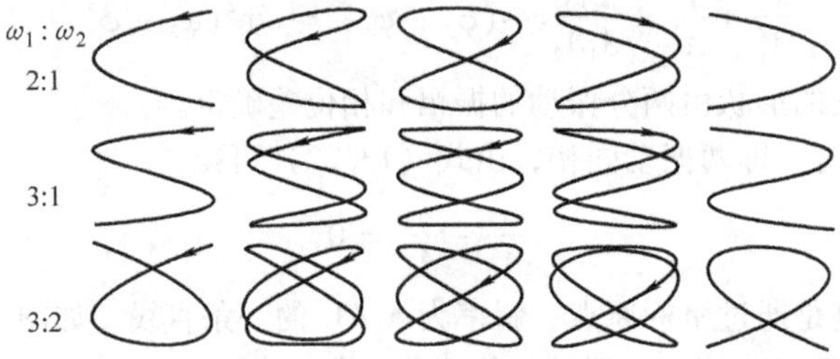

图 13.16　李萨如图形

13.5　阻尼振动 受迫振动 共振

13.5.1　实际振动的简谐近似

前面以弹簧振子的振动为例讨论了在弹性力作用下的简谐振动，并没有涉及阻力和其他力对它的作用。但在实际中，系统常常受到阻力的作用，致使运动的振幅不断减小，如果是在阻力较小的情况下，那么此运动是否可以看作简谐运动呢？下面我们讨论实际振动近似处理为简谐振动的条件。

1. 单摆

一根质量可以忽略、长度不会变化的的细线上端固定，下端系一个可看作质点的物体，这样就构成了一个单摆，如图13.17所示。图中的摆动物体是一个小球，可以近似看作一个质点，如果把摆球从平衡位置拉开一段距离后放开，摆球就在竖直平面内来回摆动，摆动过程中细线（称为摆线）与竖直向的夹角的变化可以表示单摆的运动。摆线偏离竖直向的夹角称为角位移，$\varphi=0$ 表示了摆球的平衡位置。当摆线在平衡位置右方时 φ 为正，当摆线在平衡位置左方时 φ 为负。若以 l 表示摆线长，则任意时刻重力 mg 对 O 点的力矩的大小为 $M=-mgl\sin\varphi$，负号表示重力矩与角位移 φ 方向相反。忽略空气阻力，由转动定律得

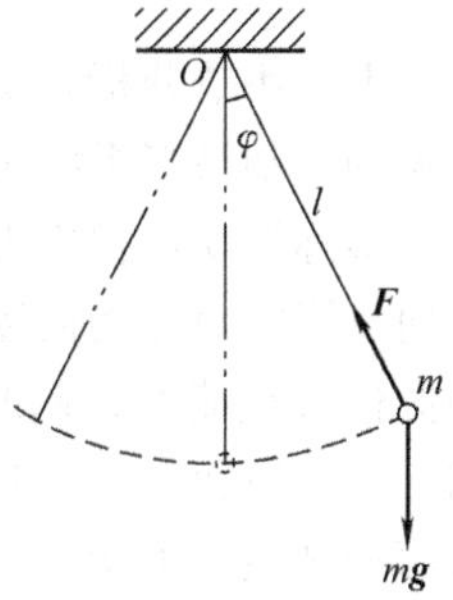

图13.17 单摆

$$-mgl\sin\varphi=ml^2\frac{\mathrm{d}^2\varphi}{\mathrm{d}t^2}$$

上式说明单摆的运动不是一个简谐振动。根据级数展开，$\sin\varphi=\varphi-\frac{\varphi^3}{3!}+\frac{\varphi^5}{5!}-\cdots$，在摆角很小时，$\sin\varphi\approx\varphi$，上式便可以简化为

$$\frac{\mathrm{d}^2\varphi}{\mathrm{d}t^2}+\frac{g}{l}\varphi=0$$

令 $\omega^2=\frac{g}{l}$，则上式变为

$$\frac{\mathrm{d}^2\varphi}{\mathrm{d}t^2}+\omega^2\varphi=0$$

这正是简谐振动的微分动力学方程，即在忽略空气阻力情况下，单摆在一个平面内以很小角度摆动时，它是一个简谐振动。其角频率为 $\omega=\sqrt{\frac{g}{l}}$，振动周期为

$$T=\frac{2\pi}{\omega}=2\pi\sqrt{\frac{l}{g}} \tag{13.23}$$

2. 复摆

如图13.18所示，质量为 m 的任意形状的物体被支持在无摩擦的水平轴 O 上。将它拉开一个小角度 φ 后释放，物体将绕 O 轴振动，这样的装置叫作复摆。若复摆对 O 轴的转动惯量为 J，复摆的质心 C 到 O 的距离为 l_C，与单摆分析一样，复摆在某一时刻受到的重力矩的大小为

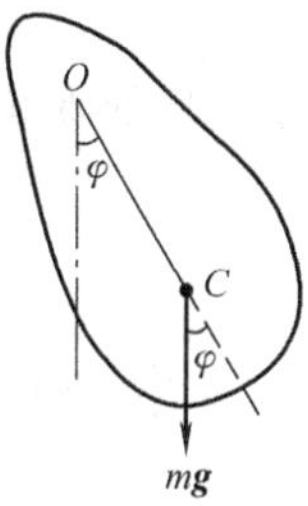

图13.18 复摆

$$M=-mgl_C\sin\varphi$$

当摆角 φ 很小时，有 $\sin\varphi\approx\varphi$，则 $M=-mgl_C\kappa$，若不计空气阻力，由转动定理得 $J\frac{\mathrm{d}^2\varphi}{\mathrm{d}t^2}=-mgl_C\varphi$，整理得

$$\frac{\mathrm{d}^2\varphi}{\mathrm{d}t^2}+\frac{mgl}{J}\varphi=0$$

令其 $\omega^2=\frac{mgl}{J}$，有 $\frac{\mathrm{d}^2\varphi}{\mathrm{d}t^2}+\omega^2\varphi=0$。因此，在忽略空气阻力和轴摩擦的情况下，当摆角 φ 很小时，复摆的振动也可看作简谐振动，其振动的周期为

$$T = \frac{2\pi}{\omega} = 2\pi\sqrt{\frac{J}{mgl_C}} \tag{13.24}$$

13.5.2 阻尼振动

上一小节分析了实际振动的简谐近似，即在阻力很小的情况下，有些运动可以近似看作简谐振动。如果当系统所受阻力较大时，其运动规律又如何呢?

实际振动过程中由于受到空气黏滞阻力的影响，振动最初所获得的能量在振动过程中因不断地克服阻力做功而逐渐减少，振动强度越来越弱，振幅也越来越小，以致最后停止振动。这种振幅（或能量）随时间而减小的振动称为**阻尼振动**。比如真空室中一端固定的金属簧片的振动，当金属簧片振动时就会产生畸变，一侧产生拉伸，一侧产生压缩，金属簧片的畸变使得其内部的杂质产生运动，杂质的运动消耗振动能量，使簧片的振幅会越来越小，因此，利用这种阻尼现象常常可以研究固体的内部结构。

如果阻尼过大，称为**过阻尼**，如图 13.19 中的 b 曲线。这犹如把单摆放到非常黏稠的流体中，黏滞阻力使偏离平衡位置的小球只能缓慢地回到平衡位置，产生不了振动；随着流体黏度的降低，黏滞阻力也在减少，小球从偏离平衡位置回到平衡位置所用时间也在减少，在形不成振动情况下，小球回到平衡位置所用时间最少所需的阻尼称为**临界阻尼**，如图 13.19 中的 c 曲线。这种阻尼应用到灵敏电流计和精密天平中，使它们的指针能尽快地回到平衡位置，既节约时间，又便于测量；如果阻尼低于临界阻尼，就称为**弱阻尼（或欠阻尼）**，如图 13.19 中的 a 曲线。它可以形成振动，但不是周期振动，振幅在不断减少。

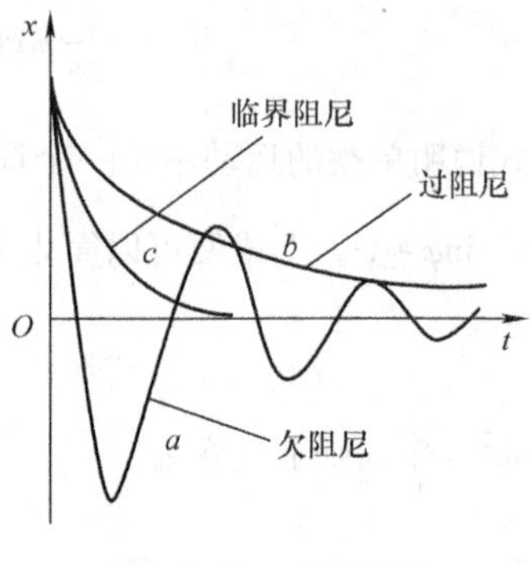

图 13.19 三种阻尼

在图 13.17 中，设单摆的摆长为 l，小球的质量密度为 ρ、半径为 r，在黏度为 η 的空气中做小角度摆动。浮力相对重力很小可忽略，只考虑小球所受空气黏滞阻力对运动的影响。小球所受空气黏滞阻力可以用斯托克斯公式 $F_r = -6\pi\eta rv$ 表示（v 是小球相对空气的摆动速度），它对 O 点的力矩 $M_o = 6\pi\eta rvl$，并和角位移同向，据转动定律，有

$$-mgl\sin\varphi - 6\pi\eta rvl = ml^2\frac{d^2\varphi}{dt^2}$$

由于小球的质量 $m = \frac{4\pi}{3}r^3\rho$，小球的速度 $v = l\frac{d\varphi}{dt}$，利用 $\sin\varphi \approx \varphi$，整理上式可得

$$\frac{d^2\varphi}{dt^2} + \frac{9\eta}{2r^2\rho}\frac{d\varphi}{dt} + \frac{g}{l}\varphi = 0$$

令 $\omega_0^2 = \frac{g}{l}$，$2\beta = \frac{9\eta}{2r^2\rho}$，上式可进一步简写为

$$\frac{d^2\varphi}{dt^2} + 2\beta\frac{d\varphi}{dt} + \omega_0^2\varphi = 0 \tag{13.25}$$

这就是阻尼振动的运动微分方程。式中，$\omega_0 = \sqrt{g/l}$ 只与振动系统性质有关，通常称 ω_0 为振动系统的**固有角频率**；β 称为**阻尼系数**，在阻尼较小（$\beta < \omega_0$）时，式（13.25）的解可表示为

$$\theta = A_0 e^{-\beta t}\cos(\omega t + \varphi) \tag{13.26}$$

式中，$\omega = \sqrt{\omega_0^2 - \beta^2}$ 称为**弱阻尼振动的角频率**；A_0 和 φ 是由初始条件来决定的两个积分常量。

式（13.26）是振幅随时间呈指数规律衰减（$A_0e^{-\beta t}$）的振动，显然，这种振动不再是严格的周期振动，因为经过一定时间后，小球不再回到原来的位置，但其角频率在均匀静止的流体中却可以看作具有确定的值，所以把这样的欠阻尼振动称为准周期振动，它的周期可表示为

$$T=\frac{2\pi}{\omega}=\frac{2\pi}{\sqrt{\omega_0^2-\beta^2}} \tag{13.27}$$

由式（13.27）可以看出，因阻尼的存在，周期变长而频率变小，即振动随时间的增加而变慢了。

现在来估计一下空气阻力对单摆运动影响的大小。设空气的黏度为 $\eta=2\times10^{-5}\mathrm{Pa\cdot s}$，小铁球的密度 $\rho=8\times10^3\mathrm{kg/m^3}$，其半径为 $r=1\times10^{-2}\mathrm{m}$，摆长取 1m，重力加速度取 $10\mathrm{m/s^2}$，那么，阻尼系数 $\beta=\frac{9\eta}{4r^2\rho}$ 的大小可以近似取为 $10^{-4}\mathrm{s^{-1}}$，ω_0^2 取 $10\mathrm{s^{-2}}$。由式（13.27）可算得准周期振动的周期约为 2s，一个准周期后振幅的衰减率为

$$\frac{A_0e^{-\beta t}-A_0e^{-\beta(t+T)}}{A_0e^{-\beta t}}=1-e^{-\beta T}\approx2\times10^{-4}$$

以上推算说明，在我们选取的条件下，对于空气中的单摆，如果在运动不太长的时间内观测，空气阻力的影响是很小的，前面对它的忽略也是合理的，一般情况下都可以把它看作是简谐振动。但是，如果把此单摆放入黏度为 0.1Pa · s 的机油中，在一个准周期后，振幅的衰减率约有 20%，这就不能看作简谐近似了。

13.5.3　受迫振动

前面分析了系统在弹力和阻力作用下的运动规律，如果系统还受到外界对它的作用力，其运动规律又如何呢？

小球的受迫振动

再比如，处于空气中的竖直弹簧振子，在可以忽略空气阻力时，物体是在恢复力（$F=-kx$）作用下等振幅地做自由简谐振动；在阻力不能忽略时，它做非周期的阻尼振动，一般阻力的大小和物体的振动速率成正比，即 $F_r=-\gamma v$（γ 是常量）；如果我们能够对系统施加一个时刻都恰能抵消阻力影响的外力 $F'=\gamma v$，F' 在一个周期内总是做正功及时地补充阻力所消耗的系统的振动能量，系统的机械能保持常量，等于初始向系统输入的能量，则物体将维持自由简谐振动状态。任何没有外部能源耗散系统的振动都是不能持久的，要使系统能够持久地振动，外界必须对系统施加周期性的或单向的外力。外界对振动系统施加的周期性外力称为**驱动力**，在驱动力作用下的系统振动称为**受迫振动**。受迫振动在实际生活中是常见的一种现象，例如在发动机工作时，它的基础就受到发动机旋转时所作用的周期性力，使其做受迫振动。

为了深入研究受迫振动的规律，仍用 ω_0 表示振动系统的固有角频率，m 表示振子的质量，那么，弹簧振子系统的固有角频率 $\omega_0=\sqrt{k/m}$，振子除受恢复力 $-kx$、阻尼力 $-\gamma v=-\gamma\frac{\mathrm{d}x}{\mathrm{d}t}$ 外，受迫振动时还受到周期性的驱动力。设一般情况下的驱动力为 $H\cos\omega t$，ω 为驱动力角频率，根据牛顿第二定律，有

$$-kx-\gamma\frac{\mathrm{d}x}{\mathrm{d}t}+H\cos\omega t=m\frac{\mathrm{d}^2x}{\mathrm{d}t^2}$$

因为 $\omega_0^2=\frac{k}{m}$，再设 $2\beta=\frac{\gamma}{m}$、$h=\frac{H}{m}$，则上式可改写为

$$\frac{d^2x}{dt^2}+2\beta\frac{dx}{dt}+\omega_0^2x=h\cos\omega t$$

这是受迫振动运动方程的一般形式，其解为

$$x=A_0e^{-\beta t}\cos(\sqrt{\omega_0^2-\beta^2}t+\varphi_0)+A\cos(\omega t+\varphi) \tag{13.28}$$

式（13.28）表明，受迫振动是由阻尼振动

$$x_1=A_0e^{-\beta t}\cos(\sqrt{\omega_0^2-\beta^2}t+\varphi_0)$$

和简谐振动

$$x_2=A\cos(\omega t+\varphi)$$

两振动的叠加。其中x_1是一个减幅振动，x_2是一个等幅振动。在振动初始阶段，系统能量的损耗和补充是不等量的，经过一段时间后，阻尼振动x_1随时间逐渐衰减，这一分振动就不起作用了，此时就说受迫振动经过初始阶段后达到了稳定状态。处于稳定状态的受迫振动的位移与时间的关系为

$$x=A\cos(\omega t+\varphi) \tag{13.29}$$

它是一个与驱动力同频率的简谐振动。值得注意的是，虽然受迫振动的频率“被迫”跟随驱动力的频率，但其相位却与驱动力差φ。受迫振动达到稳定状态时的振幅和初相位为

$$A=\frac{\frac{H}{m}}{\sqrt{(\omega_0^2-\omega^2)^2+4\beta^2\omega^2}} \tag{13.30}$$

$$\varphi=\arctan\frac{-2\beta\omega}{\omega_0^2-\omega^2} \tag{13.31}$$

由以上推导可以看出，对于一定的振动系统，受迫振动的初相位φ和振幅A不仅与振动系统自身的性质有关，而且与驱动力和阻尼系数也有关。图13.20给出了受迫振动振幅随驱动力的角频率变化的情况，求式（13.30）函数的极值，就可求得使受迫振动振幅达到最大值的角频率，为

$$\omega_r=\sqrt{\omega_0^2-2\beta^2} \tag{13.32}$$

相应的最大振幅为

$$A_r=\frac{h}{2\beta\sqrt{\omega_0^2-\beta^2}} \tag{13.33}$$

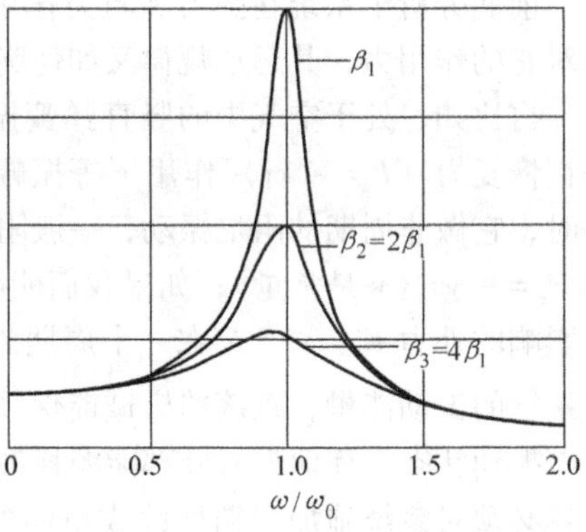

图13.20 受迫振动的振幅

在$\beta << \omega_0$（即弱阻尼）的情况下，由式（13.32）可知，当$\omega_r=\omega_0$，即驱动力频率等于振动系统的固有频率时，振幅达到最大值。我们把驱动力使受迫振动的振幅达到最大值的这种现象称为**共振**（又称为振幅共振）。

可以证明，当达到驱动共振时，振动速度与驱动力的方向总是相同，说明驱动力始终对物体做正功，输入系统的能量最大。反过来看，是系统能最大限度地从外界获得能量。这就是共振时振幅能达到最大值的原因。

钢锯条的共振

共振现象普遍存在于宏观和微观的各个领域中，在实际中有着广泛的应用。如收音机、电视机利用电磁共振进行选台，一些乐器利用共振来提高音响效果，利用核磁共振进行物质结构的研究以及医疗诊断等。共振的破坏性也是很大的，共振时的过大振幅也

可以造成机器设备的损坏、桥梁的坍塌等。1940 年著名的美国塔科马海峡大桥坍塌的部分原因就是阵阵大风引起了桥的共振。图 13.21 是桥坍塌前后的照片。1999 年我国四川綦江彩虹桥整体坍塌的一部分原因就是由于人们整齐跑步过桥产生了共振。

a) 坍塌前　　b) 坍塌后

图 13.21　塔科马海峡大桥的共振坍塌

1999 年四川綦江彩虹桥的坍塌

本章思维导图

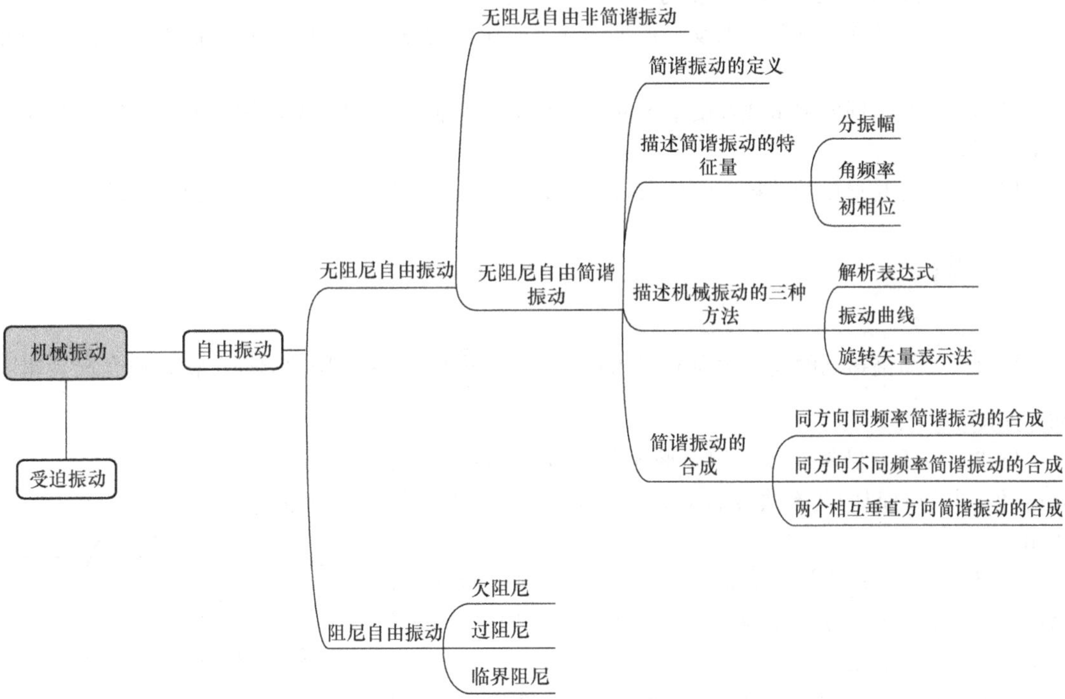

思 考 题

13.1 什么是简谐振动？说明下列运动是否是简谐振动。

（1）活塞的往复运动；

（2）皮球在硬地上的跳动；

（3）一小球在半径很大的光滑凹球面底部的来回滑动，且经过的弧线很短；

（4）锥摆的运动。

13.2 放在地球上、月球上的弹簧振子与单摆的振动周期是否改变？水平放置与竖直放置对弹簧振子的振动周期是否有影响？

13.3 考虑弹簧振子振动时不计弹簧的质量。如果弹簧质量不能忽略，其振动周期如何改变？

13.4 想象将单摆放在电梯里，当电梯加速向上时，摆的角频率比电梯静止时摆的角频率更大、更小、还是相等？

13.5 在简谐振动表达式 $x=A\cos(\omega t+\varphi)$ 中，$t=0$ 是质点开始运动的时刻还是开始观察的时刻？初相位 $\varphi=0$、$\pi/2$ 各表示从什么位置开始运动？

13.6 一质点沿 x 轴按 $x=A\cos(\omega t+\varphi)$ 做简谐振动，其振幅为 A，角频率为 ω，在下述情况下开始计时，初相位分别是多少？

（1）质点在平衡位置处、且向正方向运动；

（2）质点在 $x=A/2$ 处、且向正方向运动；

（3）质点的速度为零而加速度为正值。

13.7 一个物体在做简谐振动，周期为 T，初相位为零。问在哪些时刻物体的动能与势能相等？

13.8 两个相同的弹簧挂着质量不同的物体，当它们以相同的振幅做简谐振动时，振动的能量是否相同？

13.9 稳态受迫振动的频率由什么决定？这个振动频率与振动系统本身的性质有何关系？

习 题

13.1 一简谐振动的表达式为 $x=0.03\cos\left(2\pi t+\frac{\pi}{4}\right)$，求它的振动周期、初相位、最大速度和加速度。

13.2 一质点做振动规律用余弦函数描述的简谐振动，其运动速度与时间的关系曲线如图 13.22 所示，求它振动的初相位。

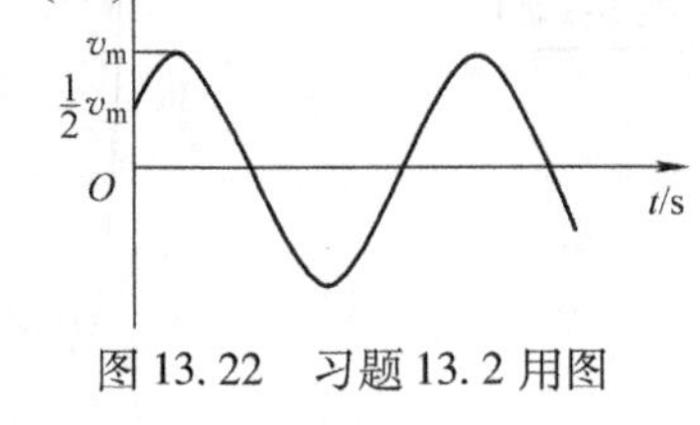

图 13.22 习题 13.2 用图

13.3 已知一质点沿 x 轴做简谐振动，其振幅为 1.2cm，周期为 2s，开始时，初始位置为 $x_0=0.6$cm，并向平衡位置移动，求其振动表达式。

13.4 已知一振动质点的振动曲线如图 13.23 所示，试求：

（1）该振动质点的振动表达式；

（2）振动质点到达点 P 相应位置所需的时间。

13.5　两个简谐振动的振动曲线如图 13.24 所示。若这两个简谐振动叠加，则合振动的初相位为多少？

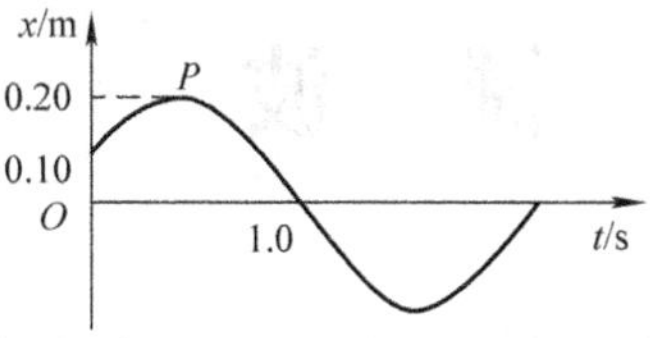

图 13.23　习题 13.4 用图

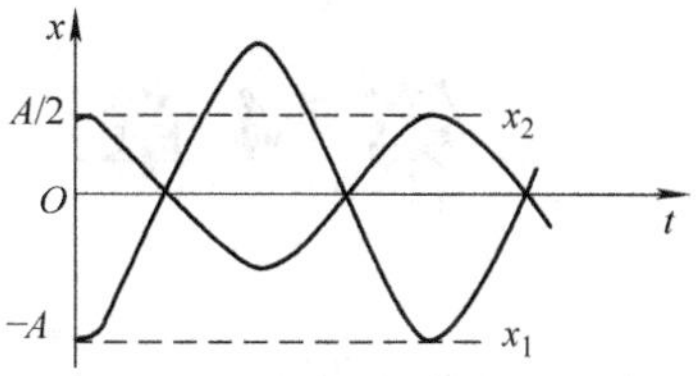

图 13.24　习题 13.5 用图

13.6　一质量为 10g 的物体沿 x 轴做简谐振动，其振幅为 4cm，周期为 4.0s，当 $t=0$ 时，位移为 +4cm。求：

（1）振动表达式；

（2）$t=0.5$s 时物体所在的位置及所受力的大小和方向；

（3）由起始位置运动到 $x=2$cm 处所需的时间。

13.7　一轻弹簧上端挂在顶棚上，在下端受到 20N 的拉力时弹簧伸长 20cm。现把质量为 1kg 的物体悬挂在该弹簧的下端并使之静止，再把物体向下拉 10cm，然后由静止释放并开始计时。求：

（1）物体的振动方程；

（2）物体从第一次越过平衡位置时刻起到它运动到上方 5cm 处所需要的最短时间。

13.8　一弹簧振子做简谐振动，当其动能为振动总能量的一半时，求其偏离平衡位置的位移的大小与振幅的比值。

13.9　质量为 m 的质点在水平光滑面上，两侧各接一劲度系数为 k 的弹簧，如图 13.25 所示，弹簧另一端被固定于壁上，L 为两弹簧的自然长度，在使 m 向右有一小位移后，静止释放，那么质点每秒通过原点的次数为多少？

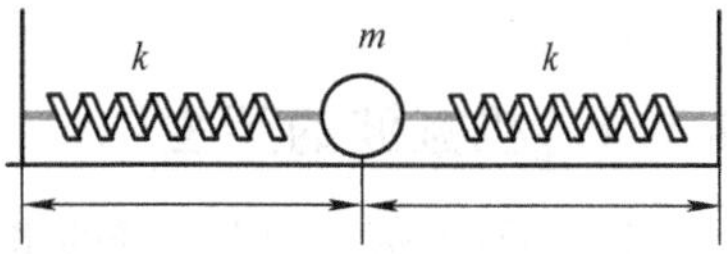

图 13.25　习题 13.9 用图

13.10　一质点同时参与两个同方向同频率的简谐振动，其振动表达式分别为

$$x_1 = 0.06\cos\left(3t + \frac{1}{2}\pi\right)(\mathrm{SI}), x_2 = 0.03\sin(\pi - 3t)(\mathrm{SI})$$

求合振动的方程。

13.11　一劲度系数为 k 的铅直轻弹簧，下端固定，上端系一直径为 d 的木质小球，小球的密度为 ρ，小于水的密度 ρ_0。推动后，小球在水中沿铅直方向振动。如不计水对小球的阻力和被小球所吸附的水的质量。

（1）试证明小球的运动为简谐振动；

（2）设开始时，小球在水中处于静平衡位置，并具有铅直向上的速度 v_0，试求其振动表达式。

13.12　如图 13.26 所示，一质点在 x 轴上做简谐振动，选取该质点向右运动通过 A 点时作为计时起点（$t=0$），经过 2s 后质点第一次经过 B 点，再经过 2s 后质点第二次经过 B 点，若已知该质点在 A、B 两点具有相同的速率，且 $AB=10$cm，求：

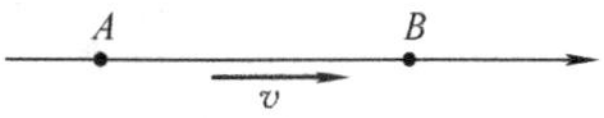

图 13.26　习题 13.12 用图

（1）质点的振动方程；

（2）质点在 A 处的速率。（提示：画旋转矢量图）

第 14 章　机　械　波

波动是振动在空间的传播过程，是一种常见和重要的物质运动形式。有关波动的形式多种多样，像人们所熟悉的水面波、地震波、空气中的声波、无线电波、光波等以及后面我们将要学习到的物质波。水面波、地震波和声波属于机械波，主要是机械振动在弹性介质中传播形成的，其理论基础是牛顿力学，是依靠弹性介质内各质元之间的弹性力的相互作用使振动物理量（位置以及有关压强、密度、能量等）得以传播；无线电波和光波是电磁波，是电磁场的变化（电磁振动）在空间的传播，不需要介质，其波动规律的理论基础是麦克斯韦方程组。机械波、电磁波（以及物质波）在本质上是不同的，但它们都具有波动的共同特征，都具有一定的传播速度，都伴随有能量的传播，都能发生反射、折射、干涉和衍射等，所以可用相似的数学语言——**波函数**（或**波动方程**）来描述。

波动最重要的特征——不是把物质从一个地方移动到另一个地方，而是在波通过介质之后，介质看起来和未被干扰前是一样的。这就好比你坐在体育场观看比赛，当你每次和全场观众共同制造人浪时，一旦你站起来再坐下完成了你的一部分动作后，你仍然坐在原来的位置。反过来，一个人是不能创造出这样的波的，由此说明波的产生是一种集体现象。

14.1　机械波的产生和传播

14.1.1　机械波的产生

当一小石子落在湖中平静的水面上时，水面就会激起同心圆形波纹，由小石子击水处向周围水面传播出去，从而形成水面波动现象，如图 14.1 所示。如果湖面上有树叶，树叶只在原处摇晃并不随波纹向外漂流，说明水并没有向外流动，波纹显示的是水的振动状态向外的传播。因此，**波动就是振动状态**（又称扰动）**的传播**，而振动状态是由振动相位来确定，所以又说波动是振动相位的传播。若振动方向与传播方向平行，这样的波动叫**纵波**；而振动方向与传播方向垂直的波动就叫**横波**。例如，如果用手拉紧一根绳子的一端，使绳子迅速向上然后向下摆动一下，绳子的一端被抬起，从而拉起相邻部分绳子；当相邻的部分开始移动时，它就会带动下一端绳子的一部分，就这样反反复复，绳子上交替出现凸凹变化的波峰和波谷，形成了沿绳子（介质）传播的横波，如图 14.2a 所示。用手纵向抖动一根水平放置的轻质长弹簧，组成弹簧的各个质元就依次左右振动起来形成纵波，弹簧上出现交替的“疏密”区域，并且这些“疏密”区域以一定的速度沿弹簧传播出去，如图 14.2b 所示。

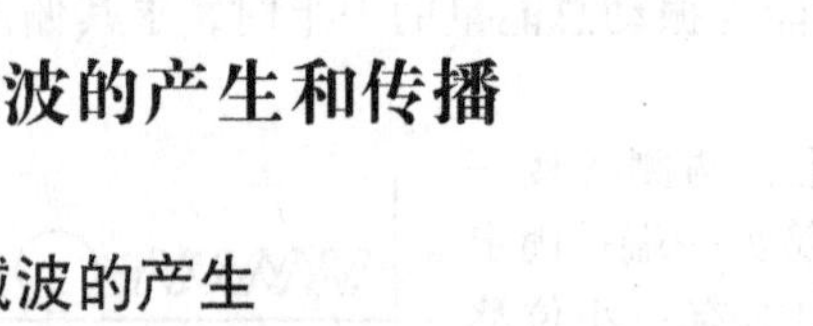

图 14.1　水波的传播

声波的产生

手握住绳和弹簧一端的摆动称为波源，摆动又称为扰动，是波源的一种机械振动，而绳上的横波或弹簧中的纵波就是把波源的振动状态依次向绳和弹簧的另一端传播。比如在图 14.2a 中，$t=0$ 时刻波源运动状态分别在 $t=T/4$ 时刻传到 a 处，使 a 处绳的质元具有了 $t=0$ 时刻波源处于平衡位置、速度向上的运动状态，并分别在 $t=T/2$、$3T/4$、T 时刻依次传给了 b、c 和 d 处的介质质元。因此把这种振动在介质中沿一定方向传播的波动称为**行波**，在行波中介质的各质元仅在它们各自的平衡位置附近振动，并没有随振动的传播而流走。图 14.2 中振源的振动状态之所以能传播出去，是依靠**弹性介质**（绳子和弹簧）中各质元由于形变而产生的相互作用，这种弹性介质中形成的波称为**弹性波**。横波的形成是由于介质元的**切应变**而产生相互作用的**切应力**，弹性纵波的形成是由于质元的压缩和拉伸的线应变（或体变）而产生相互作用的**正应力**，对此，胡克从广义上进一步确定了各应力和应变的关系，而弹性介质每一质元就处于邻近质元弹性力作用下的力学运动（包括惯性）中。

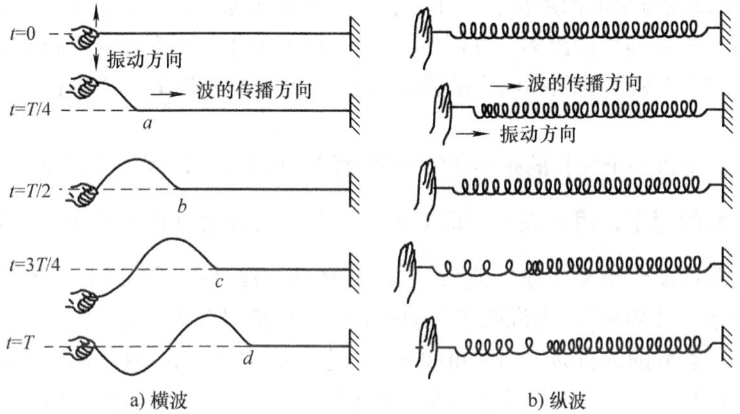

图 14.2　机械波的产生

机械振动在介质中的传播为**机械波**，横波和纵波是机械波的两种基本形式。机械振动是指一个质点的运动，机械波动是指介质内大量质点参与的集体振动的运动形式。横波可以在固体中传播，是因为固体可以产生切向应变；纵波可以在固体、液体和气体中传播，是因为它们都会产生线应变。如果图 14.2 中的摆动的方式是简谐振动，假如能忽略介质的吸收和不均匀性，那么在绳和弹簧中就形成了近似的（一维）**简谐横波**和**简谐纵波**（统称为**简谐波**）。简谐波是最简单和最基本的波动形式，波到达处的介质中各质元都在做和波源具有相同振幅和频率的简谐振动，但它也属于一种理想化模型。水面波貌似横波，实际上是水面质元在自己平衡位置附近的横纵振动合成的椭圆运动，振动的恢复力不是弹性力，而是重力和表面张力，地震波既有弹性横波又有弹性纵波，还包括由重力和张力产生使地面扭曲的表面波，它们都是一些复杂的机械波。但可以证明，就像复杂振动可以看成许多简谐振动合成一样，任何复杂的波也都可以看成是由若干个简谐波的叠加，所以本章主要讨论简谐波的性质和特点。

14.1.2　波动的描述

1. 波线　波面　波前

当波源在弹性介质中振动时，其振动通过周围介质向空间各个方向传播，形成波动。为了便于定量讨论波的传播情况，我们引入波线、波面和波前的概念。

如图 14.3 所示，从波源 S 沿波的传播方向画一些有箭头的线，叫作**波线**，它们表示波的传播方向。从波源出发，波动同时到达空间各点处质元的振动相位一定相同，由同相位各点所组成的面叫作**波阵面**或**波面**，某一时刻波传播到的最前面的波面叫作**波前**。波面是球面的波称为**球面波**，波面是平面的波称为**平面波**，波面是柱面的波称为**柱面波**。通常，实际的波不会有这样标准的波阵面，它们都是对真实波动的近似，在距波源很远处的球面波，在一定的局域范围内可近似看作平面波。在各向同性的介质中，波线与波面垂直。

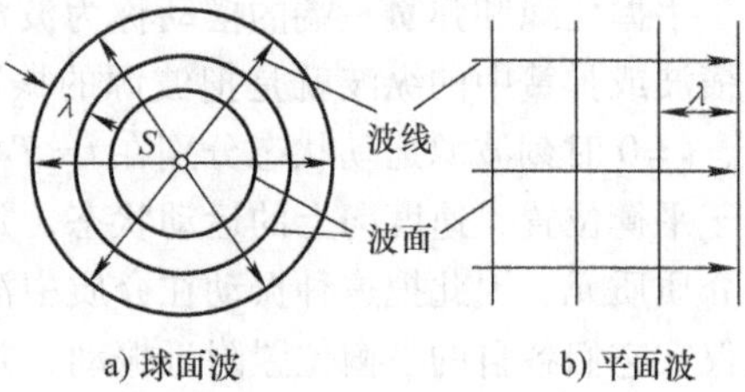

图 14.3 波面和波线

2. 描述波动过程的物理量

波长、波的频率和周期以及波速都是描述波动过程的物理量。沿波的传播方向两个相邻的、相位差为 2π 的振动质点之间的距离，叫作波长，一般用 λ 来表示。它也是振源振动一个周期振动相位（或说波）向外传播的距离。在图 14.2 中，横波上相邻两个波峰或相邻两个波谷之间的距离、纵波上相邻两个密部或相邻两个疏部对应点之间的距离都是一个波长。它反映了波动的空间周期性。

波的周期是波前进一个波长的距离所需要的时间，用 T 表示。它反映了波动的时间周期性，周期的倒数叫作波的频率，用 ν 表示，即 $\nu=\dfrac{1}{T}$，它是在波动过程中的单位。频率（或周期）在数值上等于波源振动的频率（或周期），它的意义是指波动中所有质元（不再讲质点）都具有相同的振动频率（或周期），也说明了振动在介质中传播时频率不变。我们定义 2πs 时间内通过波线上某点的完整波的数目为波动的角频率 ω，它和波动频率的关系为 $\omega=2\pi\nu$。

在振动传播过程中，某一振动状态（即振动相位）在单位时间内传播的距离称为波速，用 u 表示，又称为相速。波速的大小和介质的性质有关，在不同的介质中波速是不同的。例如在标准状态下，声波在空气中传播的速度约为 331m/s，而在水中传播的速度约为 1483m/s。

在一个周期内，波传播了一个波长的距离，故有

$$u=\frac{\lambda}{T}=\nu\lambda \tag{14.1}$$

式（14.1）具有普遍意义，对各类波都适用。在这里必须要注意一点，波速虽由介质决定，但波的频率是波源的振动频率，却与介质无关。由式（14.1）可以看出，同一频率的波，其波长将随介质的不同而不同。

14.2 一维平面简谐波

我们已清楚机械波是机械振动在弹性介质内的传播，它是弹性介质内大量质元参与的一种集体运动形式。如果波沿 x 方向传播，那么要描述它，就应该知道 x 处的质元在任意时刻 t 的位移 y，即应知道位移为空间位置和时间的函数形式，$y(x,t)$，这样的函数叫作波动函数，简称波函数。

一般波函数的表达式都是很复杂的，下面我们只研究一种最简单、最基本的波——在均匀、无吸收的介质中，由波源做简谐振动而在介质中所形成的波，这种波就叫作平面简谐波。

对于平面简谐波，各波线互相平行，所有波线上振动传播的情况是相同的，因此可用一条波线上的波动来代表平面简谐波的波动。如果用 y 表示位移，x 表示一维简谐波的传播方向，t

表示时间，一维简谐波的波函数应是二元函数 $y=f(x,t)$。下面我们来讨论在均匀介质中沿 Ox 方向传播的简谐波的表达式。

在图 14.4 中，设平面简谐波沿 x 轴正向传播，传播速度为 u，原点 O 的振动方程为

$$y = A\cos(\omega t + \varphi)$$

如果介质是均匀、不吸收的，那么各质元振动的振幅将保持不变（称为平面简谐波的**波幅**）。因此，距 O 点距离为 x 处的任一质元 P 的振动振幅为 A，振动角频率为 ω。因为波动是振动相位的传播，当振动从 O 点传播到 P 点时，所需的时间为 $t_0=x/u$。这表明，若 O 点振动了 t 时间，则 P 点只振动了 $t-t_0=t-x/u$ 的时间，即当 O 点的振动相位为（$\omega t+\varphi$）时，P 点的振动相位则是$\left[\omega\left(t-\dfrac{x}{u}\right)+\varphi\right]$。于是 P 点在时刻 t 的位移为

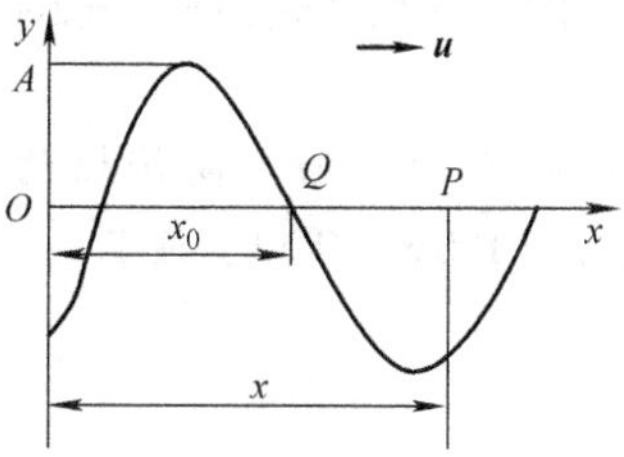

图 14.4　波的正向传播

$$y(x,t) = A\cos\left[\omega\left(t-\frac{x}{u}\right)+\varphi\right]$$

它给出了平面简谐波沿 x 轴正向传播时，波动过程中任意时刻波线上任意一点离开平衡位置的位移随时间变化的函数关系。因此，上式就是平面简谐波沿 x 轴正向传播时的波函数，也常称为平面简谐波的波动方程。

因为 $\omega=\dfrac{2\pi}{T}=2\pi\nu$，$u=\dfrac{\lambda}{T}=\lambda\nu$，所以上式波动方程还可以改写为

$$y(x,t) = A\cos\left(\omega t+\varphi-\frac{2\pi}{\lambda}x\right) \tag{14.2}$$

若平面简谐波沿 x 轴负向传播，则 P 点振动比 O 点早开始一段时间 x/u，也就是说，当 O 点的相位是（$\omega t+\varphi$）时，P 点振动的相位已是$\left(\omega t+\varphi+\dfrac{\omega}{u}x\right)$，所以 P 点在任意时刻的位移为

$$y(x,t) = A\cos\left(\omega t+\varphi+\frac{\omega}{u}x\right)$$

这就是沿 x 轴负方向传播的平面简谐波的波函数，并且同样可以写成以下常用的形式：

$$y(x,t) = A\cos\left(\omega t+\varphi+\frac{2\pi}{\lambda}x\right) \tag{14.3}$$

若设 $k=\dfrac{2\pi}{\lambda}$，k 称为角**波数**，则波函数又可写成

$$y = A\cos(\omega t+\varphi\mp kx) \tag{14.4}$$

在波函数中，若令 $x=x_0$，则波函数 $y(x_0,t)$ 表示 x_0 处质元的振动情况。若令 $t=t_0$，则波函数 $y(x,t_0)$ 就表示 t_0 时刻各质元的位移分布情况。以 y 为纵坐标、x 为横坐标表示同一时刻各质元的位移分布情况的曲线称为波形图。图 14.5 中分别画出了 t 时刻和 $t+\Delta t$ 时刻的两个波形图。波动是振动状态的传播，在图 14.5 中表现为波形曲线的传播，波动在 Δt 时间内传播了 Δx 距离，相当于 t 时刻的整个波形曲线沿传播方向移动了 $\Delta x=u\Delta t$。这样的波又叫作**行波**，是一种前进的波。

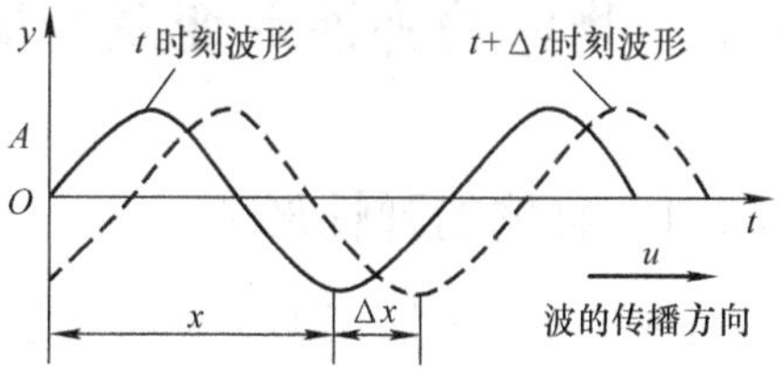

图 14.5　波形的传播

例 14.1 设平面简谐波的表达式为 $y=2\cos[\pi(0.5t-100x)]$，式中，长度的单位为 cm，时间的单位为 s。求波幅 A、波长 λ、波速 u 及波的频率。

解 首先将波函数 $y=2\cos[\pi(0.5t-100x)]$ 化为标准表达式

$$y = 2\cos(0.5\pi t - 100\pi x)$$

这是一个向 x 轴正向传播的平面简谐波。与式（14.2）比较，可得：$A=2\text{cm}$ 、$\omega=0.5\pi$、$2\pi/\lambda=100\pi$。所以，波长 $\lambda=2.0\times10^{-2}\text{cm}$，而波的频率 ν 和波速 u 分别为

$$\nu = \frac{\omega}{2\pi} = 0.25\text{Hz}$$

$$u = \lambda\nu = 0.50\text{cm/s}$$

例 14.2 一平面简谐波沿 x 轴的负方向传播，波长为 λ，P 处质点的振动规律如图 14.6 所示。

（1）求 P 处质点的振动方程；

（2）求此波的波动方程；

（3）若图中 $d=\lambda/2$，求坐标原点处质点的振动方程。

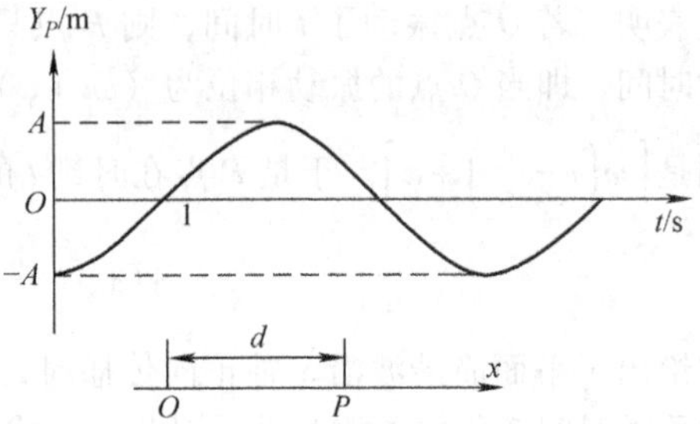

图 14.6 例 14.2 用图

解 根据振动表达式 $y=A\cos(\omega t+\varphi)$

（1）由图可知，质点 P 的振动周期 $T=4\text{s}$，角频率 $\omega=2\pi/T=2\pi/4=0.5\pi$，当 $t=0$ 时，根据图形判断，其初相位 $\varphi=\pi$，由此可以写出 P 处质点的振动方程为

$$Y_P = A\cos(0.5\pi t + \pi)\,(\text{m})$$

（2）当 P 点的振动沿着 x 轴向负方向传播时，其相位依次超前了 $\Delta\varphi=\dfrac{2\pi}{\lambda}\Delta x$，根据式（14.3）可得由 P 点的振动传播到任意一点并距离 O 点为 x 时的波动方程为

$$Y_P = A\cos\left[0.5\pi t + \pi + \frac{2\pi}{\lambda}(x-d)\right]\,(\text{m})$$

（3）当波由图中的 P 点传播到 O 点时，因上式中的 $x=0$，$d=\lambda/2$，那么，O 点的振动方程为

$$Y_O = A\cos\left[0.5\pi t + \pi + \frac{2\pi}{\lambda}\left(0-\frac{\lambda}{2}\right)\right]\,(\text{m})$$

$$= A\cos(0.5\pi t)\,(\text{m})$$

14.3 物体的弹性形变及介质中的波速

14.3.1 物体的弹性形变

机械波是在弹性介质内传播的，为了进一步了解它的动力学规律，下面我们先来介绍有关物体弹性形变的知识。

当物体受到外力作用时，其形状和体积往往会发生一些变化，这种变化就称为形变。现在以固体为例来加以说明。若固体在外力的作用下发生了形变，而当外力撤销后，物体能恢复原状，则这样的形变叫作弹性形变。此时对与它接触的物体会产生力的作用，这种力叫作弹力，

如弹簧的形变等。若在外力的作用下，物体发生形变，当外力撤去后，物体不能恢复原状，则这样的形变叫作塑性形变，如橡皮泥的形变等。因物体弹性形变受力情况不同，在弹性限度内，弹性形变有四种基本类型：拉伸和压缩形变、切变、弯曲形变和扭转形变。如图 14.7 所示。

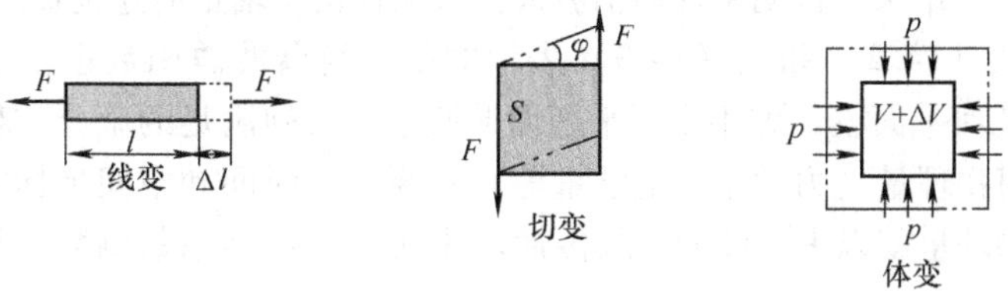

图 14.7　物体在外力作用下的形变

对于气体、液体，其体积模量为

$$K = -\frac{\Delta p}{\frac{\Delta V}{V}}$$

对于固体，切变模量为

$$G = \frac{\frac{F}{S}}{\varphi}$$

弹性模量（杨氏模量）为

$$E = \frac{\frac{F}{S}}{\Delta l / l}$$

14.3.2　介质中的波速

将平面简谐波沿 x 轴正向传播的波函数 $y(x,t) = A\cos\left(\omega t + \varphi - \frac{2\pi}{\lambda}x\right)$，分别对空间坐标变量 x 和时间 t 求导，有

$$\begin{aligned}\frac{\partial y}{\partial x} &= A\frac{2\pi}{\lambda}\sin\left(\omega t + \varphi - \frac{2\pi}{\lambda}x\right) = \frac{A\omega}{u}\sin\left(\omega t + \varphi - \frac{2\pi}{\lambda}x\right)\\ \frac{\partial y}{\partial t} &= -A\omega\sin\left(\omega t + \varphi - \frac{2\pi}{\lambda}x\right)\end{aligned} \tag{14.5}$$

比较二式，有

$$\frac{\partial y}{\partial x} = \frac{-1}{u}\frac{\partial y}{\partial t}$$

如果对沿 x 轴负向传播的平面简谐波波函数式（14.3）分别对 x 和 t 求导，我们却得到 $\frac{\partial y}{\partial x} = \frac{1}{u}\frac{\partial y}{\partial t}$，和上面的结果不一致。若对式（14.5）再次分别对 x 和 t 求导，有

$$\frac{\partial^2 y}{\partial x^2} = -\frac{A\omega^2}{u^2}\cos\left(\omega t + \varphi - \frac{2\pi}{\lambda}x\right)$$

$$\frac{\partial^2 y}{\partial t^2} = -A\omega^2\cos\left(\omega t + \varphi - \frac{2\pi}{\lambda}x\right)$$

比较这两个二阶偏导数，则有

$$\frac{\partial^2 y}{\partial x^2} = \frac{1}{u^2}\frac{\partial^2 y}{\partial t^2} \tag{14.6}$$

如果对沿 x 轴负向传播的平面简谐波波函数式（14.3）分别对 x 和时间 t 求二阶偏导，我们同样可以得到式（14.6）的结果。说明平面简谐波波函数无论沿 x 轴正向还是负向都满足式（14.6）的二阶微分方程，式（14.2）和式（14.3）表示的平面简谐波波函数也正是它的解。可以证明，式（14.6）是任何平面波（即不限于平面简谐波）所必须满足的微分方程。式（14.6）的物理意义在于：任何物理量（力学量、电学量等）只要它与时间和空间坐标的关系满足它所表示的微分方程，则物理量就以平面波的形式传播，并且 $\partial^2 y/\partial t^2$ 前系数倒数的平方根就是平面波的传播速度。

在固体中传播的机械纵波的速度大小为 $u=\sqrt{E/\rho}$，E 是固体的弹性模量，ρ 是介质的体密度，固体中传播的机械横波的速度为 $u=\sqrt{G/\rho}$，G 是介质的切变模量。由于同一固体中的 $G<E$，所以同一介质中纵波比横波传播得快。在拉紧的细线或绳索中传播的横波速度为 $u=\sqrt{F/\rho_l}$，F 为细线或绳索中的张力，ρ_l 为其质量线密度。在液体和气体中，由于不可能发生切变，所以不可能传播机械横波，传播纵波的速度 $u=\sqrt{K/\rho}$，其中 K 为介质的体变模量。

14.4 波的能量 能流密度

1. 平面简谐波的能量密度

在波动过程中，波源的振动通过弹性介质由近及远传播出去，使介质中各点质元依次在各自的平衡位置附近做振动，质元因振动而具有动能。与此同时，介质要产生形变，各质元还会具有弹性势能。因此，波动过程伴随能量的传播。

设均匀弹性介质的密度为 ρ，当一平面简谐波 $y(x,t)=A\cos\left(\omega t+\varphi-\frac{2\pi}{\lambda}x\right)$ 在介质中传播时，其中心坐标为 x 处的体积为 $\Delta V=\Delta S\mathrm{d}x$（$\mathrm{d}x$ 是质元的长度，ΔS 是所取质元的截面面积）的质元的运动速度为

$$v = \frac{\partial y}{\partial t} = -A\omega\sin\left(\omega t+\varphi-\frac{2\pi}{\lambda}x\right)$$

质元的质量为 $\Delta m=\rho\Delta V$，所以质元 t 时刻的振动动能为

$$\Delta E_{\mathrm{k}} = \frac{1}{2}\Delta m v^2 = \frac{1}{2}\rho\Delta V A^2\omega^2\sin^2\left(\omega t+\varphi-\frac{2\pi}{\lambda}x\right) \tag{14.7}$$

同时，质元因其两个端面的位移不同而发生弹性形变，而质元的形变和

$$\frac{\partial y}{\partial x} = \frac{A\omega}{u}\sin\left(\omega t+\varphi-\frac{2\pi}{\lambda}x\right)$$

紧密相关。假设质元未参与波动时的形变势能为零，则它参与波动后 t 时刻的弹性势能具有式（14.7）的形式，有

$$\Delta E_{\mathrm{p}} = \frac{1}{2}\Delta m v^2 = \frac{1}{2}\rho\Delta V A^2\omega^2\sin^2\left(\omega t+\varphi-\frac{2\pi}{\lambda}x\right) \tag{14.8}$$

质元的总能量为动能和势能之和，即 $\Delta E=\Delta E_{\mathrm{k}}+\Delta E_{\mathrm{p}}$，有

$$\Delta E = \rho\Delta V A^2\omega^2\sin^2\left(\omega t+\varphi-\frac{2\pi}{\lambda}x\right) \tag{14.9}$$

式（14.9）说明质元的总能量不是一个常量，而是随时间做周期性变化。

由式（14.7）和式（14.8）可以看出，介质中任一质元（体积元）的动能和势能同相地随时间变化，二者同时到达最大值，同时到达最小值（即零），在任一时刻它们都具有相同的数值。如图 14.8 所示，当质元处于最大位移处时，因其速度为零，所以它的动能为零，而此时波动并未引起它的形变（和它未参与波动时相比），因此其势能亦为零。此时质元的总能量为零。当质元处于平衡位置时，其速度最大，形变也最大，因此质元的总能量最大，它同时具有最大的动能和最大的势能。这完全不同于孤立振动系统振动能量的特点：其动能和势能相互转化以保障系统的振动能量是一个常量。波动中介质质元的能量随时间做周期性的变化，说明参与波动的每个质元都在不断地从前面的质元吸收能量，使自己的能量达到最大值，又不断地向后面的质元放出能量，使自己的能量由最大变为零。如此周期性地重复，沿着传播方向波动就把能量从介质的这一部分传到另一部分。因此，波动是能量传递的一种方式。

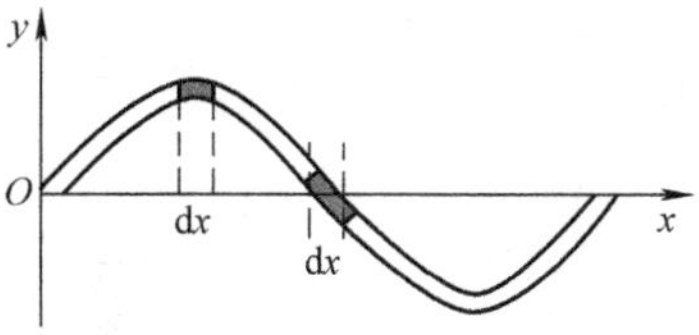

图 14.8　波的能量

在波传播的过程中，为了描述介质中各处能量的分布情况，引入**波的能量密度**的概念。在波动过程中，单位体积介质中的能量称为波的能量密度，用 w 来表示。由式（14.9）得

$$w = \frac{\Delta E}{\Delta V} = \rho A^2\omega^2 \sin^2\left(\omega t + \varphi - \frac{2\pi}{\lambda}x\right) \tag{14.10}$$

在平面简谐波的波动过程中，空间某点处波的能量密度随时间周期性地变化，它在一个周期内的平均称为**平均能量密度**，用 $\overline{w}$ 表示，有

$$\overline{w} = \frac{1}{T}\int_0^T w\mathrm{d}t = \frac{1}{2}\rho A^2\omega^2 \tag{14.11}$$

式（14.11）说明，平面简谐波的平均能量密度与波幅的二次方、波频率的二次方和介质的密度成正比。

2. 平面简谐波的能流密度

波动过程中能量随波传播，我们把单位时间内通过介质中某一面积的能量称为通过该面积的**能流**。设在介质中垂直于波速方向取一面积 S，如图 14.9 所示，则在单位时间内通过 S 面的能量就等于该面后方体积为 uS 介质中的能量，即通过面积 S 的能流为

$$P = uSw = uS\rho A^2\omega^2 \sin^2\left(\omega t + \varphi - \frac{2\pi}{\lambda}x\right)$$

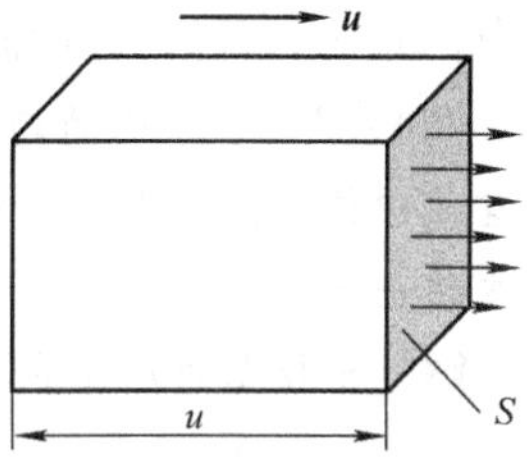

图 14.9　波的能流

显然，能流 P 和 w 一样是随时间周期性地变化的。取其平均值，则通过 S 面的**平均能流**为

$$\overline{P} = uS\overline{w} = \frac{1}{2}uS\rho A^2\omega^2 \tag{14.12}$$

通过垂直于波的传播方向的单位面积的平均能流称为**波的强度**，或**平均能流密度**，它描述了平均能流的空间分布和方向，描述了波动传播能量的本领，用 I 来表示，则

$$I = \frac{\overline{P}}{S} = \overline{w}u = \frac{1}{2}\rho\omega^2A^2u \tag{14.13}$$

I 的单位为 $\mathrm{J\cdot m^{-2}/s}$（焦耳·米$^{-2}$/秒），也写成 $\mathrm{W/m^2}$（瓦/米^2）。

图 14.10 显示了平面波和球面波在空间介质中的能量传播情况。假定介质均匀且不吸收能量，根据能量守恒定律，通过图中 S_1 和 S_2 的平均能流密度应相等，由式（14.13），有

$$\frac{1}{2}uS_1\rho A_1^2\omega^2 = \frac{1}{2}uS_2\rho A_2^2\omega^2$$

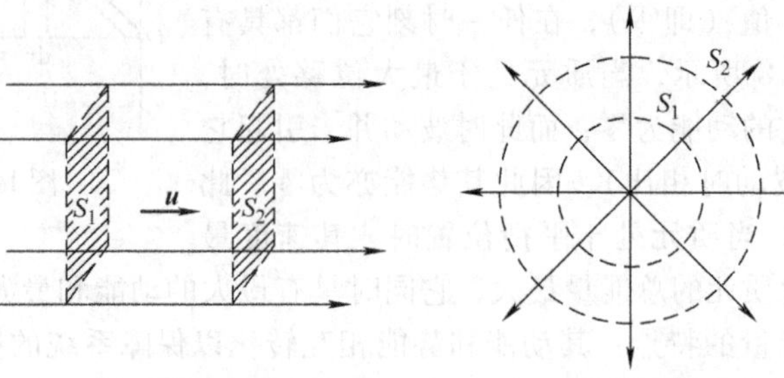

a) 平面波　　b) 球面波

图 14.10　波动能量传播

对于平面波，因为 $S_1 = S_2$，有

$$A_1 = A_2$$

这说明在均匀不吸收能量的介质中，传播的平面波的波幅保持不变。对于球面波，应有

$$\frac{1}{2}u\rho A_1^2\omega^2 \cdot 4\pi r_1^2 = \frac{1}{2}u\rho A_2^2\omega^2 \cdot 4\pi r_2^2$$

得到

$$A_1 r_1 = A_2 r_2$$

说明球面波的波幅与离点波源的距离成反比。因为在球面波波动中，沿某一波线（r 向）质元振动相位随 r 增加而落后的关系和平面波类似，所以球面简谐波的波函数应为

$$y(r,t) = \frac{A_0}{r}\sin\left(\omega t + \varphi - \frac{2\pi}{\lambda}x\right) \tag{14.14}$$

式中，A_0 为 $r = r_0$ 处球面简谐波的波幅。

例 14.3　一平面简谐波的频率为 300Hz，波速为 340m/s，在截面面积为 $3.00\times10^{-2}\text{m}^2$ 的管内空气中传播，若在 10s 内通过截面的能量为 2.70×10^{-2}J，求通过截面的平均能流、波的强度和波的平均能量密度。

解　根据题目所给条件可知，通过截面 S 的平均能流为

$$\overline{P} = \frac{W}{t} = 2.70\times10^{-3}\text{J/s}$$

波的强度或平均能流密度为

$$I = \frac{\overline{P}}{S} = 9.00\times10^{-2}\text{W}\cdot\text{m}^2$$

因为波的强度为 $I = \overline{w}\cdot u$ 所以波的平均能量密度为

$$\overline{w} = \frac{I}{u} = 2.65\times10^{-4}\text{J/m}^3$$

3. 声强和声强级

在弹性介质中传播的机械纵波一般都称为**声波**。频率在 20 ~ 20000Hz 之间的声波能引起人的听觉，称为**可闻声波**，它就是我们平常所说的“声波”。频率高于 20000Hz 的声波叫作超声波，低于 20Hz 的声波叫作次声波。如果介质是理想气体，根据气体分子运动论和热力学，可导出理想气体中的声速由

$$u = \sqrt{\frac{\gamma p}{\rho}} = \sqrt{\frac{\gamma RT}{M_{mol}}}$$

式中，γ 为比热容比，对于空气它等于 1.4；p 为无声波时气体的静压强；ρ 为气体质量密度。由上式可求得标准状态下的声速为 331m/s。这里的推导是忽略了声源与接收者之间的相互作用，而考虑声波中空气介质的位移这一关键变量。

由式（14.13），声波的强度（简称**声强**）$I = \frac{1}{2}\rho\omega^2 A^2 u$。实验表明，引起人听觉的声波不仅受到频率的限制，而且要求处于一定的声强范围之内。对于每个给定的可闻频率，声强都有两个限值，低于下限或者高于上限均不能引起听觉，而只能引起痛觉。在频率为 1000Hz 时，一般正常人听觉的最高声强为 $1\mathrm{W/m^2}$，最低声强为 $10^{-12}\mathrm{W/m^2}$。通常把这一最低声强作为测定声强的标准，即 $I_0 = 10^{-12}\mathrm{W/m^2}$。如果某声波的声强为 I，以 I 与 I_0 之比的对数值来量度声波的强弱，用 L 表示，则有

$$L = \lg \frac{I}{I_0}$$

L 称为声强 I 的**声强级**，单位为贝尔（符号为 B）。通常采用贝尔的 1/10dB（分贝）为单位，1B = 10dB。此时的声强级为

$$L = 10\lg \frac{I}{I_0}(\mathrm{dB}) \tag{14.15}$$

如炮声的声强级约为 120dB，而聚焦超声波的声强级可达 210dB，通常声强级超过 70dB 的声音为噪声。

人耳感觉到的声音响度与声强级有一定的关系，声强级越高，人耳感觉越响。为了提高对声强级和响度有较具体的认识，表 14.1 给出了常遇到的一些声音的声强、声强级和响度。

表 14.1 几种声音近似的声强、声强级和响度

声 源	声强/(W/m²)	声强级/dB	响度
引起痛觉的声音	1	120	
冲击钻	10^{-2}	100	震耳
交通繁忙的街道	10^{-5}	70	响
通常的谈话	10^{-6}	60	正常
耳语	10^{-10}	20	轻
树叶的沙沙声	10^{-11}	10	极轻
引起听觉的最弱声音	10^{-12}	0	

对于固体中的声波，一个很有趣的例子是在固态地球里的波。地球内部不时发生地震，其波长比声波波长还要长。由于地球是不均匀的，而且压强、密度及压缩性等性质随着深度而变化，因此波的速率也会随着深度而改变。波的传播路径不是直线，而是沿着曲线进行。如果在某个位置放置一个地震仪，我们会先收到从震源处传来的纵波，然后收到横波，这是因为横波行进得较慢。如果对波的传播速率以及地球内部有关区域的成分有充分的了解，则通过测量收到这两个波的时间差，就能断定地震发生在多远的地方。

14.5 惠更斯原理 波的衍射、反射和折射

机械波或电磁波在传播过程中，除上面介绍过的能量特点外，当遇到两种介质的分界面时，

一部分会从界面上返回原介质形成反射波，另一部分则会进入另一种介质而形成折射波，从而产生波传播过程中的**反射**和**折射**现象。当波在传播过程中遇到障碍物时，其传播方向会发生改变，能够绕过障碍物的边缘前进，形成**波的衍射**现象。当满足一定条件的两列波在空间相遇时，叠加结果使空间某些点的振动始终加强、另外某些点的振动始终减弱而形成叠加波强度的一种稳定，这种现象称为两列波的干涉现象。本节只是以机械波为例，简单介绍波在传播过程中所呈现的反射、折射、衍射和干涉等特性。

14.5.1 惠更斯原理

在如图 14.11 所示的水波传播过程中，当遇到带有小孔障碍物时，可以看到通过小孔的后面出现了圆形波纹，如图 14.11a 所示，与原来的波形（见图 14.11b）无关，却和以小孔作为波源产生的圆形波纹一样。在总结这类现象的基础上，荷兰物理学家惠更斯在 1690 年指出：**介质中波传播到的各点，都可以作为发射子波的波源，在其后任一时刻，这些子波的包络面就是波在该时刻的波前**，这称为**惠更斯原理**。惠更斯原理在很大程度上解决了波的传播方向问题，只要知道某一时刻的波面，就可以用几何作图法确定下一时刻的波面，所以惠更斯原理又被称为**惠更斯作图法**。对任何波动过程（机械波或电磁波），无论介质是均匀还是非均匀的，也无论介质是各向同性还是异性的，惠更斯原理都适用。

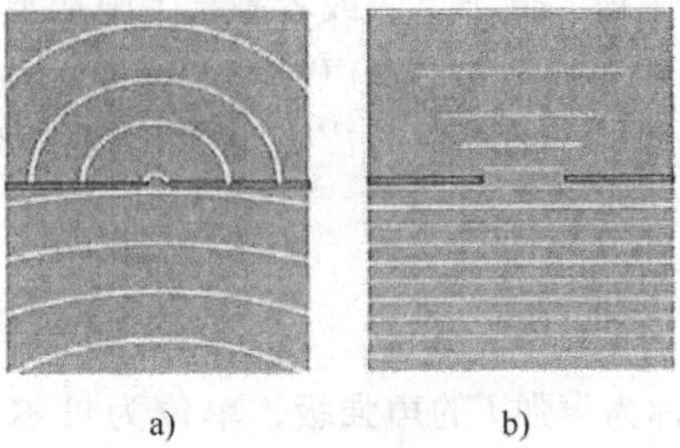

图 14.11 水波通过障碍物的传播

下面以球面波为例来说明惠更斯原理的应用。如图 14.12a 所示，以 O 为中心的球面波以波速 u 在各向同性均匀介质中传播，在 t 时刻的波前是半径为 R_1 的球面 S_1。根据惠更斯原理，S_1 上的各点都可以看成是子波波源。以 S_1 面上各点为中心，以 $R = u\Delta t$ 为半径画出许多半球形子波波面，这些子波在行进前方的包络面 S_2 就是 $t+\Delta t$ 时刻的新波面。显然，S_2 是以 O 为中心、半径为 $R_2 = R_1 + u\Delta t$ 的球面。又如，若已知平面波在 t 时刻的的波阵面是 S_1，用同样的方法也可以求出 $t+\Delta t$ 时刻的新波面 S_2，如图 14.12b 所示。

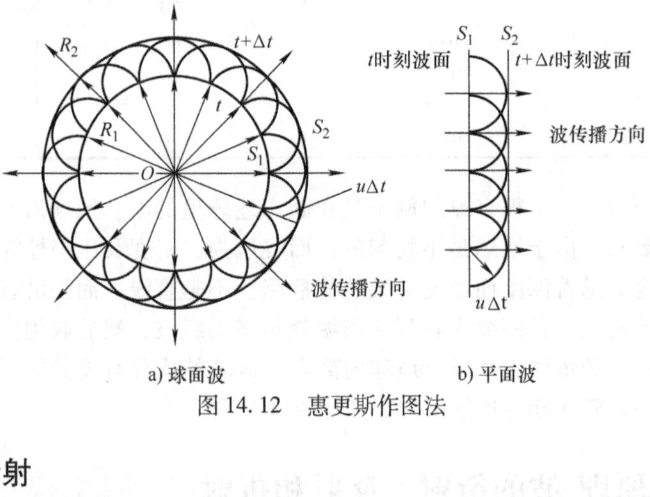

图 14.12 惠更斯作图法

14.5.2 波的衍射

波在传播过程中遇到障碍物或其他的不连续介质而引起波改变传播方向的现象叫作波的衍射。

用惠更斯原理能够定性地说明波的衍射现象。如图 14.13 所示，平面波在传播过程中遇到带有窄缝障碍物时，由于缝上各点都可以作为子波的波源，作出这些子波的包络就可以得出新的波阵面，就可以得到波通过窄缝后的传播方向。由图 14.13a 可以看出，经过窄缝新作出来的波阵面与原来的波阵面稍有不同，在靠近边缘处，波阵面发生了弯曲，相应地传播方向也发生了改变，即波绕过了障碍物而继续传播。图 14.13b 所示的就是水通过狭缝时所发生的衍射现象。由实验可知，若减小图中狭缝（相对于波长）的宽度 a，衍射现象会更加明显。衍射现象相对明显程度是和衍射物（缝、遮板等）尺寸的大小与波长的比值有关。若衍射物的尺寸远大于波长，则衍射现象不明显；若衍射物的尺寸与波长接近，则衍射现象比较明显；若衍射物的尺寸小于波长，则衍射现象会更加明显。由于声音的波长与我们现实生活中遇到的墙、门窗等衍射物尺寸差不多，所以生活中声波的衍射较显著。

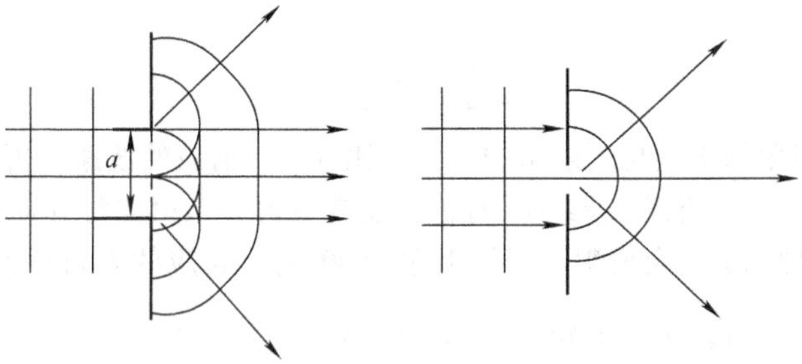

图 14.13　波的衍射

14.5.3　波的反射和折射

当波入射到两种介质的分界面时，一部分从界面上返回原介质，形成反射波；另一部分将进入到第二种介质，形成折射波。那如何确定这两束波的传播方向呢？

接下来我们用惠更斯作图法来确定这两束波的传播方向。

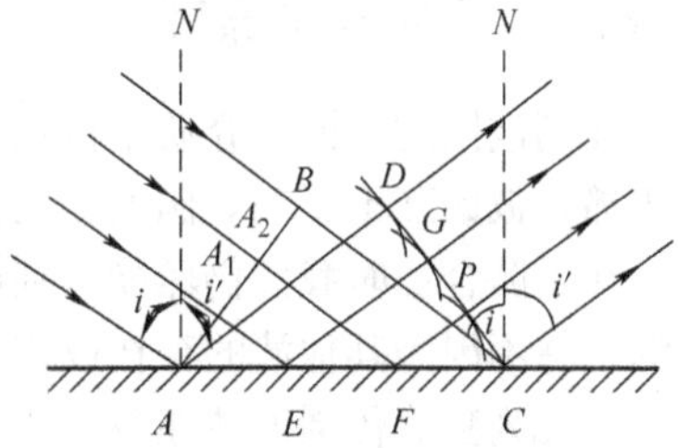

图 14.14　波的反射

当一束平面波入射到两种介质的分界面上时，设入射波和反射波均以波速 u 在第一种介质中传播，入射角为 i，反射角为 i'，如图 14.14 所示。在时刻 t，入射波的波振面为 AB（与纸面垂直），且波面 AB 上的代表点有 $AA_1 = A_1A_2 = A_2B$。A 点先与界面 2 相遇，此后 AB 上的各代表点 A_1、A_2、B 将依次到达分界面上的 E、F、C 各点，它们作为子波源分别发射反射波。在 $t+\Delta t$ 时，从 E、F、C 各点发射的子波半径分别是 $d=u\Delta t$、$2d/3$、$d/3$。显然，这些子波的包迹面是通过 C 点并与图面垂直的平面，且有 $AB = CD$。与此波阵面 CD 垂直的直线就是**反射线**。令 AN、CN 分别为分解面的法线，则由图 14.14 可看出，任意一条入射线和它的反射线以及入射点的法线在同一平面内，而图中两个直角三角形 $\triangle ABC$，$\triangle ADC$ 是全等的，即有 $i=i'$，说明在同一平面内的反射角等于入射角。这就是波的**反射定律**。

如果入射波能进入第二种介质，由于波在两种介质中的传播速度不同，在分界面上要发生折射现象，如图 14.15 所示。分别以 u_1、u_2表示波在第一种介质和第二种介质中的波速，与反射波的作图方法类似，可先求出折射波的波阵面，从而定出折射线的方向。界面上的 E、F、C

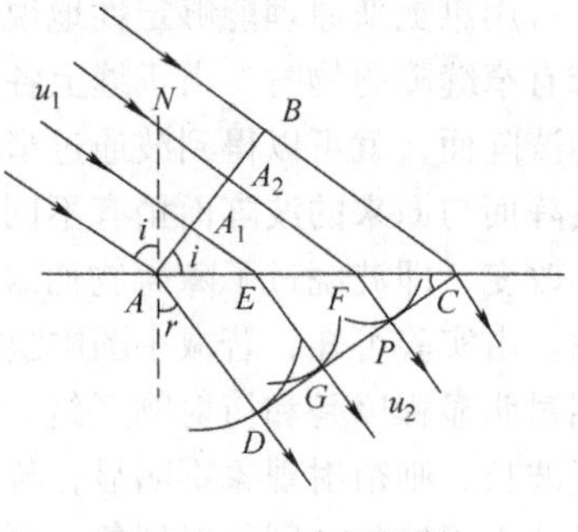

图 14.15 波的折射

各点，它们作为子波源分别向第二种介质中发射折射波。在 $t+\Delta t$ 时刻，从 E、F、C 各点发射的子波半径分别是 $d'=u_2\Delta t$、$2d'/3$、$d'/3$，显然，这些子波的包迹面 CD 也是通过 C 点并与图面垂直的平面。与此波阵面 CD 垂直的直线就是**折射线**，设界面法线为 AN，图中同样显示折射线、入射线和法线在同一平面内。设折射线与界面法线 AN 的夹角 r 为折射角，因为 $BC=u_1\Delta t$、$AD=u_2\Delta t$，由直角三角形 $\triangle ABC$ 和 $\triangle ADC$ 可知

$$BC = u_1\Delta t = AC\sin i$$
$$AD = u_2\Delta t = AC\sin r$$

两式相除得

$$\frac{\sin i}{\sin r}=\frac{u_1}{u_2} \tag{14.16}$$

式（14.16）表示入射角的正弦与折射角的正弦之比等于入射波的波速与折射波的波速之比，这就是**折射定律**。当 $u_2>u_1$、折射角 $r\geqslant 90°$时，就没有波再进入第二种介质中，入射波将全部返回原来的介质，称这种现象为**全反射**。当折射角为 90°时，相应的入射角称为**全反射的临界角**，用 A 表示临界角，由式（14.16）可知，$A=\arcsin\dfrac{u_1}{u_2}$。

波的反射和折射在日常生活和生产中应用广泛。例如，在地质勘探中，当由爆破（即人为制造的波源）激发的地震波在地壳中传播时，根据所产生的反射和折射情况，就可以勘探到各种矿藏、储油、气层或地层构造。

14.6 波的干涉 驻波

当几列波同时在同一介质中传播并相遇时，介质中质点的运动情况及传播规律又如何呢？

14.6.1 波的叠加原理

几列波同时在同一介质中传播，不管它们是否相遇，都各自以原有的振幅、波长和频率独立传播，彼此互不影响。例如，在实际生活中，我们常常可以在吵杂的人群中听出熟人的讲话声，在乐队合奏时我们仍然能辨别出每种乐器发出的美妙声音。这说明各种波在空间是独立传播的，并不因为其他波的存在或相遇而改变原来的传播特性。

当几列独立传播的波在空间相遇时，在相遇区域内任一点的振动为各列波单独存在时所引起的各个振动的合成，这种规律称为**波的叠加原理**。不过，波的这种叠加规律不是普遍成立的，只有在波的强度不太大时才是正确的。像强烈的爆炸所引起的冲击波，就不遵守这样的叠加原理。

14.6.2 波的干涉现象

将两个小球装在同一支架上，让小球的下端紧靠水面。当支架沿与水面垂直的方向以一定的频率振动时，两小球和水面的接触点就成了两个同频率、同振动方向、同相位的波源，它们各自激发出圆形的水面波。当两列圆形的水面波在水面上相遇叠加时，在水面上呈现出明暗相间的波纹分布，如图 14.16 所示。从图可以看出，亮纹说明该地方的合振动得到了加强，而暗

纹说明该地方的振动减弱，有些地方甚至不振动。振动的强弱是按一定规律分布的。

因此，人们把频率相同、振动方向平行、相位相同或相位差恒定的两列波相遇，使某些地方振动始终加强，而使另一些地方振动始终减弱的现象，叫作波的**干涉现象**。干涉现象是波动的又一重要特征，它和衍射现象都是用来判别某种运动是否具有波动性的重要依据。

下面从数学上来分析两列波在同一介质中传播相遇时，叠加形成干涉加强和减弱的条件。

图 14.17 中的 S_1、S_2是两个子波源，它们发出具有同频率、同振动方向、同相位或相位差恒定特性的相干波，相干波在空间相遇时一定产生干涉现象。设相干波源 S_1和 S_2都以角频率 ω 做同样振幅的简谐振动，两列波在同一均匀介质中传播，也不考虑介质对波的吸收，它们发出的两列相干波可表示为

$$y_1 = A_1\cos\left(\omega t + \varphi_1 - \frac{2\pi}{\lambda}r_1\right)$$

$$y_2 = A_2\cos\left(\omega t + \varphi_2 - \frac{2\pi}{\lambda}r_2\right)$$

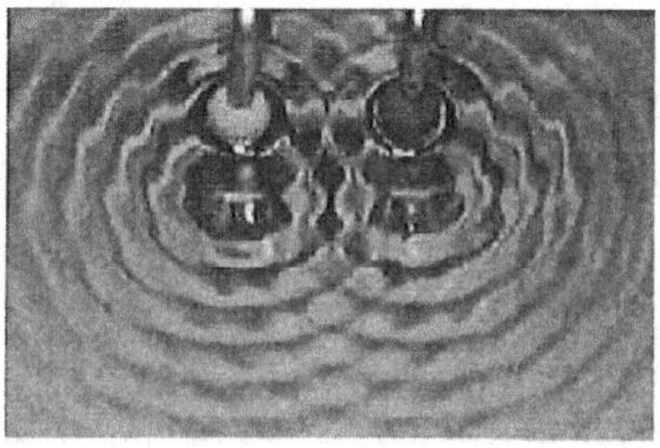

图 14.16 水波的干涉现象

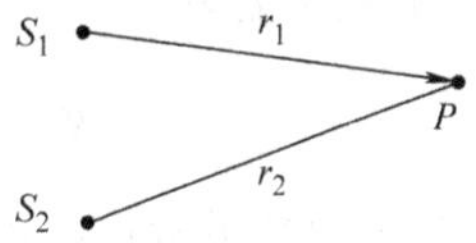

图 14.17 两相干波在空间相遇

式中，A_1、A_2和 φ_1、φ_2 分别为两波源的振幅和初相位；r_1 和 r_2 分别为 P 点与 S_1和 S_2的距离。上两式表明，P 点同时参与两个同频率、同方向的简谐运动，其合振动也为简谐运动，合振动的运动方程为

$$y = y_1 + y_2 = A\cos(\omega t + \varphi)$$

式中，A 为合振幅，φ 为合振动初相位。其中，合振幅 A 为

$$A = \sqrt{A_1^2 + A_2^2 + 2A_1A_2\cos\Delta\varphi}$$

式中，$\Delta\varphi = \left(\varphi_2 - \frac{2\pi r_2}{\lambda}\right) - \left(\varphi_1 - \frac{2\pi r_1}{\lambda}\right) = \varphi_2 - \varphi_1 - \frac{2\pi}{\lambda}(r_2 - r_1) =$ 常量。

由上式可以看出，在满足

$$\Delta\varphi = \varphi_2 - \varphi_1 - \frac{2\pi}{\lambda}(r_2 - r_1) = 2k\pi \quad (k = 0, \pm 1, \pm 2, \cdots) \tag{14.17}$$

的空间各点，合振幅最大，其值 $A = A_1 + A_2$。若 $A_1 = A_2 = A_0$，且 $I \propto A^2$，则此处合成波的强度为原来的 4 倍，有 $I = 4A_0^2 = 4I_0$。再若两波源的初相位相等，则 P 点的强度完全由波程差 $\delta = r_2 - r_1$ 确定，即当

$$\delta = k\lambda \quad (k = 0, \pm 1, \pm 2, \cdots)$$

时 P 点的强度最强。对 P 点来说 δ 是恒定的，$\Delta\varphi =$ 常量，在考察的时间内，P 点的强度始终最大，P 点的两分振动始终相互加强，这称为**干涉相长**。式（14.17）称为干涉相长条件。

同样，当

$$\Delta\varphi = \varphi_2 - \varphi_1 - \frac{2\pi}{\lambda}(r_2 - r_1) = (2k + 1)\pi \quad (k = 0, \pm 1, \pm 2, \cdots) \tag{14.18}$$

时，各点的合振幅最小，其值 $A=|A_1-A_2|$，若 $A_1=A_2=A_0$，则 $A=0$，此处合成波的强度为零，称为**干涉相消**。式（14.18）称为干涉相消条件。若两波源的初相位相等，则干涉相消条件由波程差 $\delta=r_2-r_1$ 表示为

$$\delta=(2k+1)\frac{\lambda}{2}\quad(k=0,\pm1,\pm2,\cdots)$$

当波程差 δ 既不是波长的整数倍，也不是半波长的奇数倍时，合振幅的数值在最大值 $2A$ 和最小值零之间，其强度在 $4I_0\sim0$ 之间。也就是说，两列相干波在相遇空间干涉产生了稳定的两列波能量的重新分布。

干涉现象是波动特有的现象，它在光学、声学和许多工程学科中有着广泛的实际应用。例如在大礼堂、大剧院等的设计上，必须要考虑到声波的干涉，以避免内部某些区域的声音过强或过弱，而在噪声太强的地方又可需要利用干涉原理来降低噪声。

例 14.4 如图 14.18 所示，设同振幅为 A_0 的两相干波源 S_1、S_2 相距 $\lambda/4$，λ 为它们激发相干平面波在介质中的波长。如果 S_1 的振动相位比 S_2 超前 $\pi/2$，在不考虑介质吸收的情况下，求图中波线上两波源外侧 M、N 两点处质元振动的振幅。

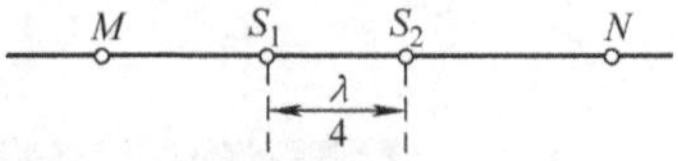

图 14.18 例 14.4 用图

解 两波源的振动传到 M 点，它们分别引起的 N 点同方向、同频率振动的相位差为

$$\Delta\varphi=\varphi_2-\varphi_1-\frac{2\pi}{\lambda}\delta=-\frac{\pi}{2}-\frac{2\pi}{\lambda}\cdot\frac{\lambda}{4}=-\pi$$

根据式（14.17）干涉相消条件，M 点质元振动的振幅为 $A=0$。可见在 S_1、S_2 连线左侧延长线上各点的质元均因干涉而静止。同理，由于 N 点处有

$$\Delta\varphi=\varphi_2-\varphi_1-\frac{2\pi}{\lambda}\delta=-\frac{\pi}{2}-\frac{2\pi}{\lambda}\cdot\left(-\frac{\lambda}{4}\right)=0$$

即两波源激发的相干波引起的 N 点同方向、同频率的两振动同相。根据式（14.17）干涉相长条件，N 点质元振动的振幅为 $A=2A_0$。也就是说，在 S_1、S_2 连线右侧延长线上各点的质元均因干涉而加强。

14.6.3 驻波现象

当简谐波沿一端固定的绳子传播时，反射波与入射波会相互干涉而形成一种特殊的波，称为**驻波**。驻波可用如图 14.19 所示的实验来演示。弦线的一端系在一个固定的音叉上，另一端经过一固定劈尖和系有砝码的一定滑轮，使弦线中有一定的张力。当音叉振动时，引起弦线上由左向右传播的入射波，入射波在固定点劈尖 B 处反射形成自右向 A 传播的反射波。弦线上能量损失很小，这样就形成了沿弦线相反方向传播的相干简谐波。调节弦线中的张力或调节劈尖 B 的位置，都可使弦线 AB 间因干涉而形成稳定的分段振动的特殊现象，这就是驻波。弦线上各点的振幅不同，有些点的振幅为零，即始终不动，它们被称为驻波的**波节**；有些点振幅最大，振动最强，它们被称为驻波的**波腹**。

弦驻波

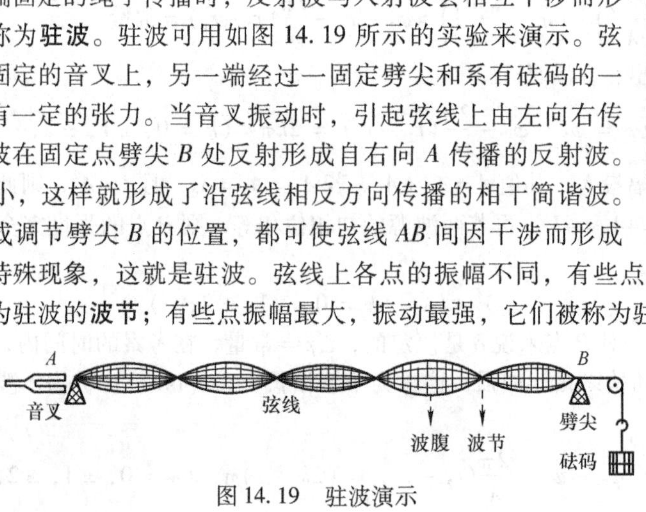

图 14.19 驻波演示

1. 驻波方程

设在同一介质中，沿 x 轴正、负向传播的振幅相同、频率相等、同方向振动的两列简谐波的波函数为

$$y_1 = A\cos\left(\omega t - \frac{2\pi}{\lambda}x\right)$$

$$y_2 = A\cos\left(\omega t + \frac{2\pi}{\lambda}x\right)$$

在两波相遇处各质元的合位移为

$$y = y_1 + y_2 = A\cos\left(\omega t - \frac{2\pi}{\lambda}x\right) + A\cos\left(\omega t + \frac{2\pi}{\lambda}x\right)$$

利用三角和差化积公式，可得

$$y = 2A\cos\left(\frac{2\pi}{\lambda}x\right)\cos\omega t \tag{14.19}$$

式（14.19）即为**驻波方程**。式中，$\cos\omega t$ 表示质元做简谐振动，$2A\cos\left(\frac{2\pi}{\lambda}x\right)$表明各质元的振幅不同，且随 x 做周期性变化。

另外，式（14.19）的驻波函数形式不满足 $y(x+u\Delta t, t+\Delta t) = y(x,t)$ 的行波关系，所以它不表示行波，实际表示的是系统各质元具有同频率但不具有同振幅的一种特殊振动形式。波腹对应于 $\left|\cos\left(\frac{2\pi}{\lambda}x\right)\right| = 1$，波节处对应于 $\cos\left(\frac{2\pi}{\lambda}x\right) = 0$。因此，波腹处为

$$x = k\frac{\lambda}{2} \quad (k = 0, \pm 1, \pm 2, \cdots) \tag{14.20}$$

其振幅为 $2A$。波节处为

$$x = (2k+1)\frac{\lambda}{4} \quad (k = 0, \pm 1, \pm 2, \cdots) \tag{14.21}$$

由式（14.20）和式（14.21）可以看出，相邻波节之间和相邻波腹之间的距离均为半波长 $\lambda/2$，相邻的波节和波腹之间的距离为 $\lambda/4$。λ 是相向传播的两平面简谐波的波长，也是合成驻波的波长。在图 14.19 所示的演示实验中，我们可以看到相邻波节之间的质元同时达到正最大位移处，同时通过各自平衡位置，又同时达到它们各自的负最大位移处，作为整体“一段”它们是同相地振动，因此 $2A\cos\left(\frac{2\pi}{\lambda}x\right)$具有相同的正号或负号。而在波节两侧 $2A\cos\left(\frac{2\pi}{\lambda}x\right)$符号相反，说明波节两侧相邻“两段”的振动反相。

2. 相位跃变（或半波损失）

在图 14.19 所示的演示实验中，还有一个重要现象是驻波在固定端 B 处是波节。从振动合成考虑，这意味着反射波与入射波的相位在此正好反相，或者说，入射波在反射时有**相位 π 的跃变**。由于 π 的相位突变相当于出现了半个波长的波程差，这种现象常称为**半波损失**。

一般情况下，入射波在两种介质分解面上反射时是否有半波损失，与波的种类、性质以及入射角的大小等因素有关。在波垂直于界面入射时，是否有半波损失由介质的密度和波速的乘积 ρu 来确定。两种介质相比较，ρu 较大的介质称为**波密介质**，ρu 较小的介质称为**波疏介质**。当波从波疏介质垂直入射到波密介质界面上反射时，有半波损失；当波从波密介质垂直入射到波疏介质界面上反射时，没有半波损失。如果是由于界面反射而形成驻波，有半波损失时界面处一定是驻波的波节，无半波损失时，比如波在自由端反射而形成驻波，那界面处将是驻波的波腹。

3. 振动的简正模式

对于两个相互独立的波源，保证它们具有相同的频率和固定的相位差十分困难。我们经常看到的驻波常常是一列前进波与它在某一界面的反射波叠加而成。如果把长度为 L 的弦线的两端固定，使它具有一定的张力，当拨动弦线时，弦线中就产生来回的波，它们在弦线上就合成后形成驻波，固定的两端一定是波节。由于驻波的波节之间的距离一定是 $\lambda/2$ 的整数倍，因此弦线长度 L 与弦线上驻波波长 λ 的关系是

$$L = n\frac{\lambda_n}{2} \quad (n = 1,2,3,\cdots) \tag{14.22}$$

λ_n 表示与某一 n 值对应的驻波波长。这说明不是任意波长的波都能在此弦线中形成驻波，只有那些波长满足 $\lambda_n = 2L/n$ 的波才能在具有一定张力 F 弦线上形成驻波。前面已提到弦线中的波速为 $u = \sqrt{T/\rho_l}$（ρ_l 为其质量线密度），由 $u = \nu\lambda$，相应 λ_n 的频率为

$$\nu_n = n\frac{u}{2L} = \frac{n}{2L}\sqrt{\frac{T}{\rho_l}} \quad (n = 0,1,2,\cdots) \tag{14.23}$$

其中每一个频率对应于整个弦线的一种可能的振动方式，这些频率叫作弦振动的固有频率或**本征频率**，由这些频率决定的振动方式称为弦线振动的**简正模式**。本征频率中最低的频率 ν_1 称为**基频**，其他较高的频率 ν_2、ν_3、…都是基频的整数倍，分别依次被称为二次、三次等**谐频**。

以上我们分析了两端固定形成驻波的情况。假如一端固定，一端开放情况又如何呢？是否可以形成驻波，其简振模式是什么？请读者自己思考。

一个驻波系统具有多种振动模式，系统按哪种模式振动取决于初始条件，一般情况下的系统振动是它简正模式的叠加。比如，当拨动弦乐器的弦线时，它发出的乐声中就包含了各种简正模式，其中基频确定了音调，谐频确定了音色。

4. 驻波的能量

驻波振动的特点是“分段振动”，如图 14.19 所示。当弦线上各质元都达到自己的最大位移时，振动速度都为零，因而动能都为零，但此时弦线各段都有了不同程度的形变，且靠近波节处具有最大的相对形变，系统具有集中于波节处的最大势能。当介质所有质元同时达到自己的平衡位置时，系统的相对形变为零，系统的势能为零，而所有质元都具有自己相应的最大速度，并且波腹附近质元的速度相对最大，此时驻波系统具有集中于波腹附近的最大动能。因此，驻波系统在振动过程中，其动能和势能不断转换，不断地由波腹附近转移到波节附近，再由波节附近转移到波腹附近。整体来看，驻波系统的能量没有定向的传播，不存在单一方向上的能流，这也体现了“驻波”之意。形成驻波的沿 x 轴正、负向传播的两相干波能流密度相等，合成驻波的能流一定为零。

例 14.5 如图 14.20 所示，向右传播的入射波表达式为 $y_{入} = A\cos\left(\omega t - \frac{2\pi}{\lambda}x\right)$，在 $x=0$ 处遇墙反射，存在半波损失现象。设波不衰减，求驻波的表达式以及波线上波节的坐标位置。

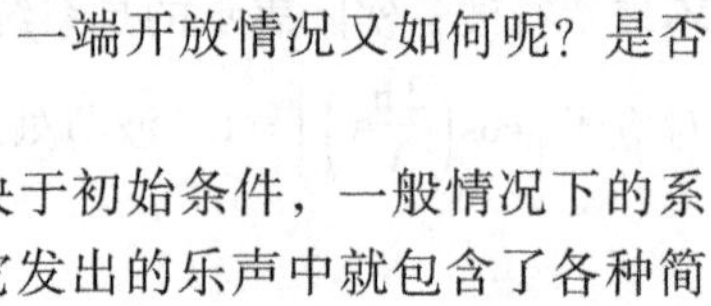

图 14.20 例 14.5 用图

解 入射波在 $x=0$ 处引起的振动方程为 $y_{10} = A\cos\omega t$，由于存在半波损失，所以反射波在 O 点的振动方程为 $y_{20} = A\cos(\omega t - \pi)$，反射波的波函数为

$$y_{反} = A\cos\left(\omega t + \frac{2\pi}{\lambda}x - \pi\right)$$

合成驻波的方程为

$$y = y_入 + y_反 = A\cos\left(\omega t - \frac{2\pi}{\lambda}x\right) + A\cos\left(\omega t + \frac{2\pi}{\lambda}x - \pi\right)$$

$$= 2A\cos\left(\frac{2\pi}{\lambda}x - \frac{\pi}{2}\right)\cos\left(\omega t - \frac{\pi}{2}\right)$$

$$= 2A\sin\left(\frac{2\pi}{\lambda}x\right)\sin\omega t$$

由于存在半波损失现象，$x=0$ 处一定是波节。相邻波节距离为 $\lambda/2$，所以波节的坐标为

$$x = 0, -\frac{\lambda}{2}, -\lambda, -\frac{3\lambda}{2}, -2\lambda, \cdots$$

14.7　多普勒效应

当火车进站时，我们听到火车鸣笛声不仅越来越大，而且音调升高；当列车离去时，火车鸣笛声不仅越来越小，而且音调降低。反之，如果声源不动而观察者运动，或者声源和观察者都在运动，就会发生观察者接收到的频率与波源频率不一致的现象。这种由于波源或观察者的运动而出现观测频率与波源频率不同的现象，称为**多普勒效应**，是奥地利物理学家多普勒在1842 年发现的。对于机械波来讲，运动和静止都是相对于介质而言的。下面分几种情况来讨论。

1. 相对于介质接收器不动，波源以速度 $\boldsymbol{v}_S$ 运动

为方便起见，我们假定波源和接收器处于一条直线上，并设波源的频率为 ν_S，波的频率为 ν，接收器接收到的频率为 ν_R。

因为接收器相对介质静止，所以每秒通过介质中某一点的“完整波”的个数等于接收器单位时间内接收到的“完整波”的个数，即波的频率等于接收器接收到的频率，有 $\nu=\nu_R$。若波源 S 以相对介质的速度 v_S 向着接收器 R 运动，它在振动一个周期内所发出的两个相同的（相位差 2π）的振动状态是在不同地点发出的，如图 14.21 所示，如果用 T_S 表示波源的振动周期，则这两个地点相隔的距离为 v_ST_S。由图可清楚看出，若用 λ_0 表示波源相对介质静止时在介质中的波长，现在介质中的波长变为 $\lambda=\lambda_0-v_ST_S$，波源运动前方介质中的波长变短。因为波在介质中的波速 u 与波源运动无关，所以有 $u=\nu_S\lambda=\nu\lambda_0$，因为此时有 $\nu=\nu_R$，接收器接收到的波的频率 ν_R 为

$$\nu_R = \frac{u}{\lambda} = \frac{u}{\lambda_0 - v_ST_S} = \frac{u}{(u-v_S)T_S} = \frac{u}{u-v_S}\nu_S \tag{14.24}$$

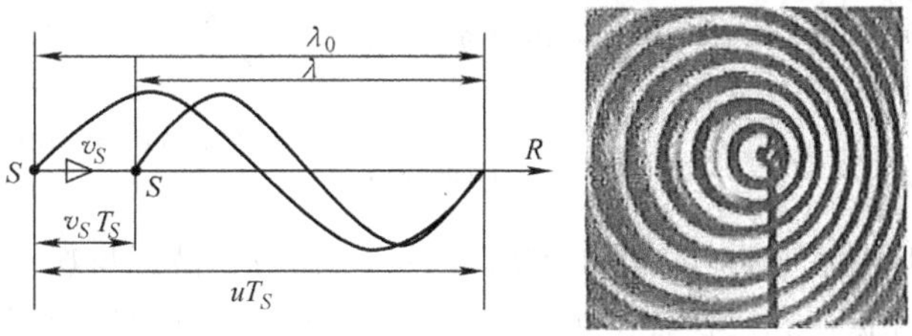

图 14.21　波源运动的前方波长变

接收器接收到的波的频率大于波源频率。这就是高速行驶的火车鸣笛迎面开来时笛声音调比火车静止时要高的原因。当火车鸣笛离去时，相当于波源远离同一直线上的接收器而运动，由于波源后方的波长变长，故接收器接收到的频率 ν_R 应为

$$\nu_R = \frac{u}{u+v_S}\nu_S \tag{14.25}$$

它小于波源频率，所以火车鸣笛离去时笛声音调变低。

2. 相对介质波源不动，接收器以速度$\boldsymbol{v}_R$运动

波源不动，因此有 $\nu_S=\nu$。若接收器以 v_R 向着波源靠近，如图 14.22 所示，由于波速为 u，所以单位时间内它接收到的完整波的个数等于波传播方向上 $u+v_R$ 距离内包含的完整波的个数，而此时介质中的波长是 λ，所以接收器接收到的波的频率为

$$\nu_R = \frac{u+v_R}{\lambda} = \frac{u+v_R}{u/\nu} = \frac{u+v_R}{u}\nu_S \tag{14.26}$$

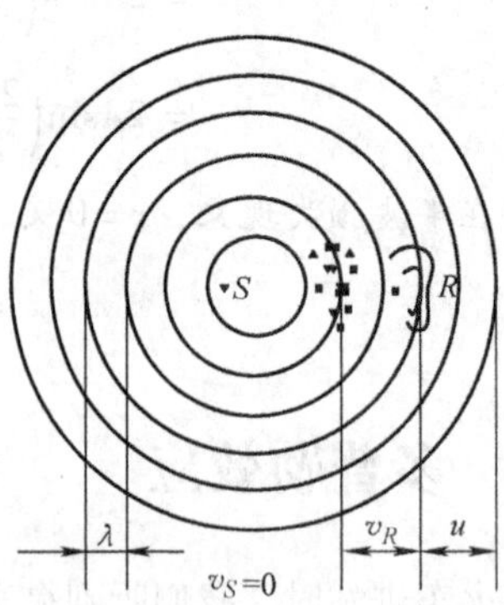

图 14.22 波源静止时的多普勒效应

它大于波源的频率。当接收器以 $v_R<u$ 的速度离开波源运动时，它单位时间内所接收到的波的频率只是 $u-v_R$ 范围内包含的完整波的个数，同样因有 $\nu_S=\nu$，所以此时的 ν_R 为

$$\nu_R = \frac{u-v_R}{\lambda} = \frac{u-v_R}{u/\nu} = \frac{u-v_R}{u}\nu_S \tag{14.27}$$

接受器接收到的波的频率小于波源的频率。

3. 相对于介质波源和接受器分别以速度$\boldsymbol{v}_S$和$\boldsymbol{v}_R$同时运动

波源的运动使得其运动前方的介质中波长变短，接受器的运动使得它在单位时间内的接收范围得到扩大。若波源和接受器相向运动（$v_S<u$），综合以上两种情况，可得

$$\nu_R = \frac{u+v_R}{u-v_S}\nu_S \tag{14.28}$$

接收器接受频率大于波源频率。同理，当波源和接受器彼此离开时，接收器接收到的波的频率 ν_R 为

$$\nu_R = \frac{u-v_R}{u+v_S}\nu_S \tag{14.29}$$

它小于波源的频率。

以上所谈均是波源与观察者的连线以及二者速度矢量在同一直线上。如果它们不在同一直线上，如图 14.23 所示，分别用 θ_S 和 θ_R 表示波源速度和观察者速度与波源连线的夹角，则有

$$\nu_R = \frac{u+v_R\cos\theta_R}{u-v_S\cos\theta_S}\nu_S \tag{14.30}$$

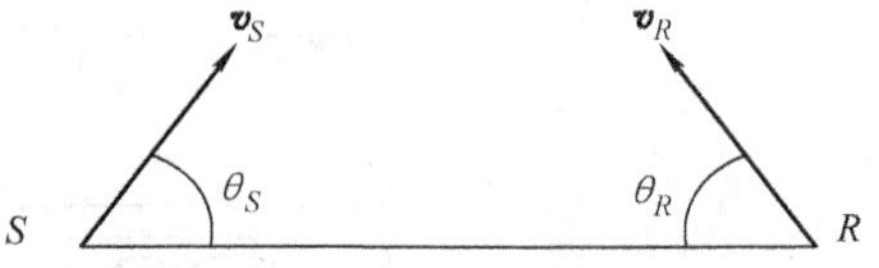

图 14.23 $\boldsymbol{v}_S$ 和$\boldsymbol{v}_R$ 不在一条直线上

当 $\theta_S=\theta_R=0$ 时，表明波源与观察者相向运动；若 $\theta_S=\theta_R=\pi$，波源与观察者相背运动。

上面所讨论的由于波源和接收器在同一直线上相对介质运动速度引起的多普勒效应，又称为**纵向多普勒效应**。电磁波的传播不需要介质，它们传播时也存在多普勒效应，用相对论可以证明光的纵向多普勒效应只与光源和接收器的相对速度 v 有关，如果二者相互接近，则有

$$\nu_R = \sqrt{\frac{1+v/c}{1-v/c}}\nu_S \tag{14.31}$$

当它们相互远离时，有

$$\nu_R = \sqrt{\frac{1 - v/c}{1 + v/c}}\nu_S \tag{14.32}$$

由式（14.31）可知，当光源远离接收器时，接受到的频率变小，因而波长变长。这种现象叫作“红移”，因为在可见光谱中接收到的可见光的波长因多普勒效应而移向红色一端。通过来自星球的光谱与地球上相同元素光谱的比较，观测发现星球光谱普遍存在红移现象，正因如此，红移现象被用来作为宇宙“大爆炸”理论的重要证据。多普勒效应在科学技术、空间技术、医疗诊断等方面有着广泛的应用。比如，利用多普勒效应制成的雷达系统可以十分准确而有效地跟踪运动目标（如车辆、舰船、导弹和人造卫星等），利用超声波的多普勒效应可以对人体心脏的跳动以及其他内脏的活动进行检查，对血液流动情况进行测定等。

最后，我们要提到的是对于机械波，当波源以 $v_R > u$ 的速度运动时，式（14.29）失去了意义，因为在波源前方不可能有任何波动产生，所有的波前都被积压在一圆锥面上，称为**马赫锥**，如图14.24所示。在这圆锥面上，波的能量高度集中，极具破坏性。当飞机、子弹等以超音速飞行时，都会激起这种波，称为**冲击波**。强冲击波到达之处，空气压强突然增大，会造成窗玻璃的碎裂，甚至建筑物的倒塌，这种现象称为**声爆**。当带粒子在介质中以超过介质中光速（小于真空中光速 c）运动时，会激发锥形的电磁辐射，这种辐射**称为切连科夫辐射**。类似的马赫锥现象在水面上也可看到，当船速超过水面波的波速时，在船后会激起以船为顶端的 V 形波，被称为**舷波**。

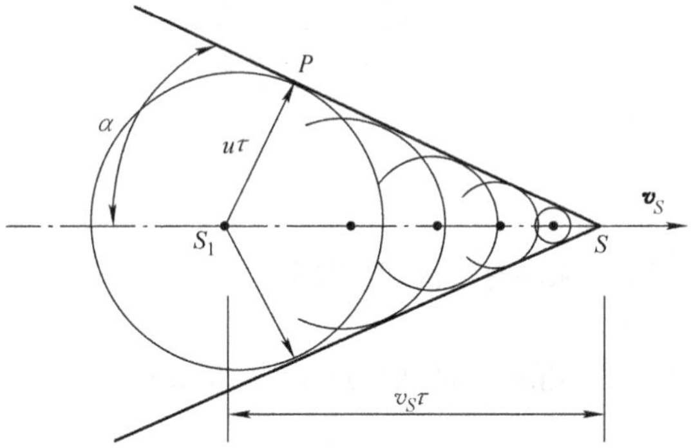

图14.24　冲击波的产生

例14.6　一消防车发出的紧急鸣笛声是频率为1520Hz的声波，并且以25m/s的速度向某方向开去。一汽车跟在其后，以20m/s的速度朝同一方向行驶。设风速很小，求汽车驾驶员听到紧急鸣笛声的频率以及在笛声后面空气中的波长。笛声在空气中的传播速度为340m/s。

解　消防车是远离驾驶员运动的，驾驶员是靠近消防车运动的。消防车的远离使得其后驾驶员接收到的在空气中的波的波长变大，驾驶员的靠近使得他单位时间内接收声波的距离变大。由式（14.25）和式（14.26）联合考虑，驾驶员接收到的紧急鸣笛声的频率为

$$\nu_R = \frac{u + v_R}{u + v_S}\nu_S = \frac{340 + 20}{340 + 25} \times 1520\text{Hz} = 1499\text{Hz}$$

紧急笛声在后面空气中的频率为

$$\nu = \frac{u}{u + v_S}\nu_S = \frac{340}{340 + 25} \times 1520\text{Hz} = 1416\text{Hz}$$

其波长为

$$\lambda = \frac{u}{\nu} = \frac{u + v_S}{\nu_S} = \frac{340 + 25}{1520}\text{m} = 0.24\text{m}$$

本章思维导图

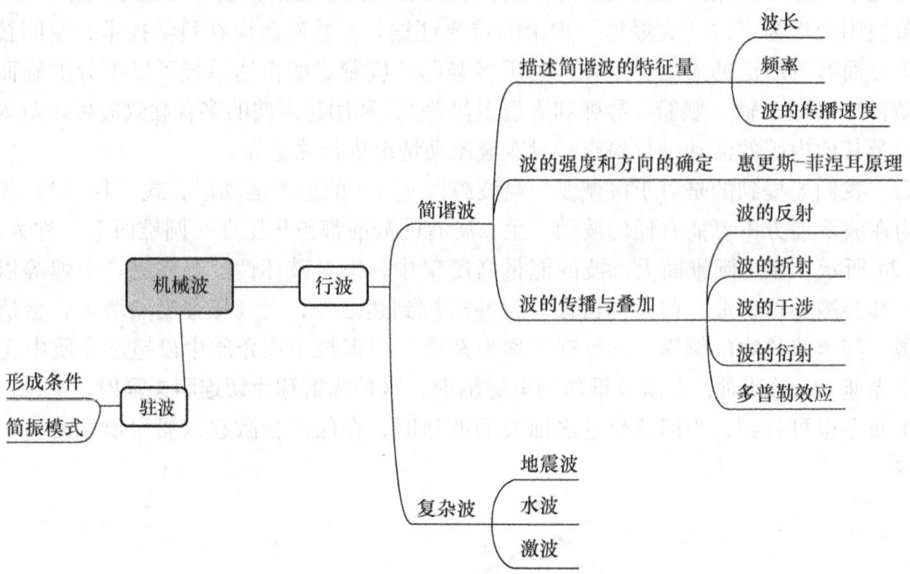

思　考　题

14.1　什么是波动？波动与振动有何区别与联系？

14.2　横波与纵波有什么区别？

14.3　沿简谐波的传播方向相隔 Δx 的两质点在同一时刻的相位差是多少？分别以波长 λ 和波数 k 来表示。

14.4　设某时刻横波波形曲线如图 14.25 所示，试分别用箭头表示出图中 A、B、C、D、E、F、G、H、I 等质点在该时刻的运动方向，并画出经过 $T/4$ 周期后的波形曲线。

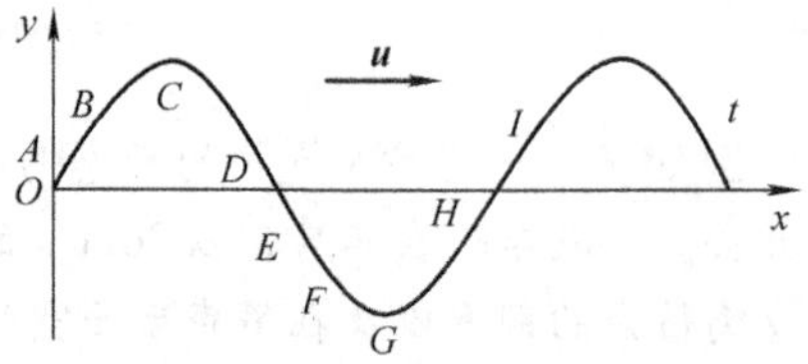

图 14.25　思考题 14.4 用图

14.5　波形曲线与振动曲线有什么不同？

14.6　机械波的波长、频率、周期和波速四个量中，

（1）在同一介质中，哪些量是不变的？

（2）当波从一种介质进入另一种介质时，哪些量是不变的？

14.7　为什么在没有看见火车和听到火车鸣笛的情况下，把耳朵贴靠在铁轨上可以判断远处是否有火车驶来？提示（声波在空气中的传播速度大约 300m/s，在铁轨中的传播速度超过 5000m/s）

14.8　当两波叠加产生干涉时，试分析：在什么情况下两相干波干涉加强？在什么情况下干涉减弱？

14.9　试判断下面几种说法，哪些是正确的？哪些是错误的？

(1) 机械振动一定能产生机械波;

(2) 质点振动的速度是和波的传播速度相等的;

(3) 质点振动的周期和波的周期数值是相等的;

(4) 波动方程式中的坐标原点是选取在波源位置上的。

14.10 波动的能量与哪些物理量有关?机械波可以传送能量,机械波能传送动量吗?

14.11 拉紧的橡皮绳上传播横波时,在同一时刻,何处动能密度最大?何处弹性势能密度最大?何处总能量密度最大?何处这些能量密度最小?

14.12 当地震发生时,你站在地面上,P 波(即纵波)怎样摇晃你?S 波(即横波)怎样摇晃你?你先感到哪种摇晃?

14.13 曾经说过,波在传播时,介质的质元并不随波迁移,但在小河水面上有波形成时,可以看到漂在水面上的树叶沿水波前进的方向移动,这是为什么?

14.14 驻波有什么特点?

14.15 怎样理解"半波损失"?

14.16 驻波的能量有没有定向流动?为什么?

14.17 波源向着观察者运动和观察者向着波源运动,都会产生频率增高的多普勒效应,这两种情况有什么区别?如果两种情况下的运动速度相同,接收器接收的频率会不同吗?

14.18 有两列频率相同的光波在空间相遇叠加后,若产生干涉,那么两列波在相遇处应具备什么条件?

习 题

14.1 已知平面简谐波的表达式为 $y=A\cos(Bt-Cx)$,式中,A、B、C 为正值常量。求:

(1) 此波的波长,波速;

(2) 在波传播方向上相距为 L 的两点的振动相位差。

14.2 波源做简谐运动,其运动方程为 $y=4\times10^{-3}\cos(240\pi t)$,它所形成的波以 30m/s 的速度沿一直线传播。

(1) 求波的周期和波长;

(2) 写出波动方程。

14.3 已知一沿 x 轴正向传播的平面余弦波,当 $t=\dfrac{1}{3}$s 时的波形如图 14.26 所示,且周期 $T=2$s。求

(1) O 点处质点振动的初相位;

(2) 该波的波动方程;

(3) P 点处质点振动的初相位及振动方程。

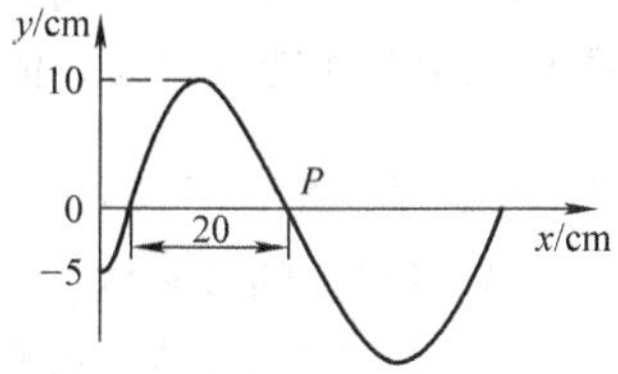

图 14.26 习题 14.3 用图

14.4 如图 14.27 所示,两相干波源 A 和 B 发出波长为 λ 的简谐波,并且两波源的振动方向均垂直于图面。S 点是两列波相遇区域中的一点,已知$\overline{AS}=2\lambda$,$\overline{BS}=3\lambda$,两列波在 S 点发生相消干涉。若 A 点的振动方程为 $y_1=A\cos\left(3\pi t+\dfrac{\pi}{4}\right)$,求 B 点的振动方程。

14.5 如图 14.28 所示,由波源 O 处分别向左右两边传播振幅为 A、波长为 λ、频率为 ν 的简谐波,波源 O 处与反射面 PP'之间的距离为$\dfrac{5}{4}\lambda$,PP'为波密介质界面,假设从波密介质界面

发生全反射，试写出波源 O 两边合成波的波函数。

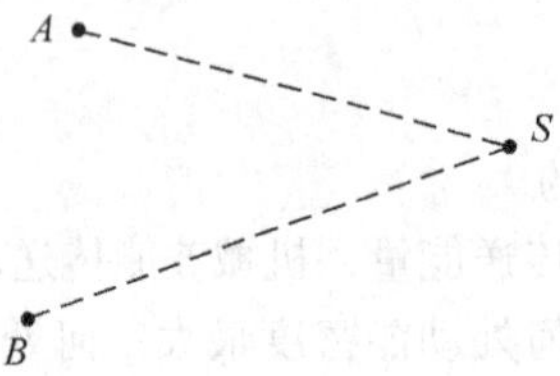

图 14.27 习题 14.4 用图

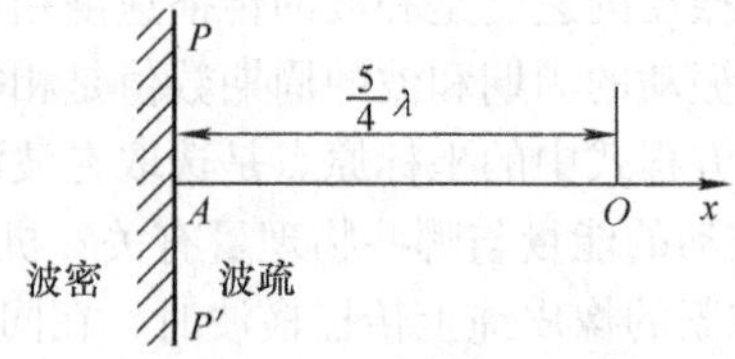

图 14.28 习题 14.5 用图

14.6 如图 14.29 所示为一平面简谐波在 $t=0$ 时刻的波形图，求：

（1）该波的波动表达式；

（2）P 处质点的振动方程。

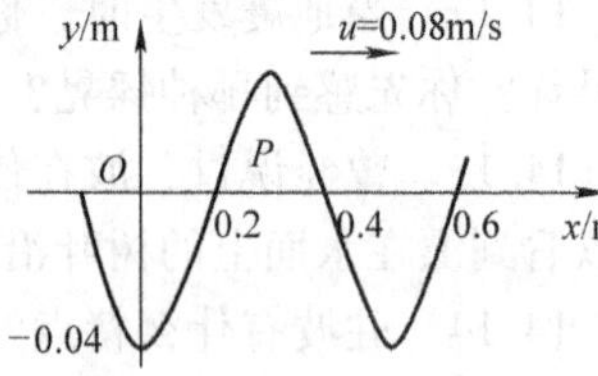

图 14.29 习题 14.6 用图

14.7 两个相干波源 S_1 和 S_2 的振动方程分别是 $y_1=A\cos\omega t$ 和 $y_2=A\cos\left(\omega t+\dfrac{1}{2}\pi\right)$。$S_1$ 距 P 点 3 个波长，S_2 距 P 点 $\dfrac{21}{4}$ 个波长。问两波在 P 点引起的两个振动的相位差是多少？

14.8 已知波长为 λ 的平面简谐波沿 x 轴负方向传播。在 $x=\lambda/4$ 处质点的振动方程为 $y=A\cos\dfrac{2\pi}{\lambda}ut$（SI）。求：

（1）该平面简谐波的表达式；

（2）画出 $t=T$ 时刻的波形图。

14.9 一列横波在绳索上传播，其表达式为 $y_1=0.05\cos\left(2\pi t-\dfrac{\pi}{4}x\right)$，

（1）另一列横波与上述已知横波在绳索上叠加形成驻波，设这一横波在 $x=0$ 处与已知横波同相位，求该波的表达式；

（2）求驻波表达式并写出各波节的位置。

14.10 有一波在介质中传播，其波速为 $u=1.0\times10^3\text{m/s}$，振幅为 $A=1.0\times10^{-4}\text{m}$，频率为 $\nu=1.0\times10^3\text{Hz}$。若介质的密度为 $\rho=8.0\times10^2\text{kg/m}^3$，求：

（1）该波的能流密度；

（2）1min 内垂直通过面积为 $4.0\times10^{-4}\text{m}^2$ 的总能量。

*14.11 已知一平面简谐波沿 x 正方向传播，在 $x=L$ 处有一理想的反射面，即入射波在此反射面反射时无能量损失，但出现半波损失。如果入射波经过坐标原点时质点的振动为 $y=A\cos\left(\omega t-\dfrac{\pi}{2}\right)$，试求：

（1）反射波的波函数；

（2）合成波的波节、波腹位置。

14.12 一驻波波函数为 $y=0.02\cos20x\cos750t$，问：

（1）形成此驻波的两行波的振幅和波速各为多少？

（2）相邻两波节间的距离多大？

14.13 （1）已知一波源的振动频率为 2040Hz，当波源以速度 v_S 向墙壁接近时，观测者在波源后方测得的拍频为 $\Delta\nu=3\text{Hz}$，设声速为 340m/s，试求波源移动的速度 v_S。

（2）如果（1）中的波源不动，现以一反射面来代替墙壁，设反射面以速度 $v_R=20\text{cm/s}$ 向观测者接近，此时观测者所测到的拍频为 $\Delta\nu'=4\text{Hz}$，试求波源的频率。

第5篇 光 学

自现在起，开始学习光学。光学的研究可以追溯到两千多年前，我国古代在几何光学方面长期处于世界领先地位，春秋战国时期的典籍《墨经》中记载了世界上最早的光学实验和成像知识，如小孔成像、光的反射和折射等。

近代光学的发展一直伴随着对光的本质的研究。17 世纪开始，牛顿、笛卡儿等持射流说（微粒说），认为光是按惯性定律沿直线飞行的微粒，该学说能够解释光的直线传播、光的反射和折射，但不能解释光的干涉和衍射现象。惠更斯提出光的波动理论，认为光是在一种特殊介质中传播的机械波。从 1800 年起，托马斯·杨和菲涅耳通过实验和进一步的理论工作，验证了光的波动理论，成功解释了光的干涉和衍射。但当时光的波动理论把光看作是机械波，认为其传播需要媒介，于是臆想出“以太”，认为“以太”正是光波的传播介质，然而后来的实验和理论都证明“以太”并不存在。

19 世纪 60 年代，麦克斯韦建立了电磁场理论，预言了电磁波的存在，并指出电磁波的传播速度等于光速，他确信光的本质是电磁波。1887 年，赫兹通过实验证实了电磁波的存在，并测定了电磁波的速度，与麦克斯韦的理论预言完全相符。19 世纪末的迈克耳孙－莫雷实验进一步证实了电磁波（光波）是一种可独立存在的物质，其传播不需要媒质。至此，光的电磁理论以大量无可辩驳的事实赢得了公认。日常生活中所涉及的光通常是指可见光，即能引起人的视觉的电磁波，其频率在 $3.9\times10^{14}\sim8.6\times10^{14}$ Hz 之间。随着科学技术的发展和实验条件的完善，到 19 世纪末发现了黑体辐射实验和光电效应实验规律。1900 年普朗克提出了能量子假说，成功解释了黑体辐射实验规律，1905 年爱因斯坦提出了光子学说，成功解释了光电效应实验规律。这意味着就其本质而言，光也是一种粒子。那么，光究竟是波还是粒子呢？应该说光既是波又是粒子，具有波粒二象性。光在某些条件下表现出粒子性，在另一些条件下表现出波动性，两种性质虽寓于同一客体中，却不能同时表现出来，这便是光的本质。

同自己握手

本篇主要介绍经典光学，光子说的相关内容放在近代物理部分。经典光学通常分为两大部分：几何光学和波动光学。当光的波长可视为极短，其波动效应不明显时，可把光的能量看成是沿着一根根光线传播的，遵从直线传播、反射及折射等定律，这便是几何光学。光的干涉、衍射、偏振等波动特性规律的研究，称为波动光学。实际上，几何光学是波动光学在一定条件下的近似。作为光学的开篇，首先介绍几何光学。

第 15 章 几何光学

几何光学是以光的直线传播为基础，研究光的传播和成像规律的一个重要的实用性分支学科。

15.1 几何光学的基本原理

几何光学的理论基础是由实际观察和直接实验得到的光的直线传播定律、光的独立传播定律及光的反射定律和折射定律，下面一一介绍。

所谓**光的直线传播定律**是指在均匀各向同性介质中，光沿直线传播。如针孔成像就是光沿直线传播的结果。

光的独立传播定律是指自不同方向或由不同物体发出的光线在介质中相遇后，各自保持原来的性质和传播方向继续传播，互不影响。

关于**光的反射和折射定律**，如图 15.1 所示，当光线由一种介质进入另一种介质时，光线在两种介质的分界面上被分为反射光线和折射光线，对于这两条光线的传播方向，表述如下：

反射定律：入射光线、分界面法线和反射光线三者处于同一平面上，入射光线和反射光线分居于法线两侧，入射角等于反射角。

折射定律：入射光线、分界面法线和折射光线三者处于同一平面上，入射角和折射角满足：

$$\frac{\sin i}{\sin\gamma} = \frac{n_2}{n_1} = n_{21} \tag{15.1}$$

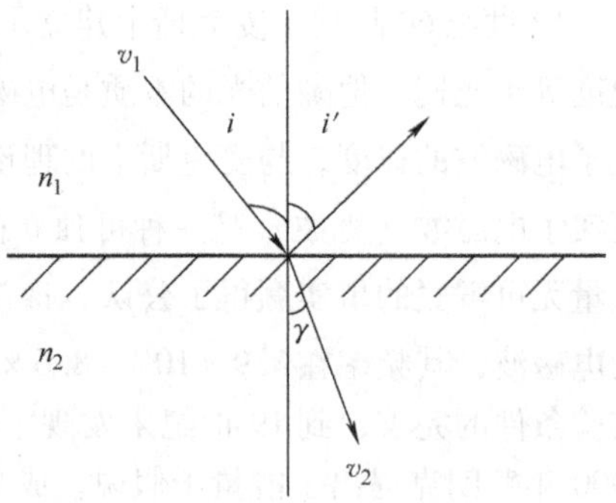

图 15.1　光的反射和折射定律

介质相对于真空的折射率称为介质的绝对折射率，简称折射率，定义为

$$n = \frac{c}{v}$$

其中，c 是真空中的光速；v 是光在介质的传播速度；n_{21} 是介质 2 相对于介质 1 的相对折射率。两种介质相比较，折射率大的介质，光在其中传播的速度小，称为光密介质；折射率小的介质，光在其中传播速度大，称为光疏介质。

$$n_{21} = \frac{n_2}{n_1} = \frac{v_1}{v_2}$$

折射定律也可表示为

$$n_1 \sin i = n_2 \sin\gamma$$

当 $n_1 > n_2$ 时，有 $i < \gamma$。我们把折射角为 90°时的入射角叫作临界角，用 i_c 表示则

$$\sin i_c = \frac{n_2}{n_1} \tag{15.2}$$

当入射角大于临界角时，将不会出现折射光，入射光的能量全部反射回原来介质，这种现象叫作**全反射**。光纤就是依据光的全反射原理工作的，如图15.2所示。

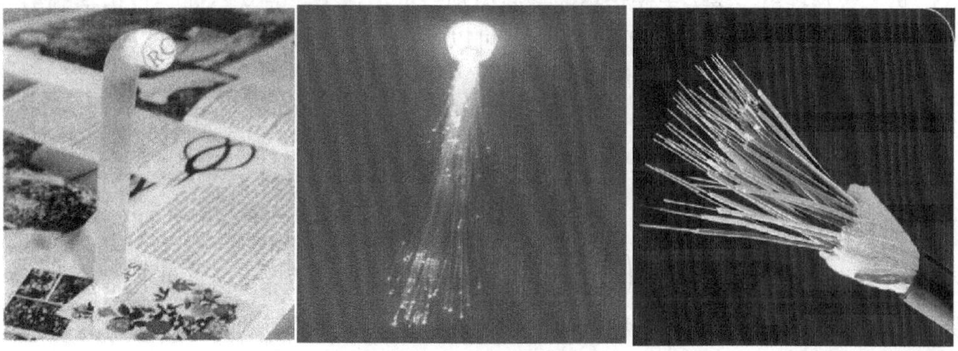

图15.2　光导纤维

根据折射定律可以实现分光或改变光路，较为常用的元件是棱镜，它由多个平面界面组合而成。如图15.3所示，当光通过棱镜时，产生两个或两个以上界面的连续折射，传播方向发生偏折，从而实现分光或改变光路，常用的棱镜是三棱镜。

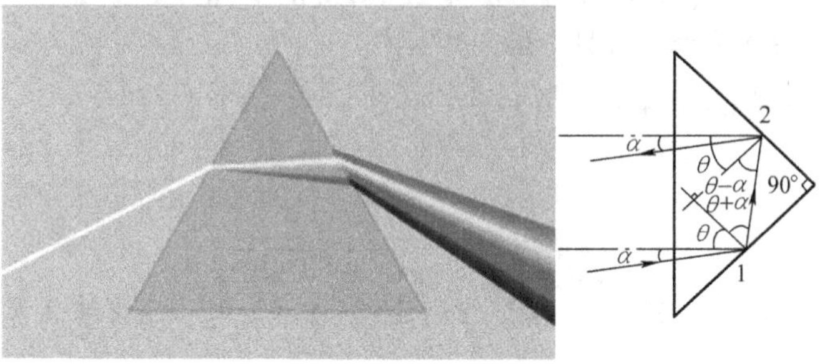

图15.3　三棱镜分光、直角棱镜改变光路

15.2　共轴理想光学系统的成像

15.2.1　光程

光在介质中走的几何路程 r 与介质折射率 n 的乘积称为光程，用 l 表示，如图15.4所示。

$$l = nr \tag{15.3}$$

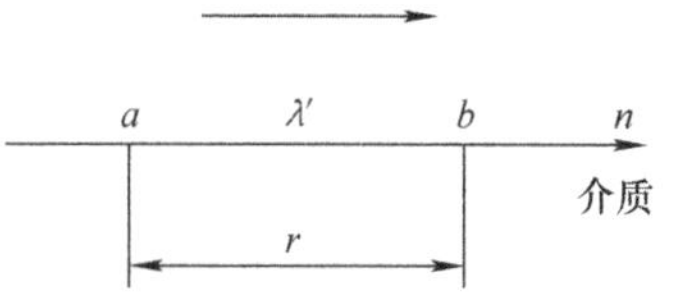

图15.4　光程

光程的物理意义：光在介质中通过真实路程，在数值上等于光以真空中的速度在所需时间内能传播的路程。光程是一个折算量，把在介质中光传播的路程折算到在真空中光传播的路程。

对于非均匀介质，光程计算式为

$$l = \int_r n\mathrm{d}r \tag{15.4}$$

15.2.2 费马原理

1657 年，费马提出一条关于光传播的普遍原理，可表述为：光从空间一点传播到另一点将循着这样一条路径，光沿所需要时间为极值（可以是极大值、极小值，也可以是常量）的路径传播。即光沿着光程为极值的路径传播。

所需时间为

$$t = \frac{1}{c}\int_r n\mathrm{d}r$$

时间有极值的条件为

$$\mathrm{d}t = \mathrm{d}\left(\frac{1}{c}\int_r n\mathrm{d}r\right) = 0, \text{或 } \mathrm{d}l = \mathrm{d}\int_r n\mathrm{d}r = 0 \tag{15.5}$$

费马原理表明光线沿光程为平稳值的路径传播。例如，光的直线传播、反射和折射中要求光程是极小值；凹球面镜反射要求光程是极大值；透镜成像系统的物像关系要求光程是常量，即由物点发出的所有光线经过透镜均应以相等的光程到达像点。

例 15.1 用费马原理证明反射定律和折射定律

证明 (1) 如图 15.5 所示，A、B 是折射率为 n 的均匀介质中的两点，有一光线 APB，其光程为

$$l(APB) = n\sqrt{a^2 + x^2} + n\sqrt{b^2 + (d - x)^2}$$

根据费马原理，这个光程应为极小值，所以

$$\frac{\mathrm{d}l}{\mathrm{d}x} = \frac{1}{2}n\,(a^2 + x^2)^{-\frac{1}{2}}(2x) - n\,[b^2 + (d - x)^2]^{-\frac{1}{2}}(d - x) = 0$$

得到

$$\frac{x}{\sqrt{a^2 + x^2}} = \frac{d - x}{\sqrt{b^2 + (d - x)^2}}$$

由图 15.5 可知，上式即为 $\sin i = \sin i'$，即 $i = i'$。由此可见，满足费马原理，必然满足反射定律。

(2) 如图 15.6 所示，有 $A(0,y_A)$、$O(x,0)$、$B(x_B,y_B)$，

$$l = n_1 AO + n_2 OB = n_1\sqrt{x^2 + y_A^2} + n_2\sqrt{(x_B - x)^2 + y_B^2}$$

$$\frac{\mathrm{d}l}{\mathrm{d}x} = \frac{n_1 x}{\sqrt{x^2 + y_A^2}} - \frac{n_2(x_B - x)}{\sqrt{(x_B - x)^2 + y_B^2}} = 0$$

即

$$n_1 \sin i = n_2 \sin\gamma$$

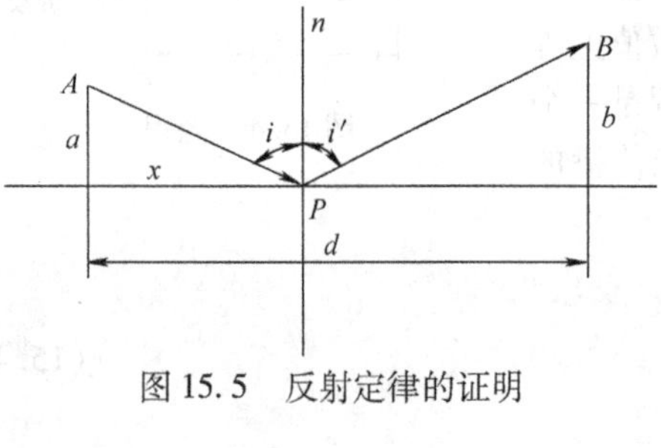

图 15.5 反射定律的证明

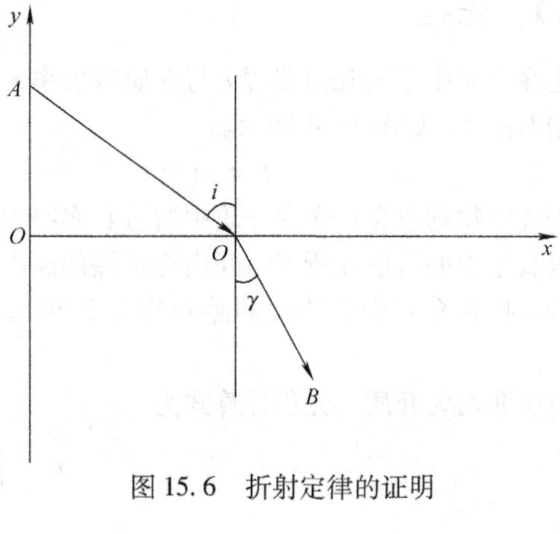

图 15.6 折射定律的证明

15.2.3　光在单球面上的傍轴成像

在图 15.7 中，光学系统的对称轴叫作光轴，球面上中心点 O 与球心（曲率中心点）C 的连线叫作主光轴，通过曲率中心的直线叫作副光轴。与光轴夹角较小、并靠近光轴的光线叫作傍轴光线。假设 P 点是物点，用 p 表示物距；Q 点是像点，用 q 表示像距。

符号规定：沿着光线前进的方向，物点在镜前，物距大于零；物点在镜后，物距小于零。沿着光线前进的方向，像点在镜前，像距大于零；像点在镜后，像距小于零。凹面镜的曲率半径大于零；凸面镜的曲率半径小于零。

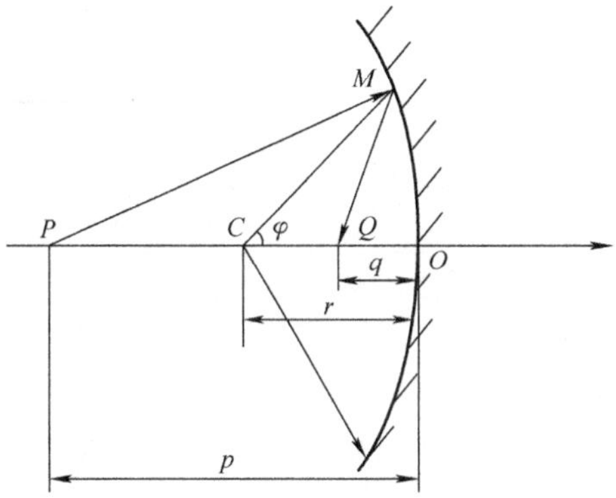

图 15.7　光在单球面上的傍轴成像

首先介绍**单球面镜傍轴反射成像**。在图 15.7 中，

$$l(PMQ) = PM + MQ = \sqrt{r^2+(p-r)^2+2r(p-r)\cos(\pi-\varphi)} + \sqrt{r^2+(r-q)^2+2r(r-q)\cos\varphi}$$

$$= \sqrt{p^2+4r(r-p)\sin^2\frac{\varphi}{2}} + \sqrt{q^2+4r(r-q)\sin^2\frac{\varphi}{2}}$$

根据费马原理，$\dfrac{\mathrm{d}l}{\mathrm{d}\varphi}=0$，即

$$\frac{r-p}{\sqrt{p^2+4r(r-p)\sin^2\frac{\varphi}{2}}} = \frac{q-r}{\sqrt{q^2+4r(r-q)\sin^2\frac{\varphi}{2}}}$$

在傍轴近似条件下，$\varphi\to0$，上式变为

$$\frac{1}{p}+\frac{1}{q}=\frac{2}{r} \tag{15.6}$$

当 $p\to\infty$ 时，即入射光线平行于主光轴时，有

$$q=\frac{r}{2}$$

可见，平行于主光轴的光束经球面反射后，将在光轴上汇聚成一点，该像点称为反射球面的焦点。定点 O 到焦点 F 的距离 f 称为焦距，显然

$$f=\frac{r}{2} \tag{15.7}$$

过焦点且垂直主光轴的平面称为焦平面，平行光束经球面镜反射成像于焦平面上。图 15.8 所示为凹面镜反射和凸面镜反射。

将式（15.7）代入式（15.6）中，可得傍轴光线条件下球面反射的物像公式

$$\frac{1}{p}+\frac{1}{q}=\frac{1}{f} \tag{15.8}$$

下面介绍**单球面镜傍轴折射成像**。如图 15.9 所示，n_1 为物方介质的折射率，n_2 为像方介质的折射率，C 为球心，Q 为物点，Q' 为像点，球面对称中心点为 O，物距为 p，像距为 q，曲率半径为 r。

$$\Delta = n_1 l + n_2 l'$$

$$= n_1\sqrt{r^2+(p+r)^2-2r(p+r)\cos\varphi} + n_2\sqrt{r^2+(q-r)^2-2r(q-r)\cos(\pi-\varphi)}$$

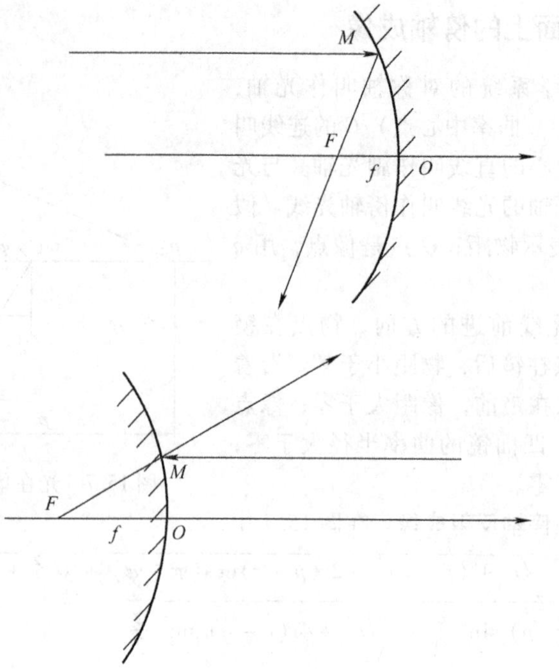

图 15.8 凹面镜反射和凸面镜反射

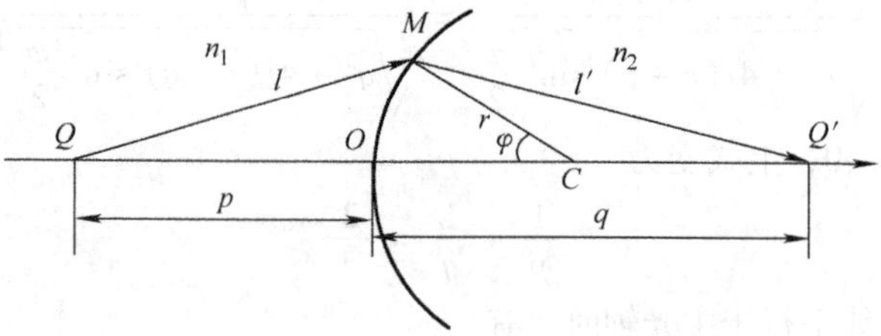

图 15.9 单球面镜傍轴折射成像

根据费马原理，$\frac{\mathrm{d}\Delta}{\mathrm{d}\varphi}=0$

$$\frac{n_1 r(p+r)\sin\varphi}{l}-\frac{n_2 r(q-r)\sin\varphi}{l'}=0$$

整理得

$$\frac{n_1}{l}+\frac{n_2}{l'}=\frac{1}{r}\left(\frac{n_2 q}{l'}-\frac{n_1 p}{l}\right)$$

在傍轴条件下，$\varphi<5°$，$\cos\varphi\approx1$，$l\approx p$，$\sin\varphi\approx0$，$l'\approx q$，得到单球面傍轴折射成像公式

$$\frac{n_2}{q}+\frac{n_1}{p}=\frac{1}{r}(n_2-n_1) \tag{15.9}$$

对于给定物距，不同的球面将有不同的像距与之相应，式（15.9）的右侧是一个表征球面光学特性的常数，叫作球面的**光焦度**，记作

$$\Phi=\frac{n_2-n_1}{r} \tag{15.10}$$

规定 r 以米（m）为单位时，式（15.10）求出的 Φ 值的单位称为**屈光度**，例如，$n_2=1.5$，$n_1=1.0$，$r=100$mm 的球面，其光焦度等于5的屈光度，记为5D。

由式（15.9），若物体不在物点 S，而在 S' 点，则 S 点就变成像点。即若 S 和 S' 之一为物点，则另一点为其相应的像点，这样一对相应的点成为共轭点。

当物体在物空间主轴上无限远处时，即当投射到球面上的光线平行于光轴时，其共轭点的位置由式（15.9）求得，即

$$q=\frac{n_2}{n_2-n_1}r$$

由像距所确定的点称为折射球面的**像空间主焦点**或**第二主焦点**，记为 F'。自折射球面顶点 O 到 F' 的距离称为该折射面的**像空间焦距**或**第二焦距** f'，即

$$f'=\frac{n_2}{n_2-n_1}r \tag{15.11}$$

与像空间主光轴上的无限远点对应的、在折射面物空间的共轭点，称为折射面的**物空间主焦点**或**第一主焦点**，记为 F。自折射面 O 到 F 的距离，称为该折射面的**物空间焦距**或**第一焦距** f。由式（15.9），当

$$q\to\infty$$

得

$$f=\frac{n_1}{n_2-n_1}r \tag{15.12}$$

由式（15.11）及式（15.12），折射面的两个焦距有下列关系：

$$\frac{f'}{f}=\frac{n_2}{n_1}$$

式（15.9）变为

$$\frac{f}{p}+\frac{f'}{q}=1 \tag{15.13}$$

式（15.13）称为高斯公式。

例15.2 从几何光学的观点研究人眼，有多种模型，其中之一是高尔斯特兰简化眼。它把人眼的成像归结为只有一个曲率半径为5.7mm、介质折射率为1.333的单球面折射。试求这种简化眼的焦点位置和光焦度。

解 已知，$n_1=1.0$，$n_2=1.333$，$r=5.7$mm 有

$$f'=\frac{n_2}{n_2-n_1}r=22.82\text{mm},\quad f=\frac{n_1}{n_2-n_1}r=17.12\text{mm}$$

$$\Phi=\frac{n_2-n_1}{r}=58.42D$$

15.2.4 薄透镜成像

透镜是将玻璃或水晶等介质磨成两面为球面（或一面为平面）的透明物体。中间厚两边薄的为凸透镜，中间薄两边厚的为凹透镜。图15.10所示为透镜种类，从左至右分别为双凸透镜、平凸透镜、凹凸透镜、双凹透镜、平凹透镜、凸凹透镜。

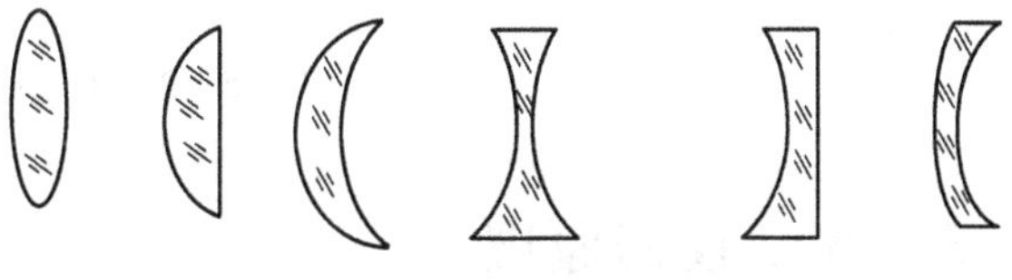

图15.10 透镜种类

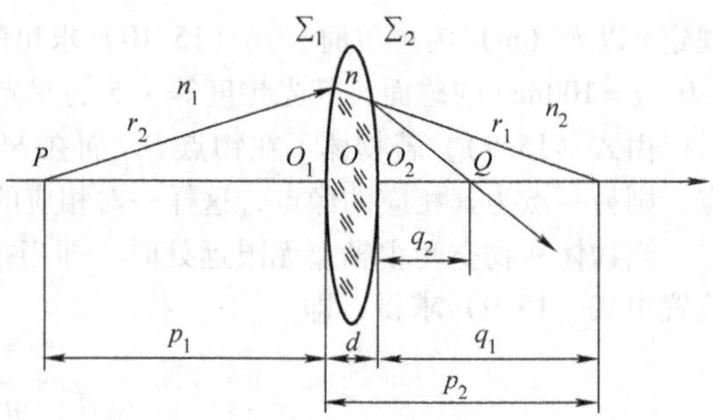

图 15.11 双凸透镜成像光路图

图 15.11 为双凸透镜成像光路图，两次单球面的成像为

$$\frac{n}{p_2}-\frac{n_1}{p_1}=\frac{n-n_1}{r_1}$$

$$\frac{n_2}{q_2}-\frac{n}{q_1}=\frac{n_2-n}{r_2}$$

若透镜的中心厚度 d 与物像距等成像参量相比很小，即 $d\to 0$，则称该透镜为薄透镜。

对于薄透镜，$q_1=p_2-d\approx p_2$，$p\approx p_1$，$q\approx q_2$

所以，薄透镜的成像公式为

$$\frac{n_2}{q}+\frac{n_1}{p}=\frac{n-n_1}{r_1}+\frac{n_2-n}{r_2}$$

令 $p\to\infty$，$q=f_2$；$q\to\infty$，$p=f_1$

得到薄透镜物方和像方的焦距公式

$$f_1=\frac{n_1}{\dfrac{n-n_1}{r_1}+\dfrac{n_2-n}{r_2}},\ f_2=\frac{n_2}{\dfrac{n-n_1}{r_1}+\dfrac{n_2-n}{r_2}}$$

若 $n_1=n_2=1$，则 $f_1=f_2=\dfrac{1}{(n-1)\left(\dfrac{1}{r_1}-\dfrac{1}{r_2}\right)}$

薄透镜傍轴成像的高斯公式为

$$\frac{1}{p}+\frac{1}{q}=\frac{1}{f} \tag{15.14}$$

15.2.5 共轴理想光学系统成像的作图法

通过作图可以直观了解系统成像的位置、大小和虚实情况，如图 15.12 所示。作图时可以选择下列三条特殊光线：一是平行于光轴的光线，其反射线必经过焦点（凹球面）或其反射线的延长线经过焦点（凸球面）；二是通过曲率中心（球心）的光线，其反射线和入射线是同一条直线而方向相反；三是通过焦点的光线或入射光的延长线通过焦点的光线，其反射线平行于主光轴。

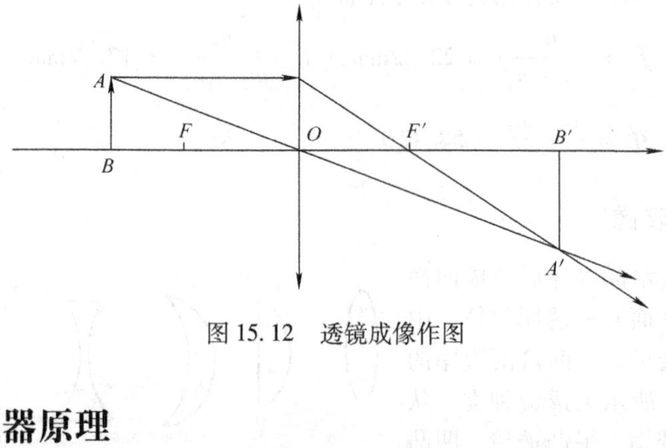

图 15.12 透镜成像作图

15.3 光学仪器原理

为弥补人类视觉的局限性，人们从很早起就开始利用以透镜、反射镜和棱镜等构成的仪器，

这些仪器统称为光学仪器。

15.3.1 放大镜 目镜 显微镜

利用短焦距的凸透镜作为放大镜是最简单的光学仪器。放大镜的作用就是增大视角。设原物体长度为 AB，放在明视距离处，眼睛的视角为 θ_0，通过放大镜观察，成像仍在明视距离处，此时眼睛的视角为 θ，如图 15.13 所示。θ 与 θ_0 之比称为角放大率 M。

$$M \approx \frac{\theta}{\theta_0}$$

因为 $$\theta_0 \approx \frac{AB}{25},\ \theta \approx \frac{A'B'}{25} \approx \frac{AB}{f}$$

所以 $$M = \frac{\theta}{\theta_0} = \frac{AB/f}{AB/25} = \frac{25}{f}$$

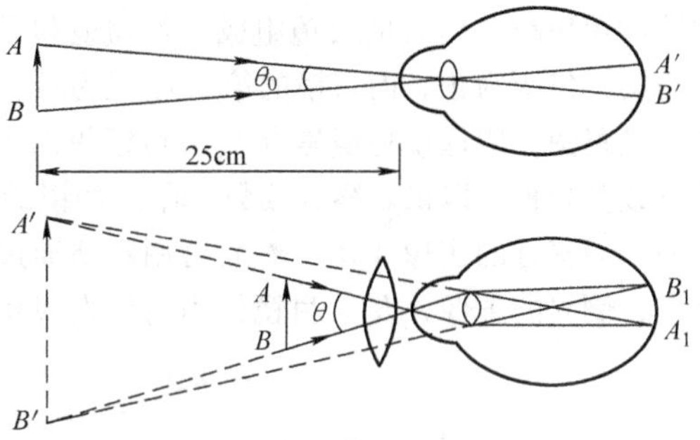

图 15.13 放大镜示意图

式中，f 为放大镜焦距（以 cm 为单位），f 越短，放大率越高。

目镜是显微镜的主要组成部分，它的主要作用是将由物镜放大所得的实像再次放大，从而在明视距离处形成一个清晰的虚像，因此它的质量将最后影响到物像的质量。在显微照相时，在毛玻璃处形成的是实像。某些目镜（如补偿目镜）除了有放大作用外，还能将物镜造像过程中产生的残余像差予以校正。目镜的构造比物镜简单得多。因为通过目镜的光束接近平行状态，所以球面像差及纵向（轴向）色差不严重。设计时只考虑横向色差（放大色差）。目镜由两部组成，位于上端的透镜称为目透镜，起放大作用；下端透镜称为会聚透镜或场透镜，使映像亮度均匀。在上下透镜的中间或下透镜下端设有一光栏，测微计、十字玻璃、指针等附件均安装于此。目镜的孔径角很小，故其本身的分辨率甚低，但对物镜的初步映像进行放大已经足够。常用的目镜放大倍数有：8×、10×、12.5×、16×等多种，装在镜筒的上端，通常备有2~3个，上面刻有5×、10×或15×符号以表示其放大倍数，一般装的是10×的目镜。

显微镜用以观察细小的物体，也由目镜和物镜组成。物体 AB 放在物镜焦点 F_1 外不远处，使物体成一放大的实像 A_1B_1 落在目镜焦点 F_2 内靠近焦点处，其光路如图 15.14 所示。目镜相当于一个放大镜，将物镜形成的中间像 A_1B_1 再放大成一虚像 A_2B_2，位于眼睛的明视距离处。显微镜的放大倍数为 $M = 25d/(f_{物}/f_{目})$，式中，d 是显微镜的光学筒长，即物镜后焦点 F_1' 到目镜前焦点 F_2 之间的距离，$f_{物}$ 和 $f_{目}$ 以 cm 为单位。

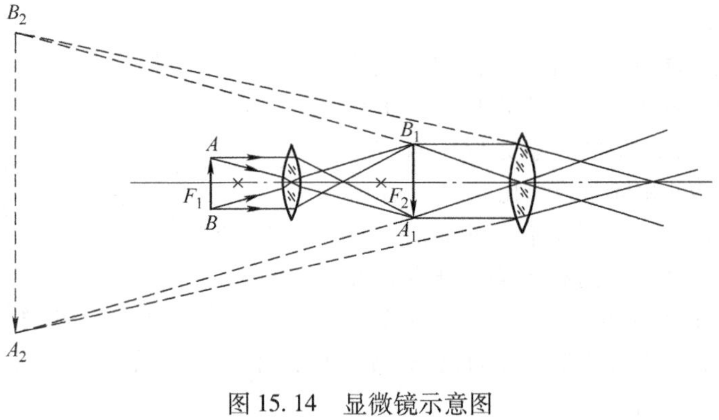

图 15.14 显微镜示意图

15.3.2 望远镜

望远镜一般用来观察远距离的物体，或者用来作为测量和对准工具。它由长焦距（$f_{物}$）的物镜和短焦距（$f_{目}$）的目镜组成。若物镜和目镜的第二焦距均为正，则为开普勒望远镜；若物镜的第二焦距为正，而目镜的第二焦距为负，则为伽利略望远镜。图 15.15 所示为开普勒望远镜的光路图，望远镜物镜焦点 F_1与目镜焦点 F_2重合在一起，并且在它们的共同焦平面附近安装叉丝或分划板，以供观察或读数之用。物镜的作用在于使远处的物体 AB 在其焦平面附近形成一个缩小而移近的实像 A_1B_1，然后再用眼睛通过目镜去观察这个由物镜形成的像，从而看到一个放大、倒立的虚像 A_2B_2。目镜作用与放大镜相同，望远镜的放大率（放大倍数）为 $M=f_{物}/f_{目}$。

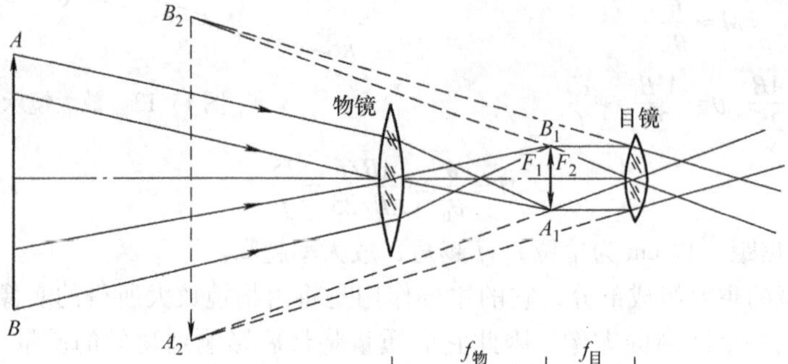

图 15.15 望远镜示意图

15.4 光学系统的拦光和像差

前面讨论光学系统的近轴成像侧重于分析共轭物像的位置和大小，而对于实际光学系统成像，还必须讨论实际能成像的范围、像的明亮程度和成像的清晰度。这些问题都与成像光束在实际光学系统中受限制——拦光的情况有关，其中成像的清晰度还与光学系统的结构元素有关。

15.4.1 光阑

组成光学系统的透镜、面镜和棱镜等光学元件都有一定的孔径，它们必然限制可用于成像光束的截面，有些光学系统还特别附加一定形状的开孔的屏（如照相机中的光圈）来调整成像光束的截面。所有这些光学元件的边框和附加有一定形状的开孔屏统称为光阑，它们在光学系统中起拦光的作用。

一个光学系统可能有多个光阑，但因其大小和在光学系统中的位置不同而产生性质不同的效果。例如，在图 15.16 所示的光学系统中有三个光阑：透镜的边框 MN 和特加的圆孔光阑 A 和 B。光阑 A 对通过 MN 的光束再做限制，从而决定了成像光束的截面或立体角，这种光阑叫作孔径光阑。光阑 B 无论大小如何都不能影响成像光束的截面，但能直接限制物空间的被成像的范围，这种光阑称为视场光阑。任何实际完整的光线系统必定同时有这两类光阑。

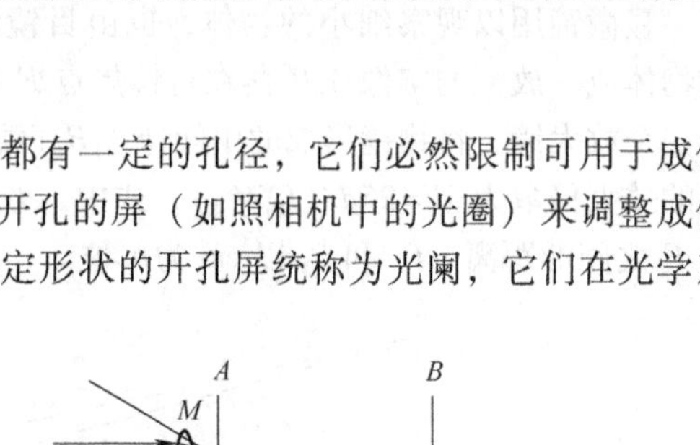

图 15.16 光学系统中的光阑

在实际光学系统中，不论有多少个光阑，一般来说，其中只有一个为孔径光阑，它起着控制进入光学系统光能量的多少、某些像差的大小以及能成满意像的物空间的深度（景深）等作用，也称作有效光阑。

有效光阑要有轴上物点和各光阑在同一物空间对该物点所张立体角的大小来决定。这里仅举例说明有效光阑的作用和分析方法。图 15.17a 中 M_1N_1 为薄透镜 L_1 的边缘，A_1B_1 为开有圆孔的光阑。这一简单系统有两个光阑：透镜的边框 M_1N_1 和光阑 A_1B_1。

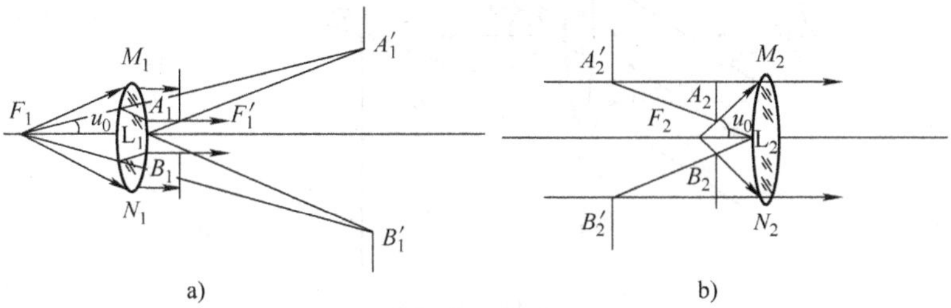

图 15.17　孔径光阑、入射光瞳及出射光瞳

在光阑 A_1B_1 小于光阑 M_1N_1 的情况下，对于在系统第一焦点 F_1 的物点发出的光束，由图可知，限制通过系统的光束的立体角的光阑为 A_1B_1，故光阑 A_1B_1 为系统的孔径光阑。

虽然通过系统的光束在物空间的孔径角由光阑 A_1B_1 的大小来决定，但却不是由 A_1B_1 对 F_1 直接作成的张角，因为光阑 A_1B_1 与物点 F_1 不在同一空间，A_1B_1 对于发自 F_1 点的光束的限制，须通过在它前面的光学系统 L_1 的折射起作用，所以直接确定通过系统的光束在物空间的张角，是以孔径光阑 A_1B_1 为物，通过在它前面的光学系统 L_1 于系统物空间所成的像（$A_1'B_1'$）。由这个像的边缘对物点 F_1 所张的角，就是通过系统的光束在物空间的最大孔径角。称光阑的这个像为系统的入射光瞳。在图 15.17a 中，$A_1'B_1'$即为给定系统的入射光瞳，u_0 角为通过系统的光束在物空间的最大孔径角。

又如图 15.17b 所示的系统，光阑 A_2B_2 放在焦点 F_2 和透镜 L_2 之间，并且 A_2B_2 的直径小于透镜边缘 M_2N_2。对于放在焦点 F_2 的物点，光阑 A_2B_2 显然是孔径光阑。在这种情况下，由于孔径光阑与物点在同一空间，A_2B_2 边缘对点 F_2 发出的通过系统的光束直接起限制作用。因此，由 A_2B_2 对点 F_2 直接作出的张角，就决定了通过系统的光束在物空间的最大孔径角。光阑 A_2B_2 兼为给定系统的入射光瞳。

在图 15.17a 所示的系统中，由于光阑 A_1B_1 在系统的像空间，所以它直接决定了像空间光束的截面积或孔径角。而在图 15.17b 所示的系统中，孔径光阑 A_2B_2 对像空间光束的限制须通过在它后面的光学系统 L_2 的折射来起作用。因此，为确定成像光束在像空间的孔径角或截面积，必须以孔径光阑 A_2B_2 作为物，求出通过在它后面的光学系统 L_2 于系统像空间所成的像 $A_2'B_2'$。像 $A_2'B_2'$的边缘决定成像光束在像空间的截面积或孔径角，称这个像 $A_2'B_2'$为系统的出射光瞳。由出射光瞳对像点所作的张角，就是成像光束在像空间的最大孔径角。

实际光学系统的入射光瞳是该系统的孔径光阑通过它前面的光学系统，于系统的物空间所成的像。出射光瞳是孔径光阑通过它后面的光学系统，于系统的像空间所成的像。显然，对于同一系统来说，入射光瞳、孔径光阑和出射光瞳三者共轭。通过孔径光阑中心的光线也通过入射光瞳和出射光瞳中心，此光线称为主光线。

光学系统成像的空间范围由对轴外光束有遮蔽或拦光作用的一切光阑的总和来决定。然而，由于各光阑对光束的遮蔽方式和程度有所不同，所以总能找出对限制成像范围特别起作用的光阑，称它为视场光阑。

图 15.18 所示为由透镜 L 和在它后面的有大于透镜直径的圆孔光阑 AB 组成的光学系统。

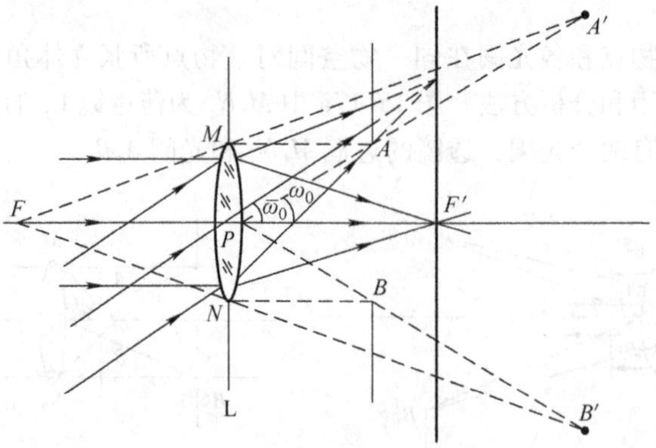

图 15.18 视场光阑

对于无限远的物体，此系统的有效光阑显然为透镜 L 的边缘 MN，并且光阑 MN 兼作为系统的入射光瞳和出射光瞳。由图可知，在此系统中，通过入射光瞳的各光束并不一定都能最后到达像面成像，其中有的光束被光阑 AB 所阻，不能成像。即对于通过入射光瞳的光束，若其主光线与系统光轴的夹角 ω 超过某一最大值 $\bar{\omega}_0$，则完全被光阑 AB 所遮挡，因而相应的物点不能在像面上成像。此最大角 $\bar{\omega}_0$ 的大小取决于光阑 AB 的位置和大小，称 $\bar{\omega}_0$ 为光学系统成像的物空间视场角，相应的光阑 AB 称为视场光阑。

当光学系统的入射光瞳很小时，物空间视场角可以这样来确定：先求出视场光阑通过在它前面的光学系统于物空间所成的像，然后由此像边缘对入射光瞳中心作张角，此张角即为所求物空间视场角。如果入射光瞳很大，则如此确定的视场角 ω_0 与实际的视场角 $\bar{\omega}_0$ 将有很大的偏差。图 15.18 中光阑 AB 通过透镜 L 于系统物空间所成的像为 $A'B'$，它对系统入射光瞳中心 P 所作的张角 $\bar{\omega}_0$，十分接近恰好完全被视场光阑 AB 遮住的光束的光轴与系统光轴的夹角 ω_0。当入射光瞳 MN 小于视场光阑 $A'B'$时，ω_0 与 $\bar{\omega}_0$ 实际上将无区别，因而 ω_0 称为系统的物空间视场角，视场光阑 $A'B'$称为系统的入射窗。

视场光阑通过在它后面的光学系统，于系统的像空间所成的像，对出射光瞳中心的张角，决定系统像空间的最大视场角。称视场光阑在系统像空间所成的像为出射窗。在图 15.18 中，光阑 AB 兼作为出射窗。

入射窗是视场光阑通过在它前面的光学系统，于系统物空间所成的像；出射窗是视场光阑通过在它后面的光学系统，于系统像空间所成的像。显然对于同一系统，入射窗、视场光阑和出射窗三者共轭。

例 15.3 讨论开普勒望远镜的光瞳和窗。

图 15.19 所示为开普勒望远镜的示意图，它由第二焦距为正的透镜 L_1 和 L_2 组成的无焦光学系统；该系统两透镜的光学间隔为零，并且在透镜 L_1 的第二焦点与透镜 L_2 的第一焦点相重合的平面上放一光阑 AB，此光学系统的物至透镜 L_1 的距离为无穷远；而由系统所成的像至透镜 L_2 的距离也为无穷远。

当不考虑观察者的眼睛时，此光学系统共有三个光阑：透镜 L_1 的边框 M_1N_1、光阑 AB，以及透镜 L_2的边框 M_2N_2。它们之中哪个是孔径光阑？哪个是视场光阑？

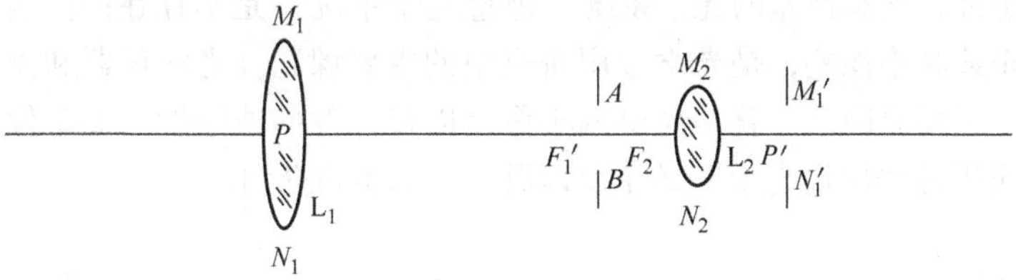

图 15.19 例 15.3 用图

为确定系统的入射光瞳，首先须将所有光阑通过在它们各自前面的光学系统，于系统的物空间成像。透镜 L_1 的边框 M_1N_1 本身就是 M_1N_1 的像（因为在它前面没有光学系统）；光阑 AB 被透镜 L_1 成像于系统物空间的无限远，与物面重合；透镜 L_2的边框 M_2N_2 被透镜 L_1 成一放大像位于物与 L_1 之间。从比较这三个同在物空间的像的边缘对无限远轴上物点所作的张角，显然看到：M_1N_1 对物体的张角最小，故透镜 L_1 的边框 M_1N_1 为开普勒望远镜的入射光瞳和孔径光阑。由于出射光瞳与入射光瞳和孔径光阑共轭，所以 M_1N_1 通过透镜 L_2 在系统像空间 P'处所成的像 $M_1'N_1'$就是系统的出射光瞳。

在物空间除入射光瞳外，还有两个光阑的像，并且其中 M_2N_2 在系统物空间所成的像的边缘对入射光瞳中心 P 的张角，永远大于位于无限远处与物平面重合的光阑 AB 的像的边缘对入射光瞳中心 P 的张角。所以光阑 AB 为系统的视场光阑；它的重合于物平面的像为入射窗；它的重合于相平面的像为出射窗（图中未画出）。

在用望远镜进行观察时，必须将眼睛也作为光学系统的一部分，若开普勒望远镜的出射光瞳（$M_1'N_1'$）的直径小于眼睛的瞳孔，则透镜 L_1 的边缘（$M_1'N_1'$）仍为整个系统的有效光阑，否则，眼睛瞳孔为有效光阑。

15.4.2 像差概述

前面所研究的关于光学系统中物和像的各种性质及确定光学系统的公式等，统称为近轴光学，只适用于光学系统的近轴区域，在近轴区域内光线在球面上折射时的入射角和折射角都很小，此外，还假设了介质的折射率不随光的波长改变。换言之，只有当轴上发光点或靠近轴的发光点用单色的元光束成像时，才会有完善的像。

然而，实际光学系统并不这样简单。一方面，实际光学系统总有一定的通光孔径和一定的视场角或发光点不靠近光轴；另一方面，由于成像光束多是由不同波长的光组成的，系统的折射率不为常数。所以实际光学系统成像与近轴光学所得结果不同，两者间存在偏离，我们把这种光学成像相对于近轴成像的偏离称为像差。光学系统的像差与光学系统的缺欠不同，后者指组成实际光学系统的折射面不够完善、折射率不均匀以及共轴系统中心各曲面的中心不严格地在同一直线上，等等。而像差，是由实际光学系统的物理条件造成的，即使实际光学系统在材料和工艺上并无欠缺，系统仍然可能有显著的像差。

按产生像差的原因，可把像差分为两类：一类是单色光成像时的像差，称为单色像差；另一类是复合光成像时由于介质折射率随光波长变化引起的像差，称为色像差，简称色差。在单色像差中又分球（面）差、慧（形）差、像散、像场弯曲和畸变等五种情况；在色差中又分位置色差和放大率色差两种。球差和慧差发生在对轴上和靠近轴的点用粗光束成像的光学系统中，称为轴上像差；像散、像场弯曲及畸变发生在对离系统光轴较远的物体成像的光学系统中，称为轴外像差。

除平面反射镜外，没有像差的光学系统（理想光学系统）是不存在的。实际光学系统的像差性质和设法校正或减小像差，是光学应用研究中的重要课题。光学仪器和光学装置的结构之所以常是复杂的，主要原因之一就是需要减小像差以提高像的清晰度。关于像差理论及其在设计光学系统中的应用是“应用光学”的主要课题，本书不再介绍。

本章思维导图

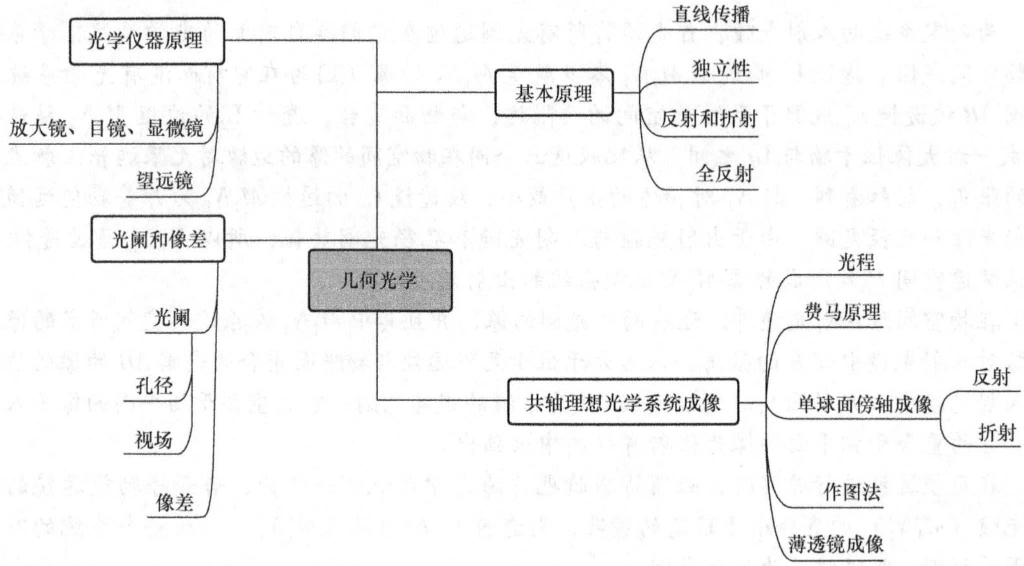

思 考 题

15.1 试对几何光学基本原理的每一条提出一个实验来证明它。

15.2 把一块形状不规则的玻璃浸没在某种溶液中，若玻璃和该液体有相同的折射率，问会出现什么现象？该现象有什么用途？

15.3 光线斜射在折射率递增的介质中，问光线的轨迹如何？

15.4 试用作图法证明，若人通过平面镜要看到自己的全身，则平面镜的长度至少要有人身高的一半。

15.5 已知某液体对红、绿和蓝色光的折射率分别为 1.512、1.532 和 1.543，若这些光从液体中射向液面并且绿光在液面上的入射角等于临界角，问此时会看到什么现象？

习 题

15.1 人眼的角膜可看作是曲率半径为 7.8mm 的单球面，它的物方侧介质是空气，像方侧介质是折射率为 1.333 的液体。如果瞳孔看来在角膜后 3.6mm 处，并且直径为 4mm，试求瞳孔在眼中的实际位置及实际直径。

15.2 已知由某透镜所成的实像，其共轭点的间隔为 150mm，放大率为 3 倍，求透镜的位置和焦距。

15.3 有一薄透镜对某一物成倒立的实像，像高为物高的一半。今将物向透镜移近10cm，则所得像与物同大小，求薄透镜的焦距。

15.4 一天文望远镜物镜的焦距为40cm，相对孔径为$f/50$。今测得出瞳直径为2cm，试求望远镜的放大率和目镜焦距。

15.5 一架显微镜物镜的焦距为4mm，中间像成在物镜第二焦点后面160mm处。如果目镜是20X的，问显微镜的总放大率是多少？

15.6 有两个薄的正透镜L_1和L_2，焦距分别为9cm和3cm，孔径分别为6cm和4cm，相间5cm；在两透镜之间离L_2为2cm处放一个直径为2cm的圆孔光阑。试对L_1前12cm处轴上物点求有效光阑、入射光瞳和出射光瞳的位置和大小。

15.7 一个焦距为+50mm的薄透镜，孔径为40mm。在它左方30mm处放一个直径为20mm的圆孔光阑，如果在透镜左方200mm处有一发光点，问什么是有效光阑？出射光瞳在什么位置？

第16章 波动光学

上一章学习了几何光学，在物理上并未涉及光的波动本质。要真正理解光，理解光场中可能发生的一切绚丽多彩的现象，必须从光的波动性着手。本章将介绍光的干涉、衍射、偏振等波动性规律。

尽管光作为一种电磁波与机械波有着本质的不同，但也存在着明显的共性。其基本概念、基本原理及数学描述都极其相似，因此本章内容建立在机械波知识的基础之上。

16.1 光的干涉 相干光的获得

16.1.1 相干光

干涉是波动所特有的现象，当两列波在空间中相遇时，在一定条件下，在交叠区域出现稳定强度的周期性分布，这就是干涉现象。在实际生活中，光的干涉现象很容易出现，如肥皂泡在日光照射下所呈现的彩色条纹。但当我们对干涉现象进行实验研究时，用两个白炽灯泡作为光源，令其发出的光在一接收屏上相遇后，却无法观察到干涉条纹，无论我们重复多少次都是这样。这是为什么呢?

仔细分析发现，两列波相遇要形成相干叠加（干涉），必须满足如下干涉条件，即两列波必须振动方向相同、频率相同且相位差恒定。满足该条件的光波称为相干光，满足该条件的光源称为相干光源。这三个条件对机械波实现起来比较容易，如石英管中所形成的声驻波就是典型的机械波干涉现象，如图16.1所示。为了直观展示声驻波现象，管中放入红色泡沫颗粒。但是，用普通的光源获得相干光波就复杂得多，这与普通光源的发光机理有关。因此，在学习相干光的获得之前，了解普通光源的发光机理是非常必要的。

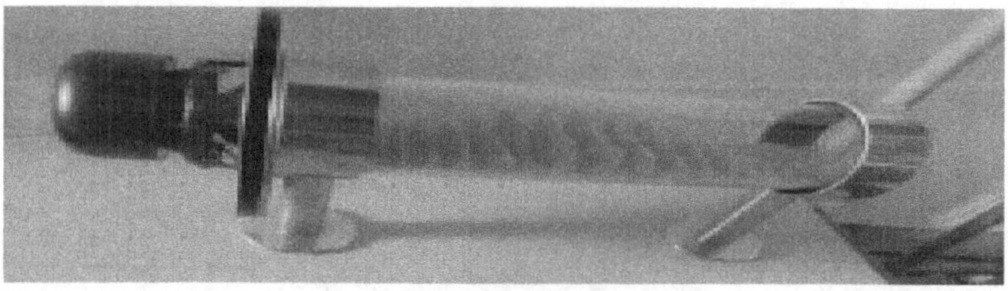

图16.1 可视化声驻波

16.1.2 热光源的发光机理

热光源的发光是由光源中的分子或原子经历一种微观变化所产生。由现代物理学理论可知，分子或原子的能量是不连续的，即离散的，该离散值被定义为能级，其中，能量最低的能级为基态能级，其他能级为激发态能级。通常，基态能级被认为具有无限长的寿命，即处于该状态时，分子或原子中的电子处于基态能级所对应的轨道运动。处于基态能级的电子通常是不会自动跃迁到激发态能级的，除非有外界干扰，如加热。当电子处于激发态能级时，其寿命是很短的，即该态是不稳定的，它会自动由较高能量的激发态跃迁至较低能量的激发态或基态能级。我们以氢原子能级上的电子跃迁为例进行较为具体的说明，如图16.2所示，若电子被激发到E_3能级，该电子在跃迁至较低能级时，可以先跃迁至E_2能级，然后再由E_2能级跃迁回基态能级E_1，这个过程可以释放出2个光子，或直接跃迁至E_1能级，相应地释放出1个光子。根据能量守恒原则（量子物理学中的玻尔假设之一），电子跃迁应满足如下公式：

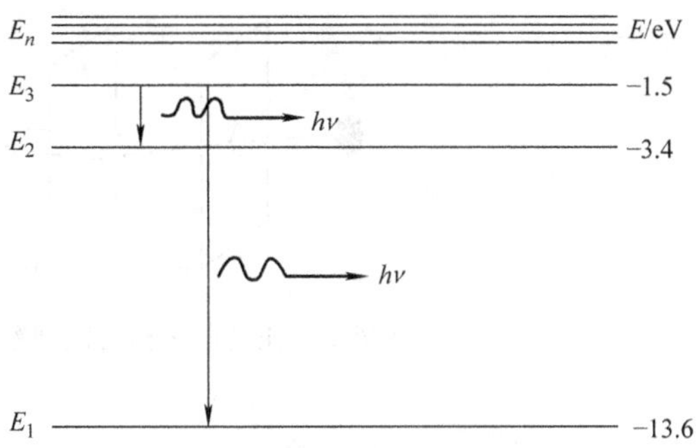

图16.2 氢原子能级及发光跃迁

$$h\nu = E_k - E_j \quad (k、j\text{为能级主量子数}) \tag{16.1}$$

由式（16.1）可见，即使同一个原子，每次所发出的光的频率也无法保证是相同的。

每次的能级跃迁所经历的时间约为10^{-8}s，因此一个原子每次只能发出长度有限、频率一定、振动方向一定的光波，此段光波称为波列。因自发辐射的无规则性，故同一原子所发出的不同波列之间、不同原子发出的波列之间都是相互独立的，不仅无固定相位关系，振动方向和频率也不尽相同。

16.1.3 相干光的获得

根据上一小节对热光源发光机理的介绍，普通光源所发出的光很难满足光的干涉条件。那么，如何由普通光源获得相干光呢？由普通光源获得相干光的指导思想是将光源上同一点发出的光设法分成两部分，然后再使这两部分光相遇叠加。由于这两部分光的相应部分实际上都来自同一发光原子的同一次发光，所以它们满足相干条件。通常有两种方法：分波阵面法和分振幅法。著名的杨氏双缝干涉实验是利用分波阵面法获得相干光的，本章16.4节将介绍的薄膜干涉是利用分振幅法获得相干光的。

16.2 双缝干涉

图16.3是英国物理学家托马斯·杨首次在实验室观察到干涉现象的实验装置简图。实验装置由光源S、单孔屏H_1、双孔屏H_2和接收屏P组成。光源S发出的光波经H_1单孔衍射后形成一球面波，该球面波到达H_2后被H_2上的双孔二次衍射后，形成两个球面波，这两个球面波来自于同一波阵面上的两个点，满足相干条件，当其在空间相遇时就会发生干涉而形成明暗相间的干涉图样，这就是分波阵面法。该实验首次证实了光的波动性，同时，托马斯·杨通过此实验测出了光波的波长。

现在该类实验用双缝替代了两个点光源（即图16.3中H_2屏上的双孔），由此，该类实验往往被称作杨氏双缝干涉，其实验装置简图如图16.4所示。

设光源S所发出的单色光波长为λ，缝S_1与S_2之间距离记作d，接收屏B与双缝所在遮光屏之间距离记作D，一般情况下，$D \gg d$，实际实验时通常$D \approx 1\text{m}$，$d \approx 10^{-4}\text{m}$。另外，需要指出，该装置图上所有的器件都要共轴（$OO'$），且遮光屏和接收屏垂直于$OO'$轴。

为进一步研究杨氏双缝干涉所形成条纹的规律，对缝S_1与S_2发出的光波到达接收屏上任意一点P时所形成的光程差进行计算，并依据波的干涉加强减弱条件确定出明（暗）条纹在接收

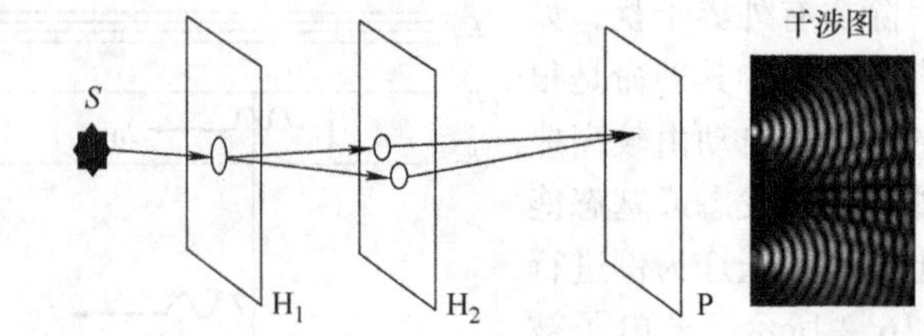

图 16.3 托马斯·杨首次观察到干涉现象的实验装置示意图

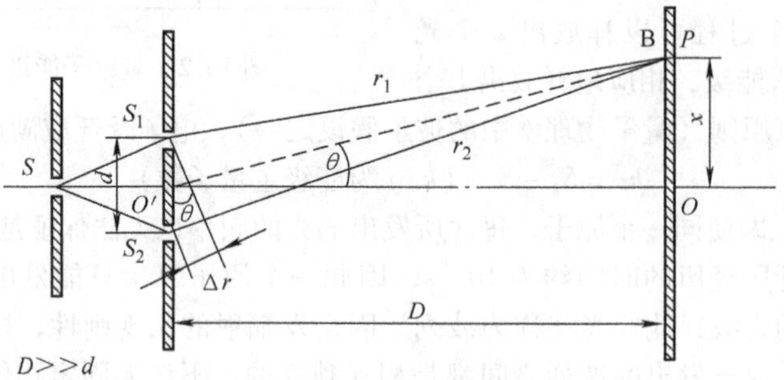

图 16.4 杨氏双缝干涉实验装置示意图

屏上的分布规律。由图 16.4 可知，缝 S_1 和 S_2 到 S 的距离相等，所以光波在缝 S_1 和 S_2 处具有相同的相位，因此波由 S_1 和 S_2 分别传播到接收屏上 P 点所产生的波程差 δ 为

$$\delta = r_2 - r_1 \approx d\sin\theta \tag{16.2}$$

式中，θ 是 P 点的角位置，即 $O'P$ 与 OO' 之间的夹角。由于 $D >> d$，所以通常 θ 很小。

根据波干涉叠加振动加强条件，式（16.2）的光程差应为波长 λ 的整数倍，即

$$\delta \approx d\sin\theta = \pm k\lambda \qquad (k=0,1,2,\cdots) \tag{16.3}$$

此时在 P 点产生明条纹。式（16.3）用相位差表示如下：

$$\Delta\varphi = \frac{2\pi\delta}{\lambda} = \pm 2k\pi \qquad (k=0,1,2,\cdots) \tag{16.4}$$

由图 16.4 中 $\Delta O'BO$ 可以看出，

$$\tan\theta = \frac{x}{D} \tag{16.5}$$

将式（16.3）和式（16.5）合并整理，并考虑到 θ 很小，有 $\tan\theta \approx \sin\theta$，可以得到明条纹的中心位置为

$$x_k = \pm k\frac{D}{d}\lambda \qquad (k=0,1,2,\cdots) \tag{16.6}$$

式中，x 的下角标 k 表示对应的条纹级次。

由式（16.6）可以进一步求得相邻明条纹之间的距离为

$$\Delta x = x_{k+1} - x_k = \frac{D}{d}\lambda \tag{16.7}$$

由式（16.7）可见，相邻条纹之间的距离与条纹所在的级次无关，也就是说杨氏双缝干涉条纹之间的距离都相等。此外，Δx、D、d 均可以通过实验测得，因此可根据式（16.7）得到入射光的波长。事实上，实验测量光波波长采用的是暗条纹之间的距离，是因为暗条纹较细，由此产生的视觉误差较小，并且通常为了进一步减小误差，往往测量级次差别较大的条纹之间的距离，

例如1级到10级条纹之间的距离。

以上是以明条纹为例对杨氏双缝干涉规律进行的分析。同理，也可以以暗条纹为例进行分析。根据形成暗条纹的条件

$$\delta \approx d\sin\theta = \pm(2k-1)\lambda/2 \qquad (k=0,1,2,\cdots) \tag{16.8}$$

进一步可以得到暗条纹在接收屏上的位置坐标如下：

$$x_k = \pm(2k-1)\frac{D}{2d}\lambda \qquad (k=0,1,2,\cdots) \tag{16.9}$$

若进一步研究接收屏上光强的分布规律，可利用振幅矢量叠加法，并根据两列光波在接收屏上产生的光振动振幅，求得其合振动振幅如下：

$$E^2 = E_1^2 + E_2^2 + 2E_1E_2\cos\Delta\varphi \tag{16.10}$$

式中，$\Delta\varphi$ 是两个分振动的相位差。

根据光强正比于振幅平方的特点，可以得到两束光叠加后的合振动所对应的光强如下：

$$I = I_1 + I_2 + \sqrt{2I_1I_2}\ \overline{\cos\Delta\varphi} \tag{16.11}$$

由式（16.11）可以看出，当相位差 $\Delta\varphi \neq$ 常数，即不恒定时，$\overline{\cos\Delta\varphi}=0$，这种情况是对应于非相干叠加。所以，在干涉条件里有一个条件为相位差恒定的要求。对于相干叠加，由于 $\Delta\varphi=$ 常数，所以 $\overline{\cos\Delta\varphi}=\cos\Delta\varphi$，式（16.11）在相干叠加条件下可以改写成

$$I = I_1 + I_2 + 2\sqrt{I_1I_2}\cos\Delta\varphi \tag{16.12}$$

由式（16.2），并结合数学上求最大值与最小值的方法，很容易得到前面我们用到的形成明暗条纹的条件。明暗条纹对应的光强大小分别表示如下：

$$\text{明条纹光强}: I_{\max} = I_1 + I_2 + 2\sqrt{I_1I_2} \qquad (\cos\Delta\varphi = 1)$$

$$\text{暗条纹光强}: I_{\min} = I_1 + I_2 - 2\sqrt{I_1I_2} \qquad (\cos\Delta\varphi = -1)$$

当两个缝光源所发出的光波的光强相等（$I_1=I_2$）时，明暗条纹的光强分别为 $I_{\max}=4I_1$，$I_{\min}=0$。此时，条纹具有最大衬比度。衬比度（V）计算公式如下：

$$V = \frac{I_{\max} - I_{\min}}{I_{\max} + I_{\min}} \tag{16.13}$$

例16.1 在双缝干涉实验中，单色点光源 S_0 到两缝 S_1 和 S_2 的距离分别为 $l_1=l_2=10\text{cm}$，入射光波长为628nm的红光，双缝之间的距离 $d=0.15\text{mm}$，双缝到屏幕的距离 $D=1.2\text{m}$，如图16.5所示。求：(1) 正负3级明条纹在接收屏上的位置坐标。(2) 若实验过程中将点光源 S_0 垂直主轴 OO' 移动一定距离，且 $l_1-l_2=3\lambda$ 时，正负3级明条纹的位置坐标。

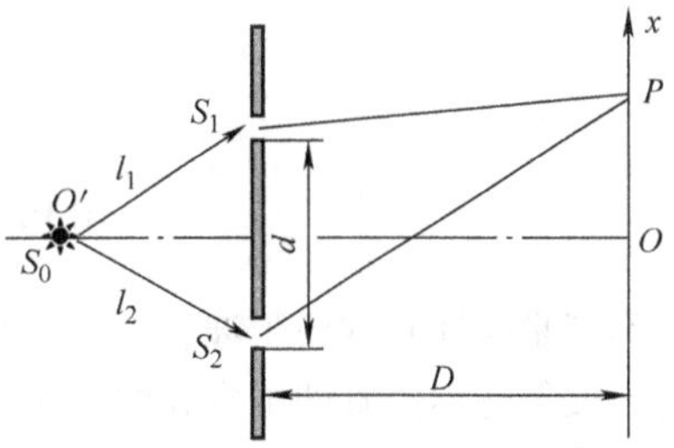

图16.5 例16.1用图

解 (1) 由式（16.6）可以得到正负3级明条纹的位置坐标如下：

$$x_{\pm3} = \pm3\frac{D}{d}\lambda = \pm\frac{3\times1200\times628\times10^{-6}}{0.15}\text{mm} = \pm15.07\text{mm}$$

(2) 由题意可知两束光在 P 点的光程差为

$$\delta = (l_2 + \overline{S_2P}) - (l_1 + \overline{S_1P}) \approx (l_2 - l_1) + \frac{d}{D}x = 3\lambda + \frac{d}{D}x$$

根据形成明条纹的条件，可以得到3级明条纹的位置坐标为

$$-3\lambda + \frac{d}{D}x = \pm k\lambda = \pm 3\lambda$$

$$x_{-3} = 0$$

$$x_{+3} = +\frac{6D}{d}\lambda = \frac{6 \times 1200 \times 628 \times 10^{-6}}{0.15}\text{mm} = 30.14\text{mm}$$

由上述结果还可以看出，当光源垂直主轴移动时，干涉条纹也会移动，但条纹之间的距离保持不变。

除了杨氏双缝干涉实验以外，菲涅耳双镜实验和劳埃德镜实验也是利用分波阵面法获得相干光的。

菲涅耳双镜干涉实验装置如图 16.6 所示，它由两个夹角很小的平面镜 M_1 和 M_2 组成。当线光源 S 发出的光的波振面到达镜面上时分成两部分，分别由 M_1 和 M_2 反射，两束反射光满足相干条件，在它们相遇的区域（即图 16.6 中虚线交叠的区域）发生干涉。因此，若在该交叠区域放上接收屏，就可以观察到干涉条纹。根据平面镜成像原理，该相干光好像是 S 光源分别对 M_1 和 M_2 所成的虚像 S_1 和 S_2 发出的光波。

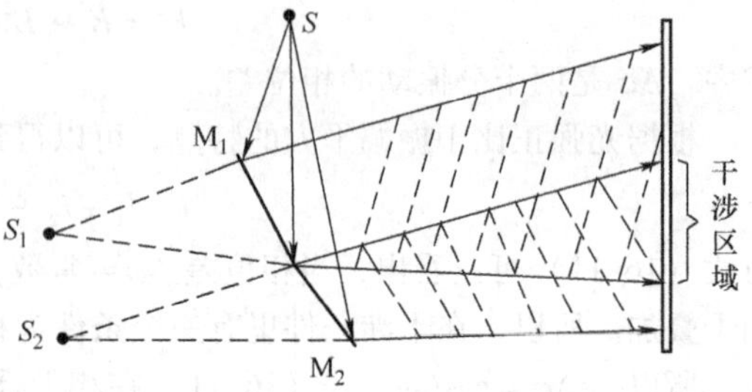

图 16.6 菲涅耳双镜干涉实验示意图

劳埃德镜干涉实验是用一个平面镜（M），如图 16.7 所示。线光源 S 发出的光的波阵面一部分直接照射到接收屏上，另一部分经 M 反射后再照射到屏幕上，显然这两部分光满足相干条件，在屏幕上相遇时就会发生干涉。由镜面反射的光可视为虚光源 S' 发出的光。

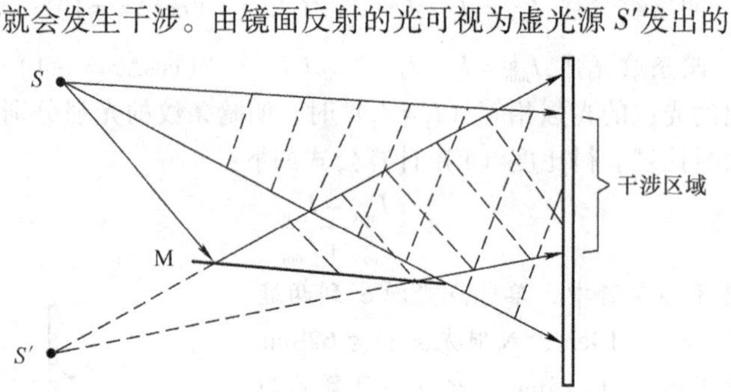

图 16.7 劳埃德镜干涉实验示意图

不管是菲涅耳双镜干涉，还是劳埃德镜干涉，均可以参照杨氏双缝干涉理论，但需要注意的是，反射光不是真的由虚光源发出，在推导两束相关光的光程差时必须考虑光波在平面镜面反射时的半波损失。

现代光学实验中经常采用激光光源。与普通光源相比，激光光源所发出的光容易满足相干条件，因为激光已经满足频率相同和振动方向相同，所以只要控制其相位差恒定，一般就可以观察到干涉现象。

16.3 光程

在几何光学中已经介绍了光程的概念，在波动光学中研究光的叠加时，光程这一概念非常重要，为计算光在不同介质中引起的相位差带来了极大的方便，下面具体讨论。

根据电磁波理论，光的传播速度依赖于介质的介电常数 ε 和磁导率 μ，即

$$v=\frac{1}{\sqrt{\varepsilon\mu}}=\frac{c}{n} \tag{16.14}$$

式中，c 为真空中的光速；n 为介质的折射率。假设光波的频率为 ν，光在真空中的波长为 λ，在介质中的波长为 λ'，则有

$$\lambda=\frac{c}{\nu}=\frac{vn}{\nu}=n\lambda' \tag{16.15}$$

若光在介质中传播的几何路程为 r，光振动相位的落后值为

$$\Delta\varphi=2\pi\frac{r}{\lambda'}=2\pi\frac{nr}{\lambda} \tag{16.16}$$

式（16.16）表明，光在介质中传播路程 r 和光在真空中传播路程 nr 时所引起的相位差相同。将 nr 称为介质中与路程 r 相应的**光程**。可见，光程实际上是一个折合量，在相位差（或者传播时间）相同的情况下，把光在介质中传播的路程折合成光在真空中传播的路程，其方便之处在于可统一地用光在真空中的波长 λ 计算相位差。例如，在 16.8 图所示的双缝干涉实验中，S_1 和 S_2 为初相位相同的相干光源，整个装置处于真空中，且 $\overline{S_1P}=r_1$，$\overline{S_2P}=r_2$。若将一厚度为 a、折射率为 n 的玻璃片盖住缝 S_2，两束光到达 P 点的光程差为

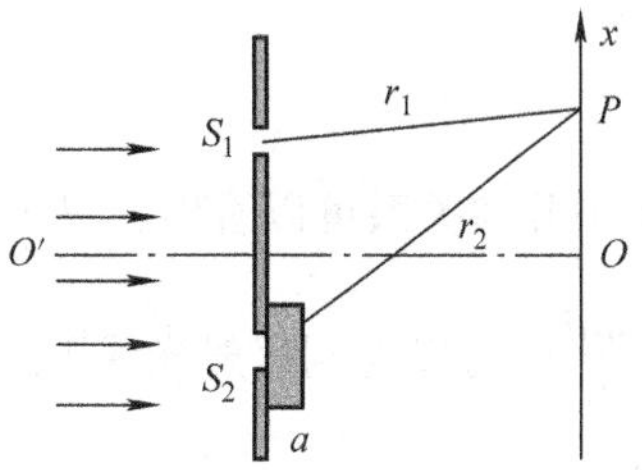

图 16.8　光程差计算

$$\delta=(r_2-a+na)-r_1=(r_2-r_1)+(n-1)a$$

相位差可以表示为

$$\Delta\varphi=2\pi\frac{\delta}{\lambda}=\frac{2\pi}{\lambda}[(r_2-r_1)+(n-1)a]$$

16.4　薄膜干涉

干涉效应在薄膜上经常被观察到，如水面上的油膜或肥皂泡形成的薄膜等。薄膜干涉的研究随着近年薄膜材料科学的发展愈显重要，特别是薄膜类窗口材料的发展。在实际生活或工业应用中，薄膜的两个表面经常不能做到严格的相互平行，如肥皂泡由于重力作用，其膜的厚度是上薄下厚。本节着重介绍厚度均匀薄膜在无穷远处的等倾条纹和厚度不均匀薄膜表面的等厚条纹。

16.4.1　等倾干涉

图 16.9 是实验上研究薄膜干涉的实验装置示意图。图中 S 为光源，M 为与竖直方向成 45°角放置的半透半反膜，L 为凸透镜，H 为处于 L 焦平面上的接收屏。

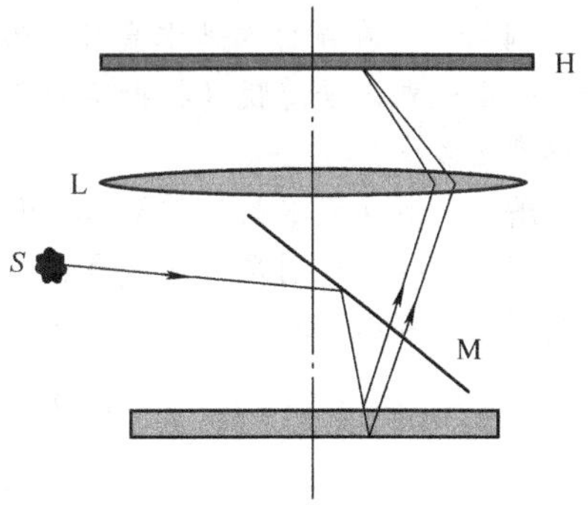

图 16.9　薄膜干涉实验装置示意图

下面以厚度为 e、折射率为 n 的厚度均匀的薄膜为例研究薄膜干涉规律。如图 16.10 所示，入射光到达 A 点，一部分发生反射，成为反射光线 1；另一部分折射至介质内部，经薄膜下表面反射后，再由上表面透射出来，成为反射光线 2。反射光线 1 和反射光线 2 来自入射光波阵面的同一部分，因此满足相干条件，经透镜汇聚于焦平

面上的一点，产生干涉条纹。这种获得相干光的方法正是16.1节中所述的分振幅法。

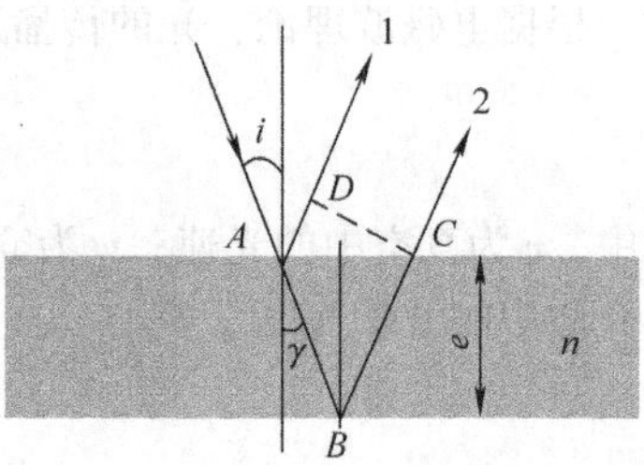

图16.10 薄膜干涉光程差计算

下面计算反射光线1、2的光程差。由反射定律和折射定律可知，反射光线1、2平行，设它们经透镜汇聚在焦平面上的P点。过C点作反射光线1的垂线CD，因透镜不产生附加光程差，故反射光线1由C点至P点的光程和反射光线2由D点至P点的光程相等，所以只需考虑反射光线1由A点至D点与反射光线2由A点到B点再到C点的光程差即可。由图16.10，反射光线2比反射光线1“多走”过的几何路程为$\overline{AB}+\overline{BC}-\overline{AD}$，考虑到介质的折射率对光速的影响或光程的定义，以及半波损失，可得反射光线1、2的光程差为

$$\delta = n(\overline{AB}+\overline{BC})-\overline{AD}+\frac{\lambda}{2}$$

由图中几何关系可以看出：$\overline{AB}=\overline{BC}=\frac{e}{\cos\gamma}$，$\overline{AD}=\overline{AC}\sin i=2e\tan\gamma\sin i$，根据该关系式和折射定律$n=\frac{\sin i}{\sin\gamma}$，可以得到反射光线1、2的光程差为

$$\delta = 2e\sqrt{n^2-\sin^2 i}+\frac{\lambda}{2} \tag{16.17}$$

根据产生明暗条纹的条件，得到

$$\text{明条纹：}\delta = 2e\sqrt{n^2-\sin^2 i}+\frac{\lambda}{2}=k\lambda \qquad (k=1,2,3,\cdots) \tag{16.18}$$

$$\text{暗条纹：}\delta = 2e\sqrt{n^2-\sin^2 i}+\frac{\lambda}{2}=(2k+1)\frac{\lambda}{2} \qquad (k=0,1,2,\cdots) \tag{16.19}$$

由式（16.18）和式（16.19）可以看出，条纹级次仅依赖于入射角i，即相同入射角的入射光将在接收屏上形成同一个级次的圆形干涉条纹（见图16.11），因此称为等倾干涉。此外，入射角i越大，k越小，反之亦然，这说明干涉条纹内环为高级次，外环为低级次。

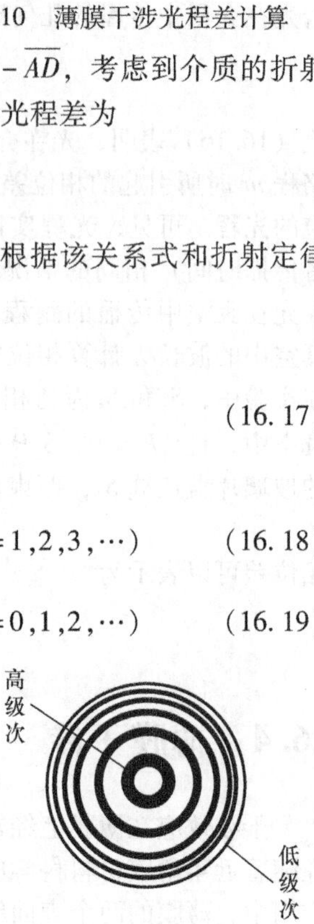

图16.11 薄膜干涉图样示意图

此外，需要指出等倾干涉对光源要求不高，可以是点光源，也可以是面光源，原因是光源上每一点所发出的光束都会形成一组自己的干涉环，而入射角相同的光源上不同点所发出的光会被凸透镜聚焦在同一个级次的条纹位置，相应级次的干涉条纹的光强为它们的非相干叠加，因此明暗对比会更加显著。

例16.2 在制作人造水晶时，为了使水晶（折射率为1.5）具有较强的反射能力，在其表面镀一层一氧化硅薄膜（折射率为2.0）。若使波长为560nm的光反射加强，那么这层镀膜的最小厚度是多少？

解 一般在看水晶时都是正视观察，根据光反射时光线的入射角等于反射角，所以可以认为入射角$i=0$。反射光加强意味着在薄膜的上表面发生相长干涉。根据式（16.18），且考虑到半波损失，可以得到

$$\delta = 2e\sqrt{n^2-\sin^2 i}+\frac{\lambda}{2}=2ne+\frac{\lambda}{2}=k\lambda$$

$$e_{\min}=\frac{\left(k-\frac{1}{2}\right)\lambda}{2n}=\frac{\lambda}{4n} \qquad (\text{取 } k=1)$$

代入数据得到

$$e_{\min}=\frac{\lambda}{4n}=\frac{560}{4\times2.0}\text{nm}=70\text{nm}$$

16.4.2　劈尖干涉

研究劈尖干涉的实验装置通常是置于空气中的劈尖形状的介质薄片或膜，简称劈尖。劈尖的两个表面都是平面，两平面间有一个很小的夹角，一般小于1°。下面我们以折射率为 n 的实心劈尖为例讨论劈尖干涉现象。当光正入射到劈尖上时，在劈尖的上、下表面出现两束反射光线，如图 16.12 所示，它们在劈尖上表面附近相遇后发生干涉，并形成平行的干涉条纹。由图中可见，经下表面反射的光线 2 比光线 1 在劈尖中多“走”了一个来回，且光线 1 在劈尖上表面反射时出现了半波损失。因此，光线 1、2 相遇时的光程差为

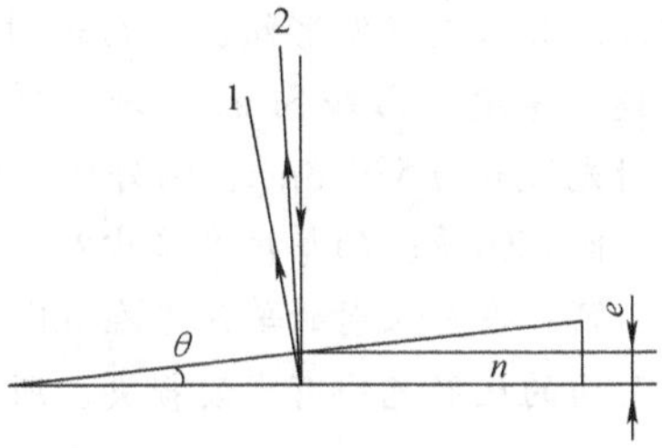

图 16.12　劈尖干涉示意图

$$\delta=2ne+\frac{\lambda}{2} \tag{16.20}$$

根据干涉加强减弱条件，可得

$$\text{明条纹：}\delta=2ne+\frac{\lambda}{2}=k\lambda \quad (k=1,2,3,\cdots) \tag{16.21}$$

$$\text{暗条纹：}\delta=2ne+\frac{\lambda}{2}=(2k+1)\frac{\lambda}{2} \quad (k=0,1,2,\cdots) \tag{16.22}$$

由式（16.21）和式（16.22）都可以看出条纹级次依赖于薄膜厚度，即相同厚度的地方形成同一个级次的干涉条纹，因此，劈尖干涉属于等厚干涉，所形成的条纹叫作等厚干涉条纹，通常由一些平行于劈尖棱边的明暗相间的直条纹组成，详见图 16.13。

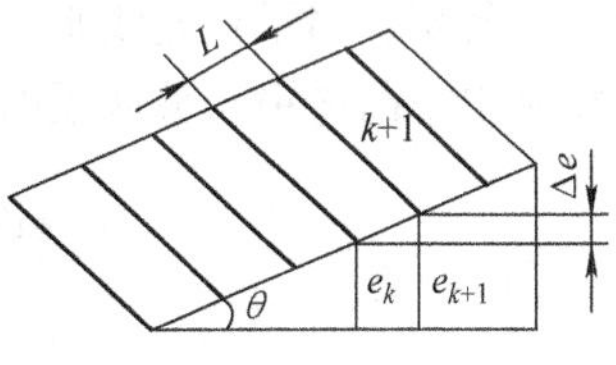

图 16.13　劈尖干涉条纹示意图

这里需要指出的是，在劈尖处 $e=0$，但由于半波损失的存在，该处为暗条纹（同理，若是没有半波损失，这里将会是明条纹）。根据图中几何关系可以推导相邻明条纹（或暗条纹）在劈尖表面上的距离 L 如下：

$$L=\frac{\Delta e}{\sin\theta} \tag{16.23}$$

式中，Δe 是相邻两个明（暗）条纹所对应的劈尖厚度之差，它可以由式（16.21）或式（16.22）进一步求得，这里以暗条纹为例进行阐述。由式（16.22）可以得到 k 级暗条纹所在处劈尖的厚度与 Δe：

$$e_k=\frac{k}{2n}\lambda \tag{16.24}$$

$$\Delta e=e_{k+1}-e_k=\frac{\lambda}{2n} \tag{16.25}$$

将 Δe 代入式（16.23），得到相邻条纹之间的距离为

$$L=\frac{\lambda}{2n\sin\theta}\approx\frac{\lambda}{2n\theta} \tag{16.26}$$

由式（16.26）可见，条纹是等间距的，且与劈尖角 θ 成反比，由于 λ 很小，若想观察到干涉条纹，θ 必须要非常小。

在工程上，可以利用式（16.26）测量细丝直径、薄片厚度，还可以利用等厚条纹的特点检测精密工件表面的平整度，该方法可以检测出不超过$\frac{\lambda}{4}$的凹凸缺陷。

例 16.3 在制作半导体元器件时，常常要精确测定硅片上二氧化硅薄膜的厚度，这时可以把二氧化硅薄膜的一部分腐蚀掉，使其形成劈尖形状，然后通过劈尖干涉实验测定二氧化硅薄膜的厚度。已知 Si 的折射率为 3.42，SiO_2的折射率为 1.5，入射光波长为 589.3nm，刚好观察到 7 条暗条纹，如图 16.14 所示。问 SiO_2薄膜的厚度是多少？

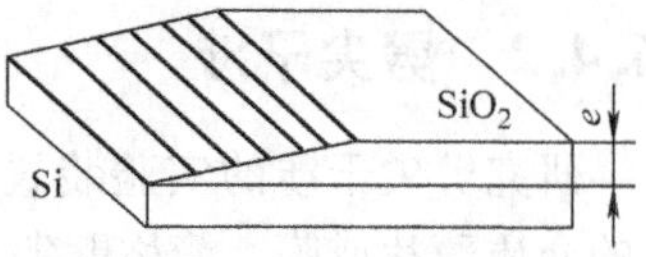

图 16.14 SiO_2 薄膜厚度测量

解 垂直入射的单色光在 SiO_2劈尖膜上下表面发生反射，形成两束向上的相干光。由于上下表面的反射光均有半波损失，所以其光程差为

$$\delta = 2n_{SiO_2}e$$

根据暗条纹形成条件，可以得到

$$\delta = 2n_{SiO_2}e = (2k+1)\frac{\lambda}{2}$$

$$e = \frac{(2k+1)\lambda}{4n_{SiO_2}} = \frac{(2\times6+1)\times589.3\times10^{-9}}{4\times1.5}\text{m} = 1.28\times10^{-6}\text{m} = 1.28\mu\text{m}$$

16.4.3 牛顿环

牛顿环干涉实验装置如图 16.15 所示，该装置主要是由一平凸透镜和一块平板玻璃组成，如图 16.15a 所示，平凸透镜曲率半径很大，一般约为 0.8m。平凸透镜与玻璃板之间形成一薄的劈形空气层，当平行光线垂直入射到平凸透镜上时，可以在平凸透镜下表面观察到干涉条纹，条纹是以平凸透镜与玻璃板的接触点为中心的同心圆环，如图 16.15b 所示，称为牛顿环。

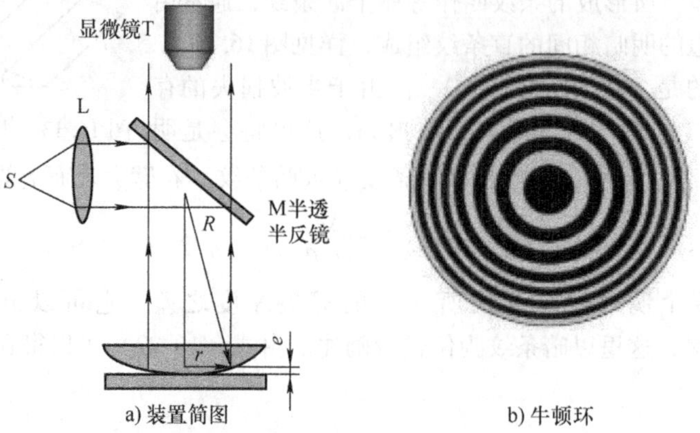

a) 装置简图 b) 牛顿环

图 16.15 牛顿环干涉实验

由图 16.15a 可见，垂直入射的单色平行光经平凸透镜后，在空气薄层的上下表面发生反射形成两束向上的相干光。其光程差为

$$\delta = 2ne + \frac{\lambda}{2} \tag{16.27}$$

根据形成明暗条纹的条件得到，

$$\text{明条纹}:\delta = 2ne + \frac{\lambda}{2} = k\lambda \qquad (k=1,2,3,\cdots) \tag{16.28}$$

$$暗条纹：\delta = 2ne + \frac{\lambda}{2} = (2k+1)\frac{\lambda}{2} \quad (k=0,1,2,\cdots) \qquad (16.29)$$

这里 k 是干涉条纹的级次。由式（16.28）和式（16.29）都可以看出，条纹级次的高低与空气隙的厚度有关，即空气隙厚度相同的地方会在平凸透镜的下表面附近形成干涉条纹，而空气隙厚度相同的地方刚好是一圆环形状，因此所形成的干涉条纹也是圆环状，由中心向外，随着厚度 e 逐渐增大，干涉条纹级次 k 也增大，即牛顿环中心级次低，越往外，级次越高。显然，该干涉也是等厚干涉。

在图16.16中以平凸透镜曲率半径 R 和明（暗）条纹的半径 r 为边的直角三角形中有如下关系：

$$r^2 = R^2 - (R-e)^2 = 2Re - e^2 \approx 2Re \qquad (16.30)$$

因为 $R >> e$，所以在式（16.30）中，e^2 被忽略掉。将式（16.30）分别与式（16.28）和式（16.29）联立，可以分别求得明环与暗环的半径。

$$明环半径：r = \sqrt{\frac{(2k-1)R\lambda}{2}} \quad (k=1,2,3,\cdots) \qquad (16.31)$$

$$暗环半径：r = \sqrt{kR\lambda} \quad (k=0,1,2,\cdots) \qquad (16.32)$$

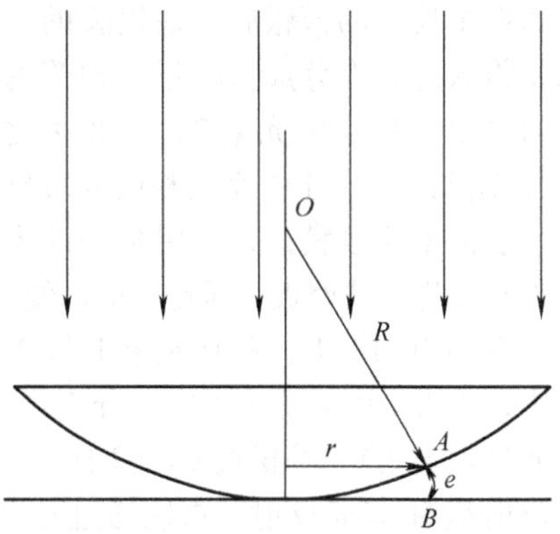

图16.16 牛顿环半径的计算

由式（16.31）和式（16.32）可见，干涉环的半径与级次的二次方根成正比，所以牛顿环内疏外密，如图16.15b所示。

例16.4 一平凸透镜放在一玻璃板上，现以波长589.3nm的单色光垂直照射于其上，测得第10级反射光的暗环直径为3.00mm，试求平凸透镜的直径和15级暗环的直径。

解 根据牛顿环干涉暗环公式 $r_k = \sqrt{kR\lambda}$，得到平凸透镜的直径和15级暗环的直径分别为

$$D = 2R = \frac{2r_k^2}{k\lambda} = \frac{2r_{10}^2}{10\lambda} = \frac{2\times1.5^2}{10\times589.3\times10^{-6}}\text{mm} = 764\text{mm} = 0.764\text{m}$$

$$d_{15} = 2r_{15} = 2\sqrt{15R\lambda} = 2\sqrt{15\times382\times589.3\times10^{-6}}\text{mm} = 3.68\text{mm}$$

16.4.4 迈克耳孙干涉仪

迈克耳孙（1852—1931）是美国著名实验物理学家，1881年他设计了以自己名字命名的干涉仪，用以研究地球和“以太”的相对运动。后来他又用干涉仪系统地研究了光谱线的精细结构，并对标准米原器进行校准。由于他所做的精确测量和光谱研究，荣获了1907年度的诺贝尔物理学奖。

迈克耳孙干涉仪是历史上最著名的干涉仪，对近代物理学和计量技术的发展产生过重大影响。目前，根据迈克耳孙干涉仪的原理制成的各种精密仪器已广泛应用于生产和科技领域。特别值得一提的是，美国三位物理学家雷纳·韦斯（Rainer Weiss）、巴里·巴里什（Barry Clark Barish）和基普·索恩（Kip Stephen Thorne）就是利用超大型迈克耳孙干涉仪于2015年底首次探测到引力波，并因此获得了2016年度的诺贝尔物理学奖。

下面，介绍迈克耳孙干涉仪的结构组成和工作原理。图16.17是QXYE-4型迈克耳孙干涉仪实物照片，其结构原理参见图16.18。

由图16.17与图16.18可见，迈克耳孙干涉仪由两个平面反射镜 M_1、M_2、分光板 G_1 和补偿

图 16.17 QXYE－4 型迈克耳孙干涉仪实物照片

板 G_2 组成。平面反射镜 M_1 和 M_2 分别垂直安装在相互垂直的两臂上，一般平面反射镜 M_1 固定，平面反射镜 M_2 通过精密丝杆带动可以沿其臂轴方向移动。分光板 G_1 和补偿板 G_2 分别与臂轴成45°角放置于俩臂轴交汇处和 M_1 所在臂轴中。G_1 的其后表面镀有一层半透明半反射的薄银膜，该银膜的作用是将入射光束分成振幅近似相等的透射光束 1 和反射光束 2，因此称之为分光板；G_2 是与 G_1 完全相同的玻璃板，表面未镀银膜，其作用是保证光线 1 和 2 均在玻璃板中通行 3 次，便于光程差的计算，因此称为补偿板。

在图 16.18 中，只有光束 1 与 2 满足相干条件。其中，光束 1 由光源 S 出发，分别通过分光板 G_1（1 次通过玻璃板）、补偿板 G_2（2 次通过玻璃板）在平面反射镜 M_1 表面反射、再次通过补偿板 G_2（3 次通过玻璃板），最后在分光板 G_1 后表面反射（有半波损失），抵达至显微目镜 E；光束 2 由光源 S 出发，通过分光板 G_1（1 次通过玻璃板），在分光板 G_1 下表面反射，再次通过分光板 G_1（2 次通过玻璃板），在平面反射镜 M_2 表面反射（有半波损失），最后通过分光板 G_1（3 次通过玻璃板），抵达显微目镜 E。光束 1 与 2 在显微目镜的透镜焦平面相遇后发生干涉，并形成干涉条纹。光束 1 也可以假想为平面反射镜 M_1 对分光板 G_1 后的薄银膜所成的虚像 M_1' 反射回的光线，这样不难看出光束 1 与 2 的光程差为 M_1' 与 M_2 之间距离的 2 倍，它等同于平面反射镜 M_1 和 M_2 到 G_1 后表面银膜的距离之差的 2 倍。半波损失未对光程差带来影响，因为是发生偶数次半波损失。

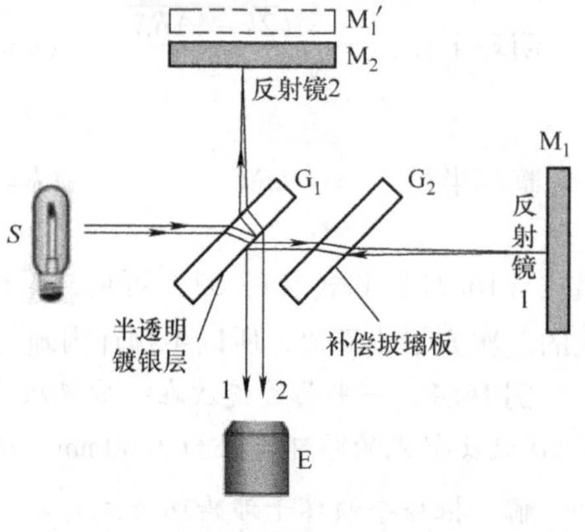

图 16.18 迈克耳孙干涉仪干涉光路图

迈克耳孙干涉条纹就像由 M_1' 与 M_2 之间的空气膜产生的薄膜干涉一样。当平面反射镜 M_1 和 M_2 严格垂直于其所在的臂轴时，可观察到等倾干涉。但在实验过程中调节平面反射镜 M_1 和 M_2 严格垂直于其所在臂轴是非常不容易的，因此多为类似于劈尖干涉的等厚条纹。但由于迈克耳孙干涉仪的两束相干光束在空间上是完全分开的，与劈尖干涉相比，更容易通过改变平面反射镜 M_2 在其臂轴上的位置，或在光束 1 或 2 中插入其他介质来改变光程差，因此迈克耳孙干涉仪在实际中应用范围更为广泛，例如，测量微小长度、光波波长，检测光学元件表面质量等。1881 年，迈克耳孙与莫雷合作利用他的干涉仪证明了“以太”是不存在的，为相对论的诞生奠定了基础。

迈克耳孙实验结果表明，M_2 在其臂轴上每改变一个 $\lambda/2$ 的距离，就会在显微目镜的观察屏上有 1 个干涉条纹通过其中心轴线，若在显微目镜的观察屏上有 N 条条纹移动过其中心轴线，M_2 在其臂轴上平移的距离显然应该为

$$d = N\frac{\lambda}{2} \tag{16.33}$$

在已知入射光波长的条件下，可根据式（16.33）测量微小长度。

例16.5　用迈克耳孙干涉仪可以测量光波波长。某次测得可动反射镜移动距离为0.1300mm，显微目镜观察视野中观测到有600条条纹移动过观察屏中心轴。试求入射光波长。

解　根据式（16.33）可以得到

$$\lambda=\frac{2d}{N}=\frac{2\times 0.1300\times 10^{-3}}{600}\text{m}=4.333\times 10^{-7}\text{m}$$

16.5　光的衍射和惠更斯-菲涅耳原理

除了干涉之外，衍射也是光波所特有的现象。衍射现象在生活中经常能够看到，例如水波可以绕过障碍物，跑到障碍物后面的阴影里，隔着关闭的房门依然可以听见房间里人说话的声音。水波和声波的波长都比较长，可以和日常障碍物的尺寸相比拟，因此具有明显的衍射效应，或者通俗地说，它们具有较强的绕射能力。相比之下，光波的波长很短（可见光的波长大约在500nm左右），其衍射条件要苛刻很多，对障碍物尺寸和光源相干性都有较高的要求。下面几节将讨论光的衍射的基本规律，包括衍射图样分布规律和光强分布。本章只讨论比较简单的远场衍射，即夫琅禾费衍射，包括单缝衍射和光栅衍射，随后讨论和衍射有关的光学仪器的分辨本领，最后简单介绍一下X射线衍射及其应用。

我们先来看几个光的衍射实验。图16.19所示为不同形状的衍射孔所对应的衍射图样（矩形孔、方形孔、十二边孔、圆孔和不同宽度的狭缝），可以看到衍射图样具有如下的特点：第一，衍射图样的对称性和衍射孔的对称性是一致的。第二，光束在衍射屏上哪个方向受到限制，则接收屏上的衍射光线就越在该方向上展开。第三，衍射屏上的通光孔尺寸越小，对入射光束限制越厉害，则衍射光斑面积越大。

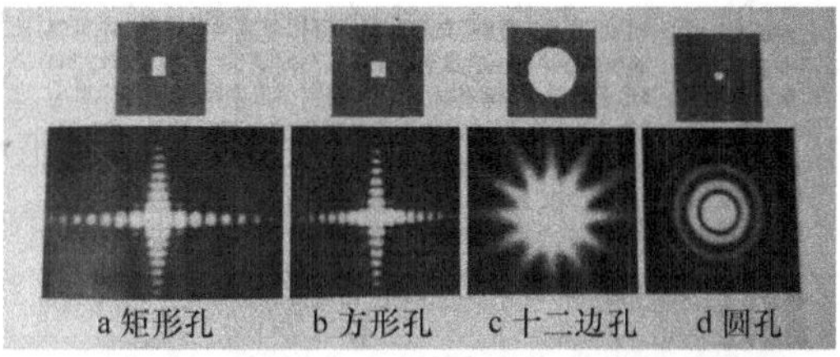

a) 不同形状衍射孔

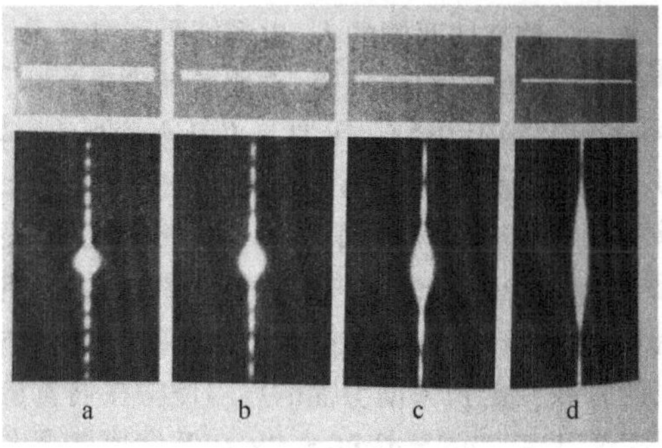

b) 不同宽度的狭缝

图16.19　不同形状和宽度的衍射孔和对应的衍射图样

衍射系统通常由三个基本部分组成，即光源，衍射屏和接收屏，如图 16.20 所示。按照它们之间距离的不同，可以把衍射分为两类：夫琅禾费衍射和菲涅耳衍射。夫琅禾费衍射是指光源和接收屏距离衍射屏都是无穷远，即图 16.20 中 L 和 R 都是无穷大，这个衍射也叫远场衍射。菲涅耳衍射是指光源或者接收屏距离衍射屏有限远，即 L 和 R 至少有一个是有限大，这个衍射也叫近场衍射。夫琅禾费衍射是菲涅耳衍射的极限情况，在实验室有限的空间里，为了实现夫琅禾费衍射，常常需要引入透镜，如图 16.21 所示。把光源放在透镜 L_1 的焦点上，光源发出的光经过透镜之后变成平行光，来模拟无穷远处光源发来的光。而接收屏放在透镜 L_2 后方焦点的位置，用来接收经过衍射屏之后平行光束之间的干涉图样。

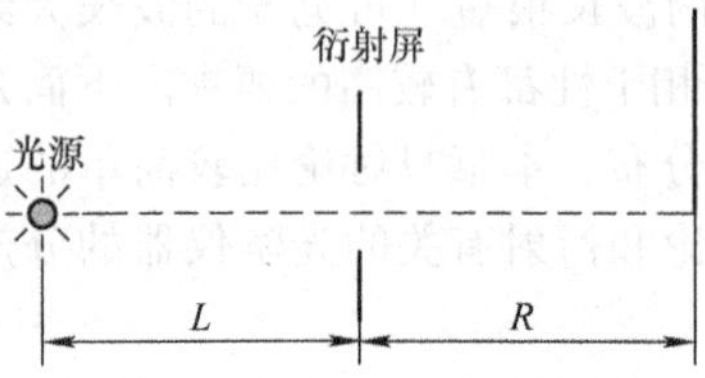

图 16.20　近场衍射和远场衍射

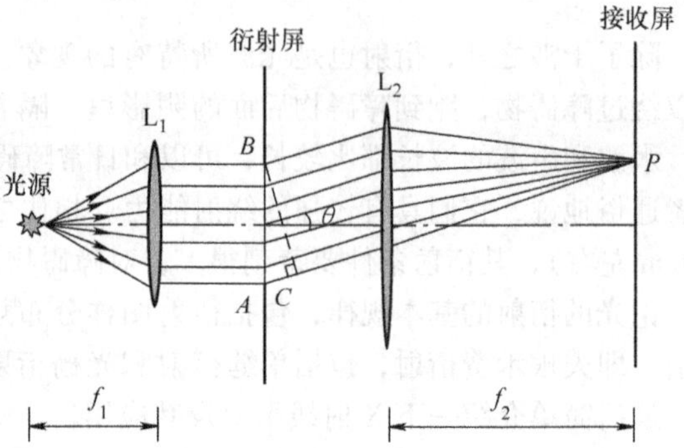

图 16.21　夫琅禾费衍射光路图

前面我们讲过惠更斯原理，即任一波面上的各点都可以看成是下一时刻发射子波的波源，其后任一时刻，这些子波的包络面就是新的波面。惠更斯原理可以解决波的传播方向问题，但是关于波的空间强度分布，惠更斯原理没有涉及。菲涅耳是法国物理学家，是物理光学的缔造者，他对惠更斯原理做了重要的补充，他提出：衍射时波场中各点的强度由各子波在该点相干叠加得到。菲涅耳在惠更斯原理的基础上提出了相干叠加的思想，此后这个原理就称为惠更斯 - 菲涅耳原理。既然是相干叠加，就要考虑各子波传递到场点的振幅和相位，并且对于连续的曲面来说，这个叠加还要用到积分的数学方法，具体计算相当复杂。为了突出物理思想，简化数学推导，本书只讨论比较简单的远场衍射，即夫琅禾费衍射。

16.6　单缝的夫琅禾费衍射

如图 16.21 所示，按照惠更斯 - 菲涅耳原理，接收屏上任一点 P 的光强是由单缝处波面上所有子波波源传递到 P 点的振动的相干叠加。衍射角 θ 定义为衍射光线与单缝平面法线间的夹角。过顶点 B 作 AC 光线的垂线交于 C 点，根据前面所学的知识，将透镜引入到光路中不会带来新的光程差，因此 BC 这条直线所在的波阵面到 P 点之间的所有光线都是等光程的。AB 面发出的所有光线到达 P 点相干叠加，相位差完全取决于 AB 和 BC 面之间的光程差。这里，为了简化数学计算，我们采用半波带法分析这个问题。什么是半波带法呢？举个例子说明。如图 16.22a 所示，过顶点 B 作 AC 光线的垂线交于 C 点，如果

$$AC = a\sin\theta = 3 \times \lambda/2 \tag{16.34}$$

即 AC 恰好可以按照半个波长分成三等分。从三等分点作 BC 线的平行线，这些平行线恰好将 AB 面等分成三个条带。相邻两个条带上的对应点，例如最上面的点、中间的点或者最下面的点，沿着衍射角 θ 方向发出的光在 P 点的光程差为半个波长，这样的条带称为半波带。由于这个特

点，相邻两个条带上的相对应光线到达 P 点的相位是完全反相的。又由于单缝缝宽很小，不同位置处的半波带到 P 点的距离可以看成近似相等，因而相邻两个半波带上的对应点作为子波波源，所发出的子波在 P 点振幅近似相等，而位相差为π，因而它们在 P 点相遇叠加时互相抵消。对于三个半波带，相邻两个半波带的光在 P 点相互抵消后，还剩下一个半波带的光到达 P 点，这时 P 点为明条纹中心。

当增大衍射角 θ 为某个值时，假设单缝刚好被分成四个半波带，如图 16.22b 所示，即

$$AC = a\sin\theta = 4 \times \lambda/2 \tag{16.35}$$

这时相邻两个半波带的光在 P 点相互抵消后，没有剩余波带的光到达 P 点，P 点的合振幅是零，P 点是暗条纹的中心。

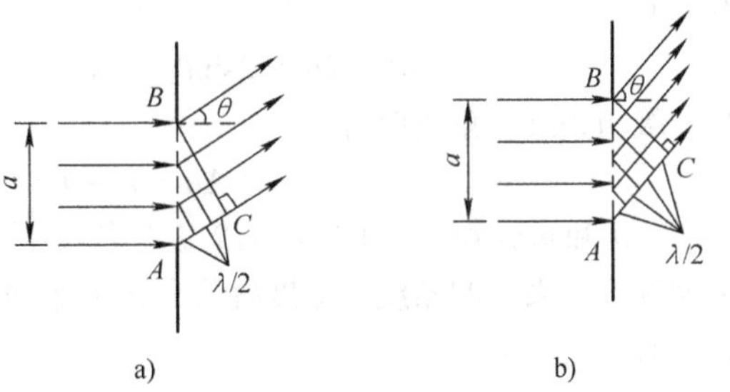

图 16.22 半波带

衍射角不同，单缝处波阵面分出的半波带的个数也就不同。对于固定的单缝宽度和入射光波长，衍射角越大，单缝处波面分割出的半波带的数目就越多，上面的分析可以推广到任意奇数个或者偶数个半波带。如果是奇数个半波带，则两两相邻波带的光抵消后还会剩下一个波带的光传播到 P 点，构成 P 点明条纹的亮度。θ 角越大，每个半波带的面积越小。对于明条纹来说，它的亮度由剩余的那个波带的光强决定，而光强和波带的面积成正比，因此明条纹的亮度就会随着半波带面积的减小而下降。如果是偶数个半波带，相邻两半波带的光两两抵消后，没有剩余波带的光到达 P 点，P 点是暗条纹中心。对于其他任意的衍射角，AB 面一般不能恰好分成整数个半波带，此时 P 点的光强介于相邻的最明和最暗之间。当 θ 角等于 0 时，此时所有衍射光线之间光程差为 0，所有的光线两两相长干涉，没有任何抵消，这些光线通过透镜后汇聚在焦平面的主焦点上，此时光强最大，称为中央明条纹。

综上所述，当平行光垂直于单缝的平面入射时，单缝衍射的规律为

中央明条纹 $$a\sin\theta = 0 \tag{16.36}$$

明条纹中心（近似） $$a\sin\theta = \pm(2k+1)\lambda/2,\ (k=1,2,3\cdots) \tag{16.37}$$

暗条纹中心 $$a\sin\theta = \pm k\lambda,\ (k=1,2,3\cdots) \tag{16.38}$$

这里注意三点：①我们所用的半波带的分析方法是半定性半定量的方法，不是严格的子波叠加，故明条纹中心是近似的结果，但是和准确解的差距很小，在 5% 以内。中央明条纹和暗条纹中心的位置和严格数学解一致。②虽然中央明条纹属于明条纹的范畴，但是中央明条纹公式却不能纳入到一般的明条纹公式里。③各级明条纹的亮度不同，中央明条纹亮度最大，随着衍射角的增加，明条纹亮度迅速减弱。

单缝夫琅禾费衍射的光强分布如图 16.23 所示，光强分布函数可以通过相量图法或者复数积分法得到，光强分布函数为

$$I_\theta = I_0\left(\frac{\sin\alpha}{\alpha}\right)^2 \tag{16.39}$$

式中，I_0 为中央明条纹强度，$\alpha = \dfrac{\pi a}{\lambda}\sin\theta$，式（16.39）中 $I_\theta/I_0 = \left(\dfrac{\sin\alpha}{\alpha}\right)^2$，这个因子称为单缝衍射因子。根据这个公式可以计算出第 1 级和第 2 级明条纹的亮度是中央明条纹亮度的 4.5% 和 1.6%，所以各级明条纹的亮度都比中央明条纹的亮度低很多。

单缝衍射各级明条纹中心和暗条纹中心的位置可以由式（16.36）~式（16.38）给出。除了

强度分布之外，中央明条纹和各级明条纹的宽度也是不一样的。两个第1级暗条纹中心之间的距离即为中央明条纹的宽度，其余相邻两个暗条纹中心之间的距离为其他明条纹的宽度，可以看出，中央明条纹宽度最宽，是其他级明条纹宽度的两倍。一般，我们用角宽度和线宽度来描述各级明暗条纹的宽度，角宽度是指各级明条纹对透镜光心所张开的角度。通常，衍射角 θ 是一个很小的角，则在小角近似下，中央明条纹的角宽度有

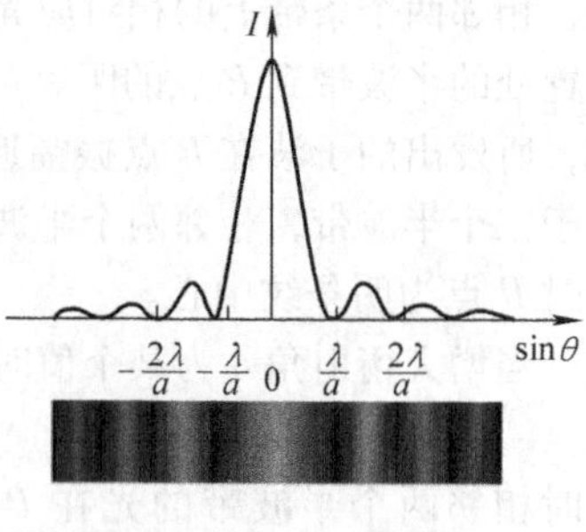

图 16.23 单缝夫琅禾费衍射光强分布曲线

$$\Delta\theta_0 = 2\theta_1 \approx 2\sin\theta_1 = 2\lambda/a \tag{16.40}$$

第1级明条纹的角宽度有

$$\Delta\theta = \theta_2 - \theta_1 \approx \sin\theta_2 - \sin\theta_1 = \lambda/a \tag{16.41}$$

式中，θ_1和θ_2分别是第1级和第2级暗条纹中心的角位置。进一步根据这些角宽度，还可以把线宽度计算出来。明条纹线宽度就是各级明条纹在衍射屏上的宽度，根据图16.24所示的几何关系，有

$$\text{中央明条纹线宽度} \quad \Delta x_0 = 2f\tan\theta \approx 2f\sin\theta = 2f\lambda/a \tag{16.42}$$

$$\text{第1级明条纹宽度} \quad \Delta x_1 = f\tan\theta_2 - f\tan\theta_1 \approx f\sin\theta_2 - f\sin\theta_1 = f\lambda/a \tag{16.43}$$

同理，可推导其他级明条纹宽度为

$$x_k = f\tan\theta_{k+1} - f\tan\theta_k \approx f\sin\theta_{k+1} - f\sin\theta_k = f\lambda/a = \Delta x_1 \tag{16.44}$$

式中，f 为透镜的焦距。从上面的结果可以看出，条纹的宽度正比于入射光的波长，反比于单缝宽度。单缝的宽度越小，明条纹的衍射宽度越大，这个规律也叫作**衍射反比律**。衍射反比律在前面不同形状孔的衍射实验中也可以看出来，入射光在衍射孔的某个方向上受到限制，则这个方向上的衍射就越明显。每到晚上，当我们眯起眼睛看路灯时，光线会在垂直于眼缝儿的方向展开，这就是光通过眼睛狭缝在视网膜上形成的衍射图像产生的感觉。

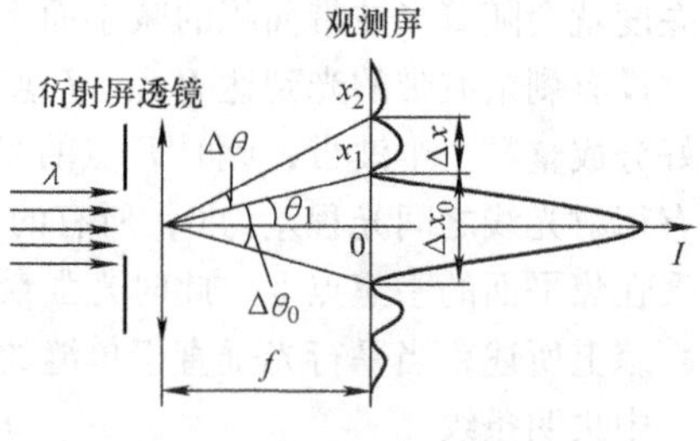

图 16.24 单缝夫琅禾费衍射图样的角宽度和线宽度

例 16.6 波长为500nm的一束平行光垂直照射在宽度为20μm的单缝上，透镜焦距为50cm，求单缝夫琅禾费衍射的零级明条纹和第1级明条纹的角宽度和线宽度。当缝宽为1mm时，中央明条纹的角宽度和线宽度是多少？

解 根据题意，$\lambda = 500\text{nm}$，$a = 20\mu\text{m}$，$f = 50\text{cm}$，由式（16.40）~式（16.44）得

零级明条纹的角宽度 $\Delta\theta_0 = 2\theta_1 \approx 2\sin\theta_1 = 2\lambda/a = 2\times0.5/20\text{rad} = 0.05\text{rad}$

零级明条纹的线宽度 $\Delta x_0 = 2f\tan\theta \approx 2f\sin\theta = 2f\lambda/a = 2\times50\times0.5/20\text{cm} = 2.5\text{cm}$

1级明条纹的角宽度 $\Delta\theta = \theta_2 - \theta_1 \approx \sin\theta_2 - \sin\theta_1 = \lambda/a = 0.5/20\text{cm} = 0.025\text{rad}$

1级明条纹的线宽度 $\Delta x_1 = f\tan\theta_2 - f\tan\theta_1 \approx f\sin\theta_2 - f\sin\theta_1 = f\lambda/a = 1.25\text{cm}$

当 $a = 1\text{mm}$ 时，

零级明条纹的角宽度 $\Delta\theta_0 = 2\theta_1 \approx 2\sin\theta_1 = 2\lambda/a = 2\times0.5/1000\text{rad} = 0.001\text{rad}$

零级明条纹的线宽度 $\Delta x_0 = 2f\tan\theta \approx 2f\sin\theta = 2f\lambda/a = 2\times50\times0.5/1000\text{cm} = 0.05\text{cm} = 0.5\text{mm}$

可以看出，随着缝宽增加到1mm，中央明条纹的角宽度只有0.05rad，线宽度只有0.5mm，肉眼已经很难分辨了。

从上面的例题可以看出，当 $a \gg \lambda$ 时，中央明条纹的宽度迅速减小，其他级明条纹向中央

靠拢，密集得无法分辨，只显出单一的明条纹。实际上这个明条纹就是线光源 S 通过透镜所成的几何光学像，光线通过单缝仍然是直线传播，没有改变方向。由此可见，几何光学是波动光学在 $a >> \lambda$ 时的极限情形。

16.7　光栅衍射

由大量等宽等间距的平行狭缝构成的光学器件称为光栅。光栅可以分为透射光栅和反射光栅。在一片玻璃片上用金刚石刀尖或者电子束刻出大量平行刻痕，如图 16.25a 所示，有刻痕的地方因漫反射而不透光，没有刻痕的地方是透光的，这样，一个透射光栅就形成了，利用它可以实现对透射光的空间周期性的调制。反射光栅如图 16.25b 所示，在一个光洁度很高的金属表面刻出一系列等间距的平行细槽，两刻痕之间的金属面可以反射光，而刻痕处的反射光是杂乱的，这样的结构就可以实现对反射光的空间周期性的调制。最早的光栅是 1821 年德国物理科学家 J. 夫琅禾费用细金属丝密排地绕在两平行细螺钉上制成，因形状像栅栏，故名为“光栅”。除了透射光栅和反射光栅，还有全息光栅、正交光栅、闪耀光栅等。

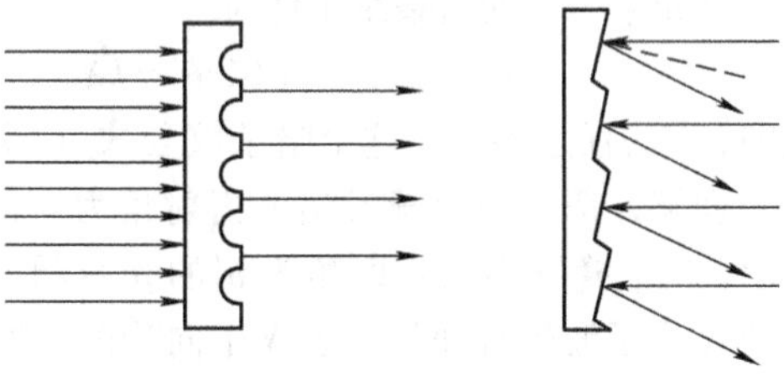

a) 透射式光栅　　b) 反射式光栅

图 16.25　光栅示意图

光谱仪里的光栅元件每毫米内有成百上千条甚至上万条刻线，光栅的刻线数和光谱仪的分辨本领密切相关，刻线数越多，光谱仪的分辨本领越高。单色光通过光栅以后可以产生明亮细锐的条纹，复色光通过光栅则可以产生光谱，它是近代物理实验常用的一个光学元件，本节以多缝夫琅禾费衍射为例讨论光栅光谱的基本规律。

实验装置如图 16.26 所示，S 为点光源或者与纸面垂直的线光源，它位于透镜 L_1 的焦点上，接收屏放在透镜 L_2 的焦点上。衍射屏是由一系列等宽等间距的平行狭缝组成，这是一个简单的透射光栅模型。设每个狭缝的透光宽度为 a，不透光部分宽度为 b，光栅最小的周期性单元为 d，$d = a + b$，称为光栅常数。如何分析光通过光栅之后的夫琅禾费衍射规律呢？光栅衍射可以看成是多缝光束干涉和单缝自身衍射的叠加。

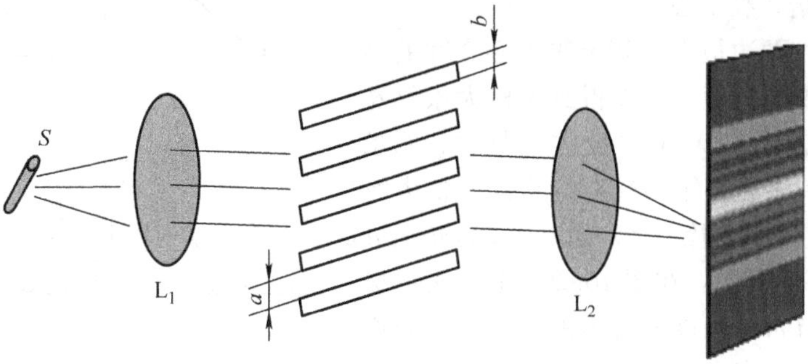

图 16.26　光栅夫琅禾费衍射光路图

首先看多光束干涉。如图 16.27 所示，假设光栅共有 N 个缝，光通过光栅之后相当于 N 个子波的叠加。夫琅禾费衍射讨论的是平行光之间的干涉，因此我们选取一组衍射角为 θ 的平行

光。相邻两缝发出的光到达 P 点的光程差都是相等的，都等于 $d\sin\theta$。根据干涉相长条件，当满足

$$d\sin\theta = \pm k\lambda,\ k=1,2,3,\cdots \tag{16.45}$$

时，各光线到达 P 点都同相叠加，P 点为明条纹。此时，P 点合振动的振幅是来自一条缝的光的振幅的 N 倍，光强则是一条缝的光的强度的 N^2 倍，因此多光束干涉明条纹的亮度要比单缝明条纹的亮度高很多倍。这些明条纹中心叫作主极大，满足主极大条件的公式（16.45）叫作光栅方程。

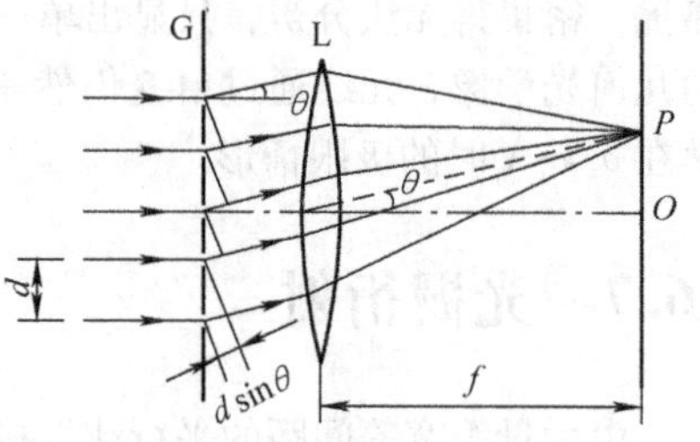

图 16.27　光栅的多光束干涉

多光束干涉的暗条纹条件为

$$Nd\sin\theta' = k\lambda,\ k=1,2,3,\cdots \quad 同时\ k\neq Nk' \tag{16.46}$$

式中，k'为任意整数。这个暗条纹公式（16.46）可以通过向量图来理解，把每一个缝发出的衍射角为 θ'的光线用一个向量来表示，N 个缝发出的衍射角为 θ'的光线用 N 个向量表示，则 P 点处 N 个子波的叠加相当于 N 个向量的叠加。如图 16.28 所示，当满足 $d\sin\theta' = \lambda/N$ 时，两相邻向量的相位差为

$$\Delta\varphi = 2\pi d\sin\theta'/\lambda = 2\pi/N$$

因此，N 个向量叠加相当于 N 个向量首尾相连，刚好围成了一个闭合的多边形，这时合振幅为零，P 点光强最小，形成暗条纹中心。

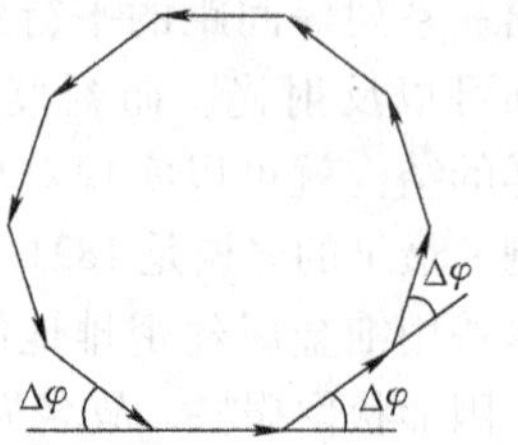

图 16.28　暗条纹形成的条件

随着衍射角 θ'的增加，当满足 $d\sin\theta' = 2\lambda/N$ 时，相当于 N 个向量刚好绕着中心转了 2 圈，这时合振幅又为零，P 点光强最小，形成下一级暗条纹中心。以此类推，可以得到式（16.46）。这里要注意一点，k 取整数，但是不能取缝数 N 的整数倍的整数。这是因为，当 $k = Nk'$时，代入式（16.45）中得到 $d\sin\theta = k'\lambda$。这是光栅方程，是主极大（明条纹）的公式，不是暗条纹。在相邻两个主极大条纹之间有$N-1$个暗条纹中心。

以主极大条纹两边最近的暗条纹中心之间的距离定义主极大条纹的宽度，可以得到主极大条纹宽度为（以 $\sin\theta$ 来表示）$2\lambda/Nd$。缝数 N 越大，明条纹宽度越窄，因此多光束干涉较双缝干涉的最大特点就是明条纹更加明亮细锐。多光束干涉的光强分布曲线如图 16.29a 所示。在图 16.29a 中，在主极大明条纹中间还有很多强度弱得多的极大值，我们称之为次极大，这是多光束干涉局域极大的一个结果，相邻两个主极大之间有 $N-2$ 个次极大。

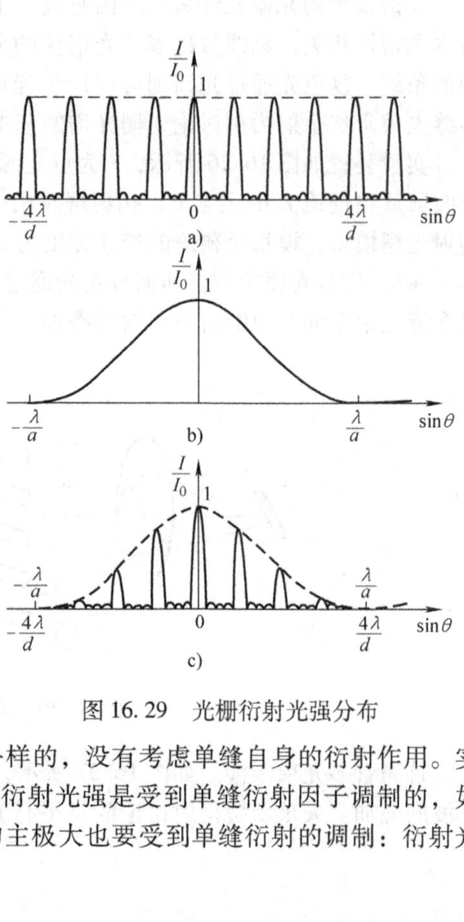

图 16.29　光栅衍射光强分布

图 16.29a 是假设各缝在各方向上的衍射光强是一样的，没有考虑单缝自身的衍射作用。实际上，由于单缝的衍射作用，每个缝在不同方向上的衍射光强是受到单缝衍射因子调制的，如图 16.29b 所示。不同 θ 方向的衍射光相干叠加形成的主极大也要受到单缝衍射的调制：衍射光

强大的方向，主极大的光强也大，衍射光强小的方向，主极大的光强也小。多光束干涉和单缝衍射共同决定了光栅衍射的总光强分布，如图16.29c所示。

总之，在给定光栅常数d后，主极大的位置就由光栅方程唯一地确定了。单缝衍射并不影响主极大的位置和半角宽度，只改变各级主极大的强度。或者说，单缝衍射只影响强度在各级主极大之间的分配。

在光栅衍射中，存在这样一种可能：如果多光束干涉主极大位置所对应的衍射角，恰好满足单缝衍射暗条纹条件，则这级主极大的光强将为零，这个现象叫作**缺级**。当衍射角θ同时满足光栅方程和单缝衍射极小条件，即当

$$d\sin\theta = \pm k\lambda$$

和

$$a\sin\theta = \pm k'\lambda$$

同时满足时，则k级主极大缺失，此时

$$k = \frac{d}{a}k',\ k' = 1, 2, 3, \cdots$$

例如，当$d/a = 4$时，则± 4，± 8，± 12，…等级主极大缺失。图16.29c中可以看到缺级的情况。

例16.7 用波长为500nm的单色光垂直照射到每毫米有500条刻痕的光栅上，(1) 求第1级和第3级明条纹的衍射角；(2) 若缝宽与缝间距相等，用此光栅最多能看到几条明条纹？

解 (1) 光栅常数 $d = \dfrac{1\times10^{-3}\text{m}}{500} = 2\times10^{-6}\text{m}$

由光栅方程$d\sin\theta = \pm k\lambda$，可得

第1级明条纹 $\sin\theta_1 = \pm\lambda/d = \pm 0.25$，$\theta_1 = \pm 14°28'$

第3级明条纹 $\sin\theta_3 = \pm 3\lambda/d = \pm 0.75$，$\theta_3 = \pm 48°35'$

(2) 理论上能看到的最高级谱线对应的衍射角为$\theta = \pi/2$。

由$d\sin\theta = \pm k\lambda$知，$k_{max} = d/\lambda = 4$，再由缝宽与缝间距相等，有$d/a = 2$

考虑到± 2，± 4级缺级，从而实际屏上能看到的明条纹只有5条，分别是0级，± 1级，± 3级。

例16.8 一衍射光栅上每厘米有400条透光缝，每条透光缝宽度为$a = 1\times10^{-5}$m，在光栅后放一焦距$f = 1$m的凸透镜，现以$\lambda = 500$nm的单色平行光垂直照射光栅，(1) 求透光缝a的单缝衍射中央明条纹宽度。(2) 在该宽度内，有几个光栅衍射主极大？

解：(1) 由单缝衍射中央明条纹宽度公式得

$$\Delta x = 2f\frac{\lambda}{a} = 2\times1\times\frac{500\times10^{-9}}{1\times10^{-5}}\text{m} = 0.1\text{m}$$

(2) 光栅常数 $d = \dfrac{1\times10^{-2}\text{m}}{400} = 2.5\times10^{-5}\text{m}$，$a = 1\times10^{-5}\text{m}$

$d/a = 2.5$ 故在中央明条纹宽度内有5个主极大，分别是0，± 1，± 2。

例16.9 波长$\lambda = 6000$Å的单色光垂直入射到一光栅上，测得第2级极大的衍射角为30°，且第3级缺级。(1) 光栅常数d等于多少？(2) 透光缝可能的最小宽度a等于多少？(3) 在选定了上述d和a之后，求在屏幕上可能呈现的全部主极大的级次。

解 (1) 根据光栅方程$d\sin\theta = \pm k\lambda$，将第2级主极大的衍射角为30°的条件代入，得

$$d\sin30° = 2\times6000\times10^{-10}\text{m}，计算得\ d = 2.4\times10^{-6}\text{m}$$

(2) 对于第 3 级缺级，有两种可能情况：$d/a=3$ 或者 $d/a=1.5$

再考虑到透光缝可能最小宽度的条件，将 $d/a=1.5$ 情况舍掉，可能的最小缝宽为

$$a=d/3=0.8\times10^{-6}\text{m}$$

(3) 当 $\sin\theta=1$ 时，由光栅方程可得 $k_{max}=d/\lambda=4$

实际上，±4 级主极大在屏上是看不到的，因为屏不可能做得无限大。再由 $d/a=3$，可知 ±3 级主极大缺级，因此屏幕上可能呈现的全部主极大的级次分别为 0，±1，±2。

16.8 圆孔的夫琅禾费衍射和光学仪器的分辨本领

16.8.1 圆孔的夫琅禾费衍射

如果把单缝夫琅禾费衍射实验中的单缝换成小孔，则称为圆孔夫琅禾费衍射。实验光路如图 16.30 所示。在接收屏上看到的是明暗相间的圆环，圆环中心的亮斑在所有明条纹中强度最亮，集中了衍射场中绝大部分能量，称为艾里斑，相当于单缝夫琅禾费衍射的中央明条纹。对于直径为 D 的圆孔夫琅禾费衍射，艾里斑的半角宽度用衍射角表示为

$$\sin\theta=1.22\frac{\lambda}{D} \tag{16.47}$$

当 $D\gg\lambda$ 时，

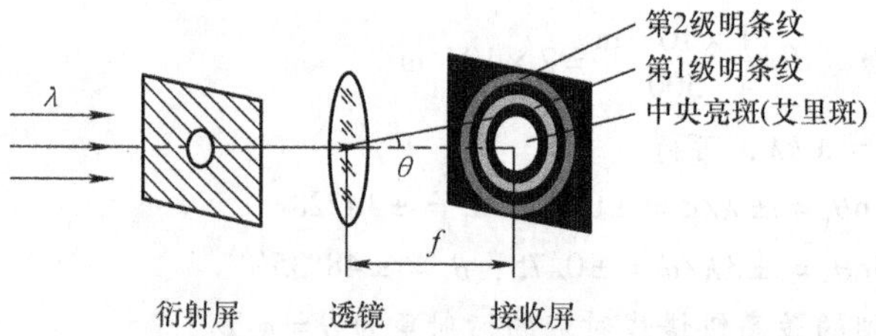

图 16.30 圆孔夫琅禾费衍射光路图

16.8.2 光学仪器的分辨本领

当我们用眼睛、显微镜、望远镜、照相机等光学仪器观察物体时，都是透镜作为光阑限制了入射光的进入。对于波动光学，几何物点经过光阑之后，在接收屏上并不是成一个像点，而是一个像斑。如果光阑是圆形，则这个像斑就是一个圆斑，就是圆孔夫琅禾费衍射中的艾里斑。因此，对于两个靠近的点光源，如果它们经过瞳孔或者透镜所成的两个像斑（艾里斑）之间的距离太小的话，我们就无法分辨它们是来自一个物点还是两个物点。所以在波动光学中，光学仪器都存在一个分辨率的问题。

至于能否分辨远处的两个物点，决定于两个艾里斑的重叠程度。瑞利提出了一个判据：对于两个强度相等的不相干的点光源（物点），一个点光源的衍射图样的主极大刚好和另一个点光源衍射图样的第一个极小相重合，两个衍射图样的合成光强的谷、峰比约为 0.8。这时，两个物点恰好可以分辨，如图 16.31b。

如图 16.32 所示，恰好分辨时，两个爱里斑的中心对透镜光心所张开的角度 $\delta\theta$ 称为光学仪器的最小分辨角，最小分辨角刚好就是一个爱里斑的半角宽度，由公式（16.47）得到，最小分辨角为

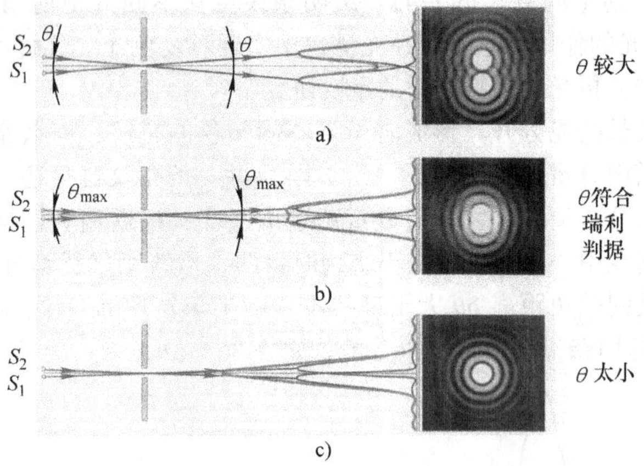

图16.31 小孔（直径D）对两个靠近的遥远的点光源的分辨

$$\delta\theta = 1.22\frac{\lambda}{D} \qquad (16.48)$$

最小分辨角 $\delta\theta$ 的倒数称为光学仪器的分辨本领，用 R 表示，则对于直径为 D 的光阑来说，它的分辨本领 R 为

$$R \equiv \frac{1}{\delta\theta} = \frac{D}{1.22\lambda} \qquad (16.49)$$

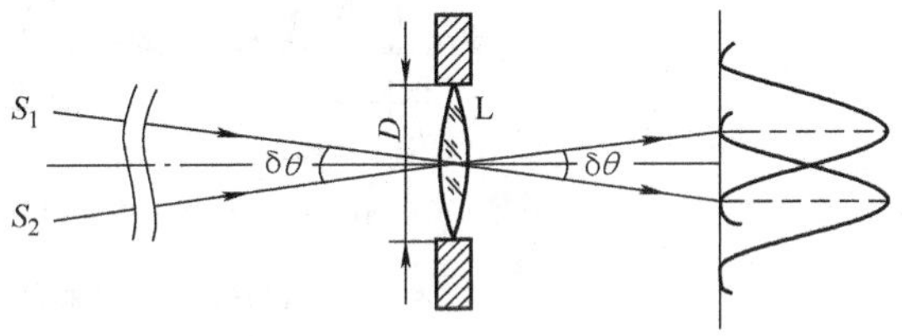

图16.32 透镜的最小分辨角

由式（16.49）可知，分辨本领和仪器的孔径 D 和光源波长 λ 有关。仪器的孔径 D 越大，光源波长 λ 越小，则仪器的分辨本领越大。用天文望远镜来观察远处的星体，星光波长是不能选择的，为了提高望远镜的分辨本领，可以通过增加透镜的直径来实现。目前世界上最大的光学望远镜口径已经超过8m。对于显微镜，它是用来观察微观世界，这时用大的透镜来成像就很不方便了。显微镜可以通过减小光源波长来提高分辨本领，比如电子显微镜，就是利用了电子的波长很短，电子的波长大概在0.01～10nm之间，比可见光短2～5个数量级，因此电子显微镜的分辨本领比光学显微镜要高2～5个数量级，可以用来观察晶体中的原子排列。

例16.10 人眼瞳孔的直径约为3mm，试估算人眼的最小分辨角以及人眼能够分辨1m远处两个物点之间的最小距离。

解 我们以人眼视觉最敏感的绿光波长 $\lambda = 550\text{nm}$ 来估算，由式（16.49）可得

$$\delta\theta = 1.22\frac{\lambda}{D} = 1.22 \times \frac{550\times10^{-9}}{3\times10^{-3}}\text{rad} = 2.24\times10^{-4}\text{rad} \approx 1'$$

人眼能够恰好分辨1m远处的两个物点，则两个物点对人眼的张角为 $\delta\theta$，设两物点之间的距离为 s，人眼和物点之间的距离为 l，根据几何关系，有

$$s = l\delta\theta = 1\times2.24\times10^{-4}\text{rad} = 0.224\text{mm}$$

16.9 光栅光谱

前面我们讲了光栅衍射的基本规律，光通过光栅之后，衍射屏上呈现一系列明亮细锐的条纹，这些条纹满足光栅方程，即 $d\sin\theta = k\lambda$。从这个公式可知，这些明条纹的位置依赖于波长。

如果入射光是复色光，则不同波长的光的同级明条纹将在不同的衍射角出现（除零级条纹之外），因此光栅具有分光的作用，它常用在光谱仪中实现对复色光的分解。利用物质的光谱可以研究物质的结构，光谱分析是现代物理学的重要研究手段。

光栅能够把不同波长的光分开，形成若干条不同颜色的亮纹，那么靠得很近的两条谱线是否一定能够在光栅光谱中分辨出来呢？不一定，因为每一条亮纹自身还有宽度，如果两条谱线重叠太多，可能就无法分辨清楚了。如何分辨两条谱线呢？根据瑞利判据：当一条谱线的中心恰好与另一条谱线距谱线中心最近一个极小重合时，两条谱线刚好能够分辨。如图 16.33 所示，如果两条谱线中心线之间的角距离 $\delta\theta$ 大于谱线本身的半角宽度 $\Delta\theta$，则这两条谱线完全可以分辨；如果 $\delta\theta=\Delta\theta$，则这两条谱线恰好可以分辨；如果 $\delta\theta<\Delta\theta$，则这两条谱线不能分辨。

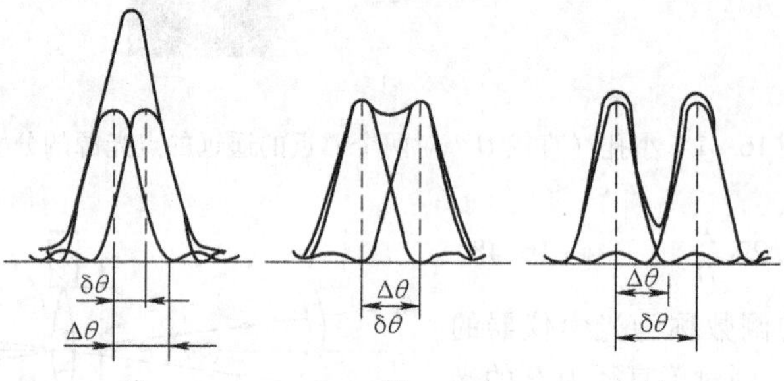

图 16.33 光栅的分辨本领用图

下面我们分析一下光栅的分辨本领和什么因素有关。光栅的分辨本领 R 定义为

$$R\equiv\frac{\lambda}{\delta\lambda} \tag{16.50}$$

式中，$\delta\lambda$ 为靠近的两条谱线的波长间隔。这一定义说明，如果光栅能够分辨出来的两个谱线之间的波长间隔越小，则该光栅的分辨本领越大。

根据分辨本领 R 的定义和瑞利判据，我们假设光栅恰好可以将波长为 λ 和 $\lambda+\delta\lambda$ 的两条谱线分开。首先求两条谱线之间的角距离 $\delta\theta$，对光栅方程两边取微分，得

$$d\cos\theta\delta\theta=k\delta\lambda$$

于是得到波长差为 $\delta\lambda$ 的两条谱线的角距离为

$$\delta\theta=\frac{k\delta\lambda}{d\cos\theta} \tag{16.51}$$

而半角宽 $\Delta\theta$ 是指主极大中心到相邻的一级极小之间的角距离，根据式（16.45）和式（16.46），有

k 级主极大中心满足：$d\sin\theta=k\lambda$，

k 级主极大中心右边相邻的一个一级极小满足：$Nd\sin(\theta+\Delta\theta)=Nk\lambda+\lambda$，

即 $d\sin(\theta+\Delta\theta)=k\lambda+\lambda/N$

将上面两式相减，得到

$$d[\sin(\theta+\Delta\theta)-\sin\theta]=\lambda/N$$

或者可以写为

$$\Delta(\sin\theta)=\cos\theta\Delta\theta=\lambda/Nd$$

由此可以得到主极大谱线的半角宽为

$$\Delta\theta=\frac{\lambda}{Nd\cos\theta} \tag{16.52}$$

根据瑞利判据，两条谱线恰好能分辨时，$\delta\theta=\Delta\theta$，于是有

$$\frac{k\delta\lambda}{d\cos\theta}=\frac{\lambda}{Nd\cos\theta}$$

整理后得

$$\frac{\lambda}{\delta\lambda}=kN \tag{16.53}$$

将式（16.53）代入光栅的分辨本领公式（16.50）中，可以得到

$$R=kN \tag{16.54}$$

式（16.54）表明，光栅的分辨本领 R 与光栅的总缝数 N 和光谱级数 k 有关，总缝数 N 越大，光谱级数 k 越高，光栅的分辨本领越大，分辨能力越强。

例 16.11 用每毫米内有 500 条缝的光栅观察钠的光谱线。（1）光线以 $i=30°$ 斜入射光栅时，如图 16.34 所示，谱线的最高级次是多少？并与垂直时比较。（2）若在第 3 级谱线处恰能分辨出钠双线，光栅必须有多少条缝？若在第 2 级谱线处恰能分辨出钠双线，光栅必须有多少条缝？钠双线的波长为 589.0nm 和 589.6nm。

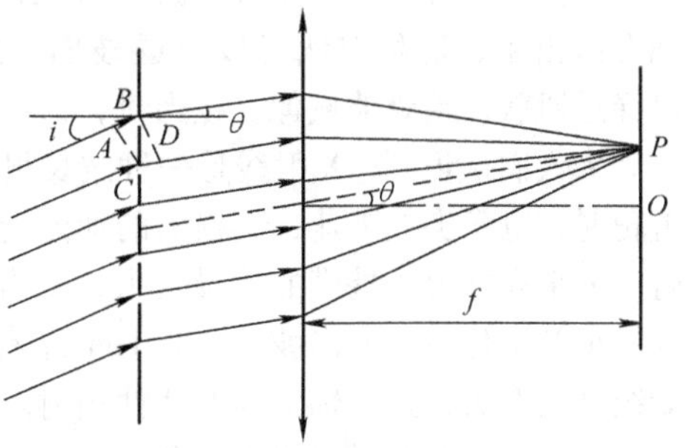

图 16.34 例 16.11 用图

解 （1）当斜入射时，相邻两缝的入射光束在入射前有光程差 AB，衍射后有光程差 CD，如图 16.34 所示，则相邻两光线在 P 点相遇时，总光程差为 $CD-AB=d(\sin\theta-\sin i)$，则斜入射的光栅方程为

$$d(\sin\theta-\sin i)=\pm k\lambda,\ k=1,2,3,\cdots \tag{1}$$

这里需要说明的是，式（1）的适用条件是入射角和衍射角分居在衍射屏法线两侧。如果入射角和衍射角分居在法线同侧，则有

$$d(\sin\theta+\sin i)=\pm k\lambda,\ k=1,2,3,\cdots \tag{2}$$

根据式（1），有 $d(\sin\theta-\sin 30°)=\pm k\lambda$

当 $\theta=-\frac{\pi}{2}$ 时，谱线级次 k 能取到最大值，由于 $d=\frac{1}{500}\text{mm}=2\times10^{-6}\text{m}$，代入上式，可以计算出 $k_{max}=5.1$

所以最高级次取 5。

如果是垂直入射，$i=0$，最高级次相对应于 $\theta=\frac{\pi}{2}$，于是有 $k_{max}=3.4$。

最高级次为 3，可见斜入射比垂直入射可以观察到更高级次的谱线。更高级次的谱线分辨能力更高，这正是斜入射的好处。

（2）如果在第 3 级恰好能够分辨钠双线，根据式（16.53）

$$\frac{\lambda}{\delta\lambda}=kN$$

这里，λ 可以取中间值 589.3nm，$\delta\lambda=0.6\text{nm}$，代入上式中，有

$$N=\frac{\lambda}{k\delta\lambda}=\frac{589.3}{3\times0.6}=327$$

类似地，若在第 2 级谱线处恰能分辨出钠双线，则

$$N=\frac{\lambda}{k\delta\lambda}=\frac{589.3}{2\times0.6}=491$$

16.10 X射线衍射

X射线也叫伦琴射线，是由德国物理学家伦琴在1895年发现的，为开创医疗影像技术铺平了道路，伦琴也因此获得了1901年第一届诺贝尔物理学奖。图16.35是X射线管的结构示意图。图中G为一真空玻璃管，其中密封有电极C和A。C是发射电子的阴极，A是阳极。当两极间加数万伏高电压时，阴极发射的电子在强电场作用下被加速，高速电子撞击阳极（靶）时，就有一种看不见的射线从阳极靶发射出来，这种射线可以穿透玻璃，使底片感光，也可以穿透肌肤，给骨骼成像。在当时，人们并不了解这个射线，故称之为X射线。

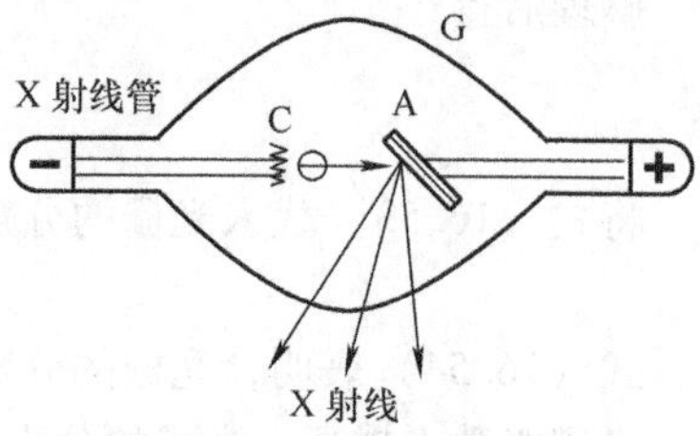

图16.35　X射线管结构示意图

后来人们认识到，X射线是一种波长很短的电磁波，波长在0.01～10nm之间。当高能电子撞击靶时，电子突然减速，其损失的动能会以光子的形式放出，形成X光，这种辐射叫作韧致辐射。如果高能电子携带的能量较大，就有可能将金属原子的内层电子打出，当外层电子跃迁回内层填补空位时，放出波长在0.1nm左右的光子，这个光子的能量是量子化的，和原子内部的能级结构有关，这种辐射叫作特性辐射。既然X射线是一种电磁波，就应该有干涉和衍射现象。但是，由于X射线的波长太短了，普通单缝或者光栅是观察不到X射线衍射的。

1912年德国物理学家劳厄想到了晶体，晶体中粒子的排列也是周期性的，晶格常数在1nm左右，和X射线波长相近，因此晶体是一种非常适合做X射线衍射的三维光栅。劳厄等人进行了实验，他们把一个晶片放在X射线源与照相底片之间。果然在照相底片上显示出有规则的斑点群。劳厄的设想被证实了，这是固体物理学中具有里程碑意义的发现，爱因斯坦曾称此实验是"物理学最美实验"。劳厄实验装置如图16.36a所示，X射线通过NaCl晶体后投射到底片上形成的衍射斑如图16.36b所示，这些斑点也称为劳厄斑。人们可以通过这些衍射斑来研究材料的结构特征。

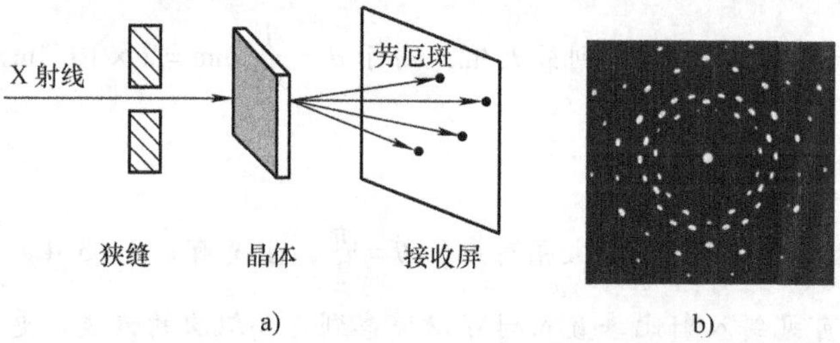

图16.36　劳厄实验装置和劳厄斑

英国的布拉格父子独立地提出一种研究方法，研究了晶体衍射成像的规律，给出了著名的晶体衍射的布拉格公式。当X射线照射晶体时，晶体中每一个原子都是发射子波的中心，向各个方向发射子波，这些子波相干叠加，就形成了衍射图样。他们想象晶体是由一系列平行晶面组成，如图16.37所示，各晶面之间的距离称为晶面间距，用d来表示。当一束光以掠射角φ入射到同一晶面上时，在符合反射定律的方向上各衍射光相长干涉，得到衍射最大的射线。但由于不同晶面上的衍射中心发出的子波的干涉，这一强度也随入射角的改变而改变。当取某一入射角时，相邻两个晶面反射的两条光线满足

$$2d\sin\varphi = k\lambda,\ k = 1,2,3,\cdots \tag{16.55}$$

如图中的光线1、2，这两条来自两个晶面的反射光线相长干涉，在这个方向上的衍射光强最大。式（16.55）称为布拉格公式。应该指出，同一块晶体的空间点阵可以从不同角度把它分成许多晶面族，不同晶面族的晶格间距 d 不相同。当X射线入射到晶体表面上时，对于不同的晶面族，掠射角 φ 也不相同。凡是能满足式（16.55）的，都能在相应的反射方向上得到加强。因此，对于一块晶体，满足X射线干涉加强的布拉格公式可以有多个。

布拉格公式是晶体衍射的理论基础，应用非常广泛。在布拉格公式中，若已知X射线的波长和掠射角 φ，就可以求出晶面间距 d，进而研究晶体结构，这一应用已经发展为X射线的晶体结构分析。例如DNA分子的双螺旋结构就是对大生物分子DNA晶体成千上万张X射线衍射照片分析的结果。若已知晶面间距 d 和掠射角 φ，可以求出X射线的波长，从而研究X射线谱，这就是X射线光谱学。

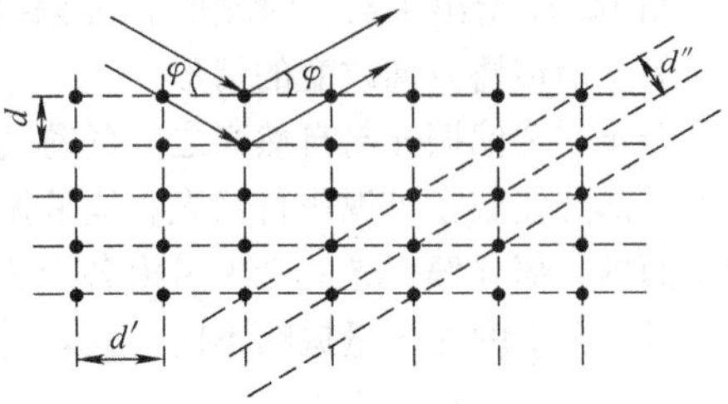

图16.37 晶体的X射线衍射

16.11 光的偏振状态

如前所述，光波是特定频率范围内的电磁波，而电磁波是横波，因此光波中**光矢量的振动方向总和光的传播方向相互垂直**。光的振动方向对于传播方向的不对称性是横波所独有的，也是横波区别于纵波的一个重要标志。我们把这种光波的基本特征称为光的**偏振**。在垂直于光的传播方向的横截面内，光矢量可以有不同的振动状态，各种振动状态通常称为光的**偏振态**。光的偏振态可以分为三类：完全非偏振光、完全偏振光和部分偏振光。

完全非偏振光也称为自然光，是指在垂直于光波传播方向的平面内，沿各方向振动的光矢量都是等概率的，按统计平均来讲，光波矢量的分布是各向均匀的，而且各方向光矢量的振幅也是相同的，如图16.38所示。自然光中各光矢量之间没有恒定的相位差，光矢量的振动可以用两个相互垂直的、振幅相同的光振动来表示。

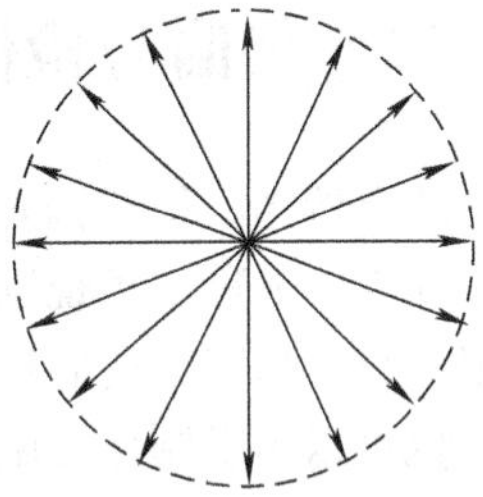
图16.38 非偏振光示意图

普通光源发出的光绝大部分属于非偏振光，这主要是源于光源的发光机制。在普通光源中有大量原子或分子在发光，由于原子或分子发光的独立性，各个原子或分子所发出的光的波列初相彼此无关联，而且光矢量的振动方向也随机分布。因此，整个光源发出的光的情况属于完全非偏振光。

若光矢量 $\boldsymbol{E}$ 在垂直于其光波传播方向的平面内，只沿某一个固定的方向振动，这种光即为一种**完全偏振光**，称为**线偏振光**。如图16.39所示，由光的传播方向与线偏振光的光矢量方向所构成的平面称为**振动面**。可用图示法表示线偏振光，如图16.40所示，用短线表示光矢量在纸面内振动，用点表示光矢量的振动方向与纸面垂直。

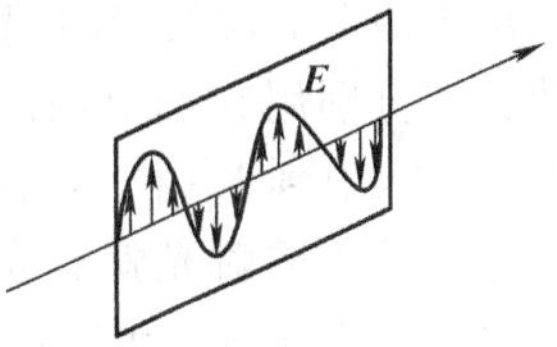

图16.39 线偏振光的振动面

图16.40 线偏振光的图示法

椭圆偏振光或者圆偏振光是另一类完全偏振光，其特征是光矢量 $\boldsymbol{E}$ 在沿着光的传播方向前进的同时，还绕着传播方向均匀旋转。如若光矢量在旋转的同时，其大小在不断发生改变，则其矢量末端可以描绘出一个椭圆，即为**椭圆偏振光**；如若光矢量的大小维持不变，则为**圆偏振光**。根据光矢量旋转的方向不同，此类完全偏振光又分为**左旋光**和**右旋光**。图 16.41 给出了某一时刻的右旋偏振光在半波长的长度内光矢量沿传播方向改变的情形。

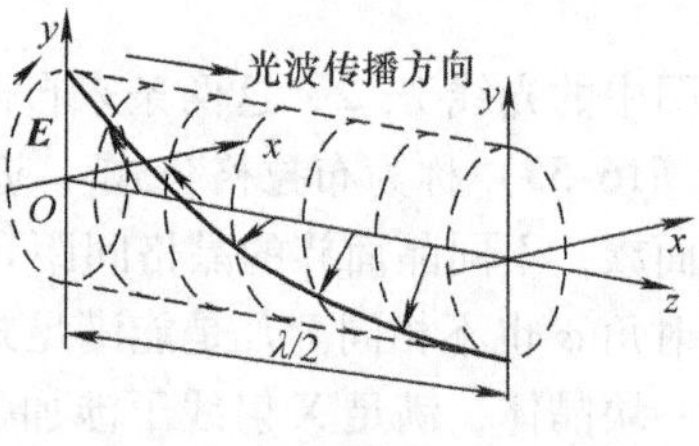

图 16.41 右旋偏振光中光矢量旋转示意图

介于完全偏振光与自然光之间的称为**部分偏振光**，包含自然光和偏振光两种成分。一般情况下，部分偏振光可视作自然光和线偏振光的混合。如图 16.42a 所示，在垂直于光波传播方向的平面内，部分偏振光的光矢量沿各个方向振动，且无固定相位关系，但与自然光的不同之处在于各方向上的光矢量振幅不同，其表示方法如图 16.42b 所示。

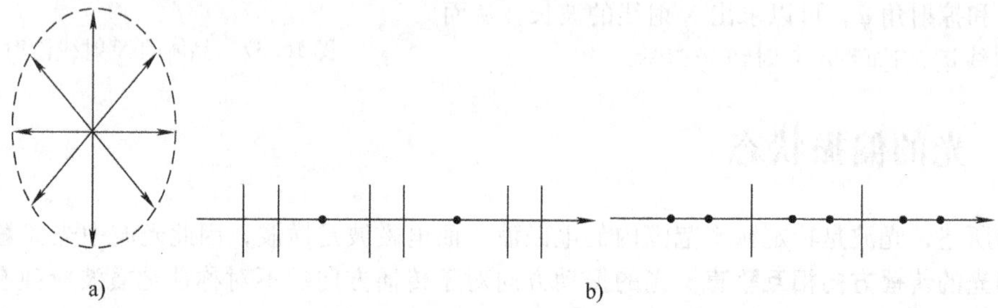

图 16.42 部分偏振光及其表示法

16.12 起偏与检偏

从自然光获得线偏光的过程称为起偏，获得线偏光的器件或装置称为起偏器。起偏器包括玻璃片堆、尼科尔棱镜以及利用晶体二向色性的各类偏振片。在日常生活中，偏振片的应用范围很广泛，如汽车的后视镜与车灯前都会安装偏振片，避免会车时对方车灯造成安全隐患。偏振片也可以用于制作太阳镜和照相机的滤光镜以及观看立体电影的眼镜。

起偏器只能透过沿着某个方向振动的光矢量，而与该方向垂直振动的光矢量则不能通过。这个透光的方向称为偏振化方向或者起偏方向。图 16.43 中画出了两个平行放置的偏振片 P_1 和 P_2，它们的偏振化方向分别用它们上面的虚平行线来表示。当自然光垂直入射到 P_1 时，只有沿着偏振化方向的光矢量透过，因此透射光就变成了线偏振光。自然光中光矢量是对称分布，在将 P_1 绕光的传播方向缓慢转动时，透射光强不随 P_1 的转动而变化，但它只有入射光强的一半。

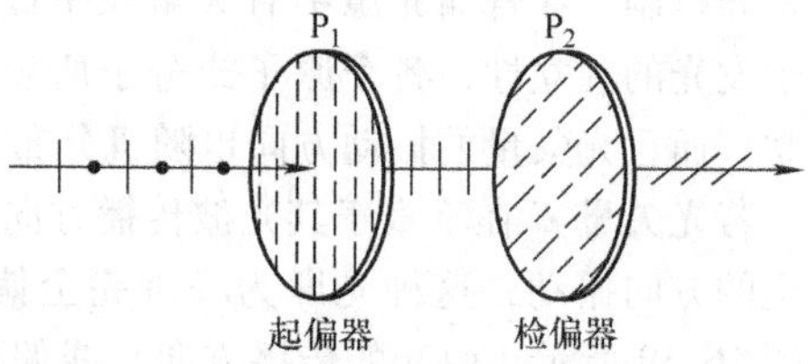

图 16.43 偏振片的应用

再使透过 P_1 形成的线偏振光入射到偏振片 P_2 上，这时如果将 P_2 沿光的传播方向慢慢转动，则会因为只有平行于 P_2 偏振化方向的光振动才允许通过，透过 P_2 的光振动的光强将随 P_2 的转动而发生变化。当 P_2 的偏振化方向平行于入射光的光矢量方向时，光强最强；当 P_2 的偏振化方向垂直于入射光的光矢量方向时，光强为零，称为**消光**。这种情况只有在入射到 P_2 上的光是线偏振光时才会发生，因而这也就成为识别线偏振光的依据。当偏振片被这样用来检验光的偏振状态时，它叫**检偏器**。

16.13 马吕斯定律

马吕斯在研究线偏振光透过检偏器后透射光的光强时发现并总结出了入射光强和透射光强之间的定量关系。

如图16.44所示，设E_0为入射线偏振光的光矢量振幅，将E_0沿着P_2及与P_2垂直的方向分解，则E_0在偏振化方向的投影为$E=E_0\cos\alpha$。以I_0表示入射线偏振光的光强，则透过检偏器后的光强I为

$$I=I_0\cos^2\alpha \tag{16.56}$$

该结论称为**马吕斯定律**。由式（16.56）可知，当$\alpha=0$或$180°$时，$I=I_0$，光强最大。当$\alpha=90°$或$270°$时，$I=0$，没有光从检偏器射出，这就是消光位置。当α为其他值时，光强I介于0和I_0之间。

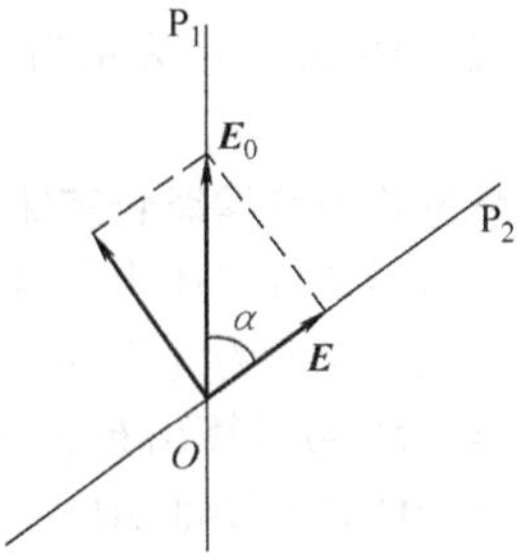

图16.44 马吕斯定律

例16.12 一束自然光入射到互相重叠的四块偏振片上，每块偏振片的偏振化方向相对于前面一块偏振片沿顺时针转过30°角，问透过的光强占入射光强的百分比是多少？

解 设入射光的光强为I_0，透过第1，2，3和4块偏振片后的光强分别为

$$I_1=\frac{1}{2}I_0, I_2=I_1\cos^2\alpha$$

因而

$$I_3=I_2\cos^2\alpha=\frac{1}{2}I_0\cos^4\alpha$$

于是光强

$$I_4=I_3\cos^2\alpha=0.21I_0$$

16.14 反射光与折射光的偏振

一束自然光入射到两种介质的分界面上，会产生反射和折射。一般而言，反射光和折射光的偏振状态会发生改变，不再是自然光，而是部分偏振光。实验证明，在反射光中垂直于入射面的光振动多于平行方向的振动，而在折射光中平行于入射面的光振动多于垂直方向的振动，如图16.45所示。在日常生活中，从水面、柏油路面等反射的光都是部分偏振光。

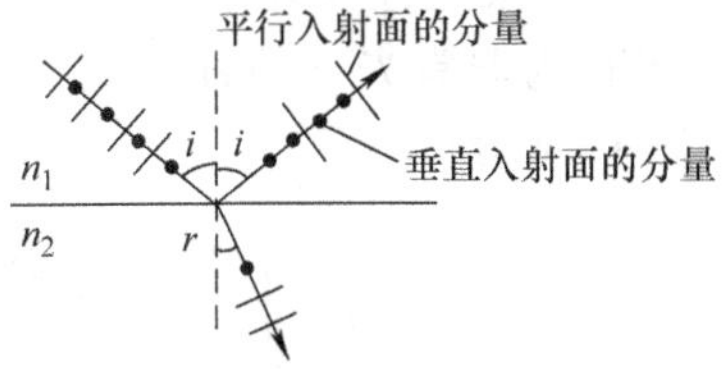

图16.45 自然光反射和折射后产生部分偏振光

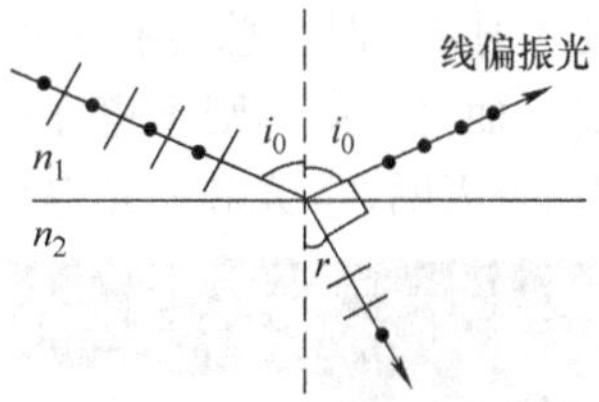

图16.46 起偏振角

入射角直接决定着反射光的偏振化程度。1812年，布儒斯特在研究反射光的偏振化程度时发现，当入射角与折射角之和等于90°时，反射光即成为光振动垂直于入射面的完全偏振光，如图16.46所示。该入射角i_0称为**起偏振角**。为纪念布儒斯特，起偏角也称为**布儒斯特角**。

由折射定律 $$n_1\sin i_0=n_2\sin r$$

将$i_0+r=\frac{\pi}{2}$代入上式，可得

$$n_1\sin i_0 = n_2\sin r = n_2\cos i_0$$

故

$$\tan i_0 = \frac{n_2}{n_1} \tag{16.57}$$

定义介质 2 相对介质 1 的相对折射率 n_{21}

$$n_{21} = \frac{n_2}{n_1}$$

则式（16.57）可表示为

$$\tan i_0 = n_{21} \tag{16.58}$$

该结论称为**布儒斯特定律**，其正确性可通过后来的麦克斯韦电磁场方程进行严格证明。

布儒斯特定律为获得完全偏振光提供了思路。当自然光以布儒斯特角入射至两介质分界面时，反射光即为完全偏振光。但此反射光是非常弱的，以自然光由空气入射至玻璃为例，由 $n_{21}=1.50$ 可计算出布儒斯特角 $i_0\approx56°$，以 i_0 入射的光中平行于入射面的光振动全部被折射，通过理论计算可以证明此时约有 85% 的垂直于入射面的光振动也被折射，反射部分只占 15%。为了解决这一问题，可以将多个相互平行的玻璃片组装在一起，构成一个玻璃片堆，如图 16.47 所示。自然光在各层玻璃面上发生反射和折射，当入射角为起偏角时，每层玻璃面上的反射光均为线偏振光，多次反射可使反射光变强。与此同时，折射光中的垂直分量也因多次被反射而减小。显然，若玻璃片足够多，透射光也接近线偏振光了。

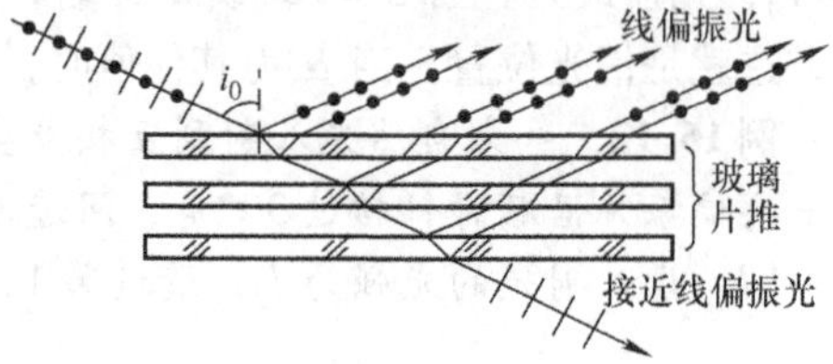

图 16.47　玻璃片堆产生线偏振光

16.15　双折射现象

把一块普通玻璃片放在有字的纸上，通过玻璃片看到的是一个字只有一个像。这是因为玻璃是各向同性的介质，入射光在其中的折射光只有一束。如果将玻璃替换成各向异性的方解石晶体（成分为 $CaCO_3$，天然方解石，又称冰洲石），则看到一个字呈现双像，这说明光进入方解石后分成了两束。上述实验表明，当一束自然光射向各向异性介质时，在晶体内部分为两束折射光，这种现象称为晶体的**双折射现象**，如图 16.48 所示。实验发现，改变入射角 i 时，总会有一束光遵守折射定律，这束光称为**寻常光**（简称 o 光），而另一束光则不遵守折射定律，这束光称为**非常光**（简称 e 光）。检偏结果表明，o 光和 e 光都是线偏振光，如图 16.49 所示。

偏振光
干涉现象

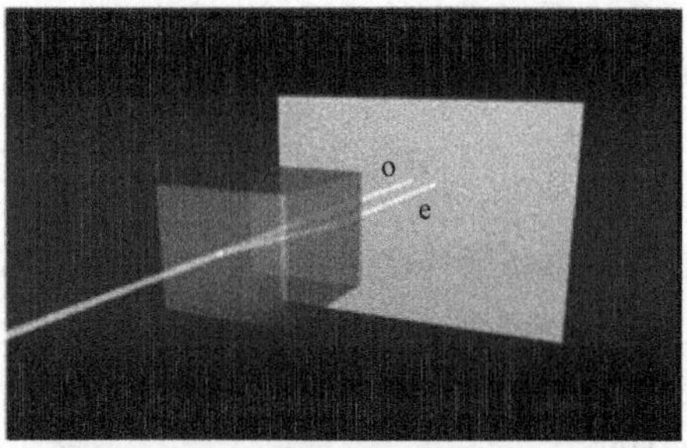

图 16.48　双折射现象

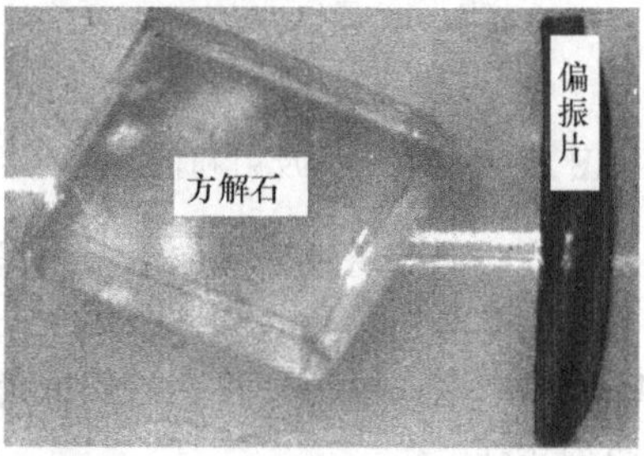

图 16.49　o 光和 e 光的检偏

由介质的折射率定义可知，o光在晶体内部各方向上的传播速度相同，因而其在各方向上的折射率为一常量。而e光在晶体内部各方向上的传播速度不同，所以在各方向上的折射率不同。

实验发现，在方解石等晶体内存在着一些特殊的方向，光沿着这些特殊方向传播时，不发生双折射。此时，o光和e光的折射率（$\sin i/\sin r$ 的比值）相等，光的传播速度相同，晶体内部的这个特殊的方向称为晶体的光轴方向，晶体内平行于该方向的任意一条线称为晶体的**光轴**。有些晶体只有一个这样特殊的方向，称为单轴晶体，如方解石、石英、红宝石等。有两个这种特殊方向的的晶体叫作双轴晶体，如云母、硫磺、蓝宝石、黄玉等。

图16.50给出了天然方解石晶体的光轴方向。图中，方解石晶体为为六面棱体，两棱之间的锐角为78°，钝角为102°。从其三个钝角相会合的顶点引出一条直线 AB，使其与各邻边成等角，该方向就是方解石晶体的光轴方向。

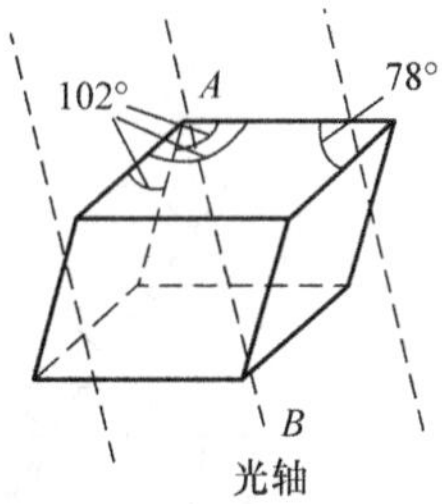

图16.50 方解石晶体的光轴

根据惠更斯原理，由于晶体的各向异性，晶体内任一子波源都会发出两组子波，如图16.51所示。一组是**球面波**，各方向光速相等，对应于o光；另一组的波面是**旋转椭球面**，各方向光速不相等，对应于e光。由于两种光线沿光轴方向的速度相等，因此球面与椭球面在光轴方向相切。在垂直于光轴的方向上，o光和e光的传播速度相差最大。o光的传播速度 v_o 表示，折射率用 n_o 表示。e光在垂直于光轴方向上的传播速度用 v_e 表示，折射率用 n_e 表示。用 c 表示真空中的光速，则有 $n_o = c/v_o$，$n_e = c/v_e$。n_o 和 n_e 称为晶体的**主折射率**，它们是晶体的两个重要光学参量。若晶体的 $v_o > v_e$，亦即 $n_o < n_e$，则称为正晶体，如图16.51a所示。金红石（TiO_2）就是典型的正晶体，其 n_o 为2.616，n_e 为2.903，石英和冰也是正晶体。若晶体的 $v_o < v_e$，即 $n_o > n_e$，则称为负晶体，如图16.51b所示。方解石的 n_o 为1.658，n_e 为1.486，因此是典型的负晶体，常见的负晶体还有电气石和白云石等。

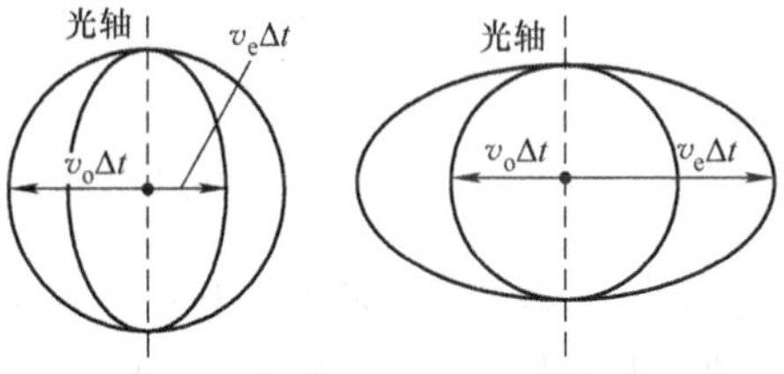

a) 正晶体　b) 负晶体

图16.51 晶体中的子波波阵面

在研究光在晶体中的传播时，经常会用到**主平面**的概念。某光线的主平面是指其传播方向与光轴方向所组成的平面。因e光不一定在入射面内，故一般情况下o光、e光的主平面并不重合。在特殊情况下，即当光轴在入射面内时，o光、e光的主平面和入射面重合在一起。o光的振动方向垂直于其主平面，e光的振动方向在其主平面内。

晶体中o光和e光的传播方向可利用惠更斯作图法来确定，下面以单轴负晶体为例来说明。

如图16.52a所示，平行光线垂直入射晶体，光轴在入射面内且与界面平行。在界面处 AB 面是入射光的同相面，其上每一点同时向晶体内发出o光球面子波和e光椭球面子波，两子波面在光轴方向上相切，在垂直于光轴方向上相差距离最大。分别作出 AB 面上各点子波源在 t 时刻所发出的球面子波及椭球面子波的包络面 OO' 和 EE'，则 AO、BO' 和 AE、BE' 就是o光和e光的传播方向。尽管在这种情况下o光和e光的传播方向没分开，但是两者的传播速度不同，所以o光波面和e光波面不相重合，当到达同一位置时，两者间有一定的相位差，因此仍存在双折射。

图16.52b所示的情况也是光轴在入射面内，且与晶面平行，但入射光是斜入射的。此时 AC

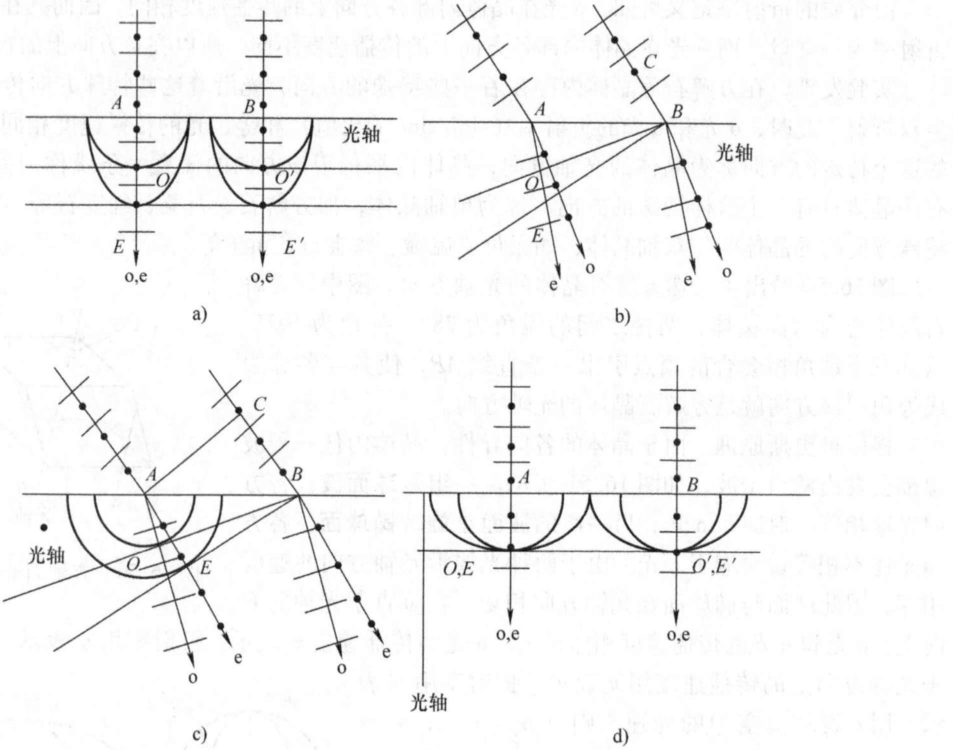

图 16.52 单轴晶体中 o 光和 e 光的传播方向

为入射光的波阵面，当波阵面上 C 点所发出的子波传到晶面 B 点时，其余各点所发出的子波均已经在晶体中传播了一段距离，其中 A 点发出的子波波面如图 16.52b 所示，包括 o 光球面子波和 e 光椭球面子波。各点所发子波的包络面都是与晶面斜交的平面。从入射点 B 向由 A 点发出的子波波面引切线，再由 A 点向相应切点 O、E 作直线，就是 o 光、e 光的传播方向。

图 16.52c 中所示的情况是光轴垂直于入射面，且平行于晶面。与图 16.52b 类似，平行光斜入射，但因 e 光旋转椭球面的转轴就是光轴，所以与入射面的交线也是圆，且此圆半径为椭圆的半长轴，大于 o 光球面子波半径。按照前面的方法可分别作出 o 光和 e 光的子波波面的包络面，显然也是与晶面斜交的平面。AO、AE 即为 o 光、e 光的传播方向。在此情况下，如果入射角为 i，o 光、e 光的折射角分别为 r_o 和 r_e，则根据惠更斯作图法很容易证明 $\sin i/\sin r_o = n_o$，$\sin i/\sin r_e = n_e$。此时，e 光在晶体中的传播方向也可以用普通折射定律求得。

在图 16.52d 所示的情况中，光轴在入射面内，并垂直于晶体表面。当平行光垂直入射时，因光在晶体内沿光轴方向传播，故不发生双折射现象。

双折射现象的应用之一就是制作偏振器件，在光学领域已经设计了很多复合棱镜来获得线偏振光。例如，渥拉斯顿棱镜，它是由两块方解石的直角三棱镜粘合而成，它们的光轴方向相互垂直，如图 16.53 所示。当自然光垂直入射第一块方解石时，o 光的振动方向垂直于光轴，而 e 光的振动平行于光轴，两束光虽然传播方向相同，但波阵面分开，因此发生了双折射，与图 16.52a 的情况基本一致。当两束光斜入射至第二块方解石中时，因光轴

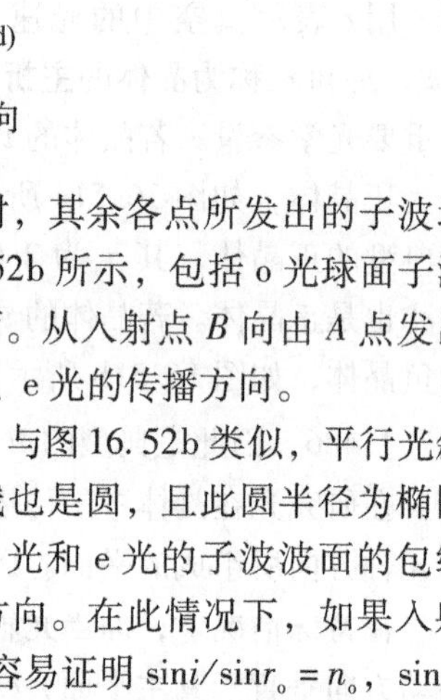

图 16.53 渥拉斯顿棱镜

与入射面垂直，原o光（指在第一块方解石中的）的振动方向平行于其在第二块方解石中的主平面，因此变为e光，这就相当于从光密媒质（$n_o=1.658$）入射到光疏媒质（$n_e=1.486$）。同理，第一块方解石中的e光在第二块方解石中变成了o光，相当于从光疏媒质（$n_e=1.486$）入射到光密媒质（$n_o=1.658$）。这样一来，两束光的折射角就不同，因此在第二块方解石中的传播方向就分开了。再经过方解石晶体与空气的界面时两束光线的折射方向会进一步分开，因此获得了两束振动方向相互垂直的线偏振光。

本章思维导图

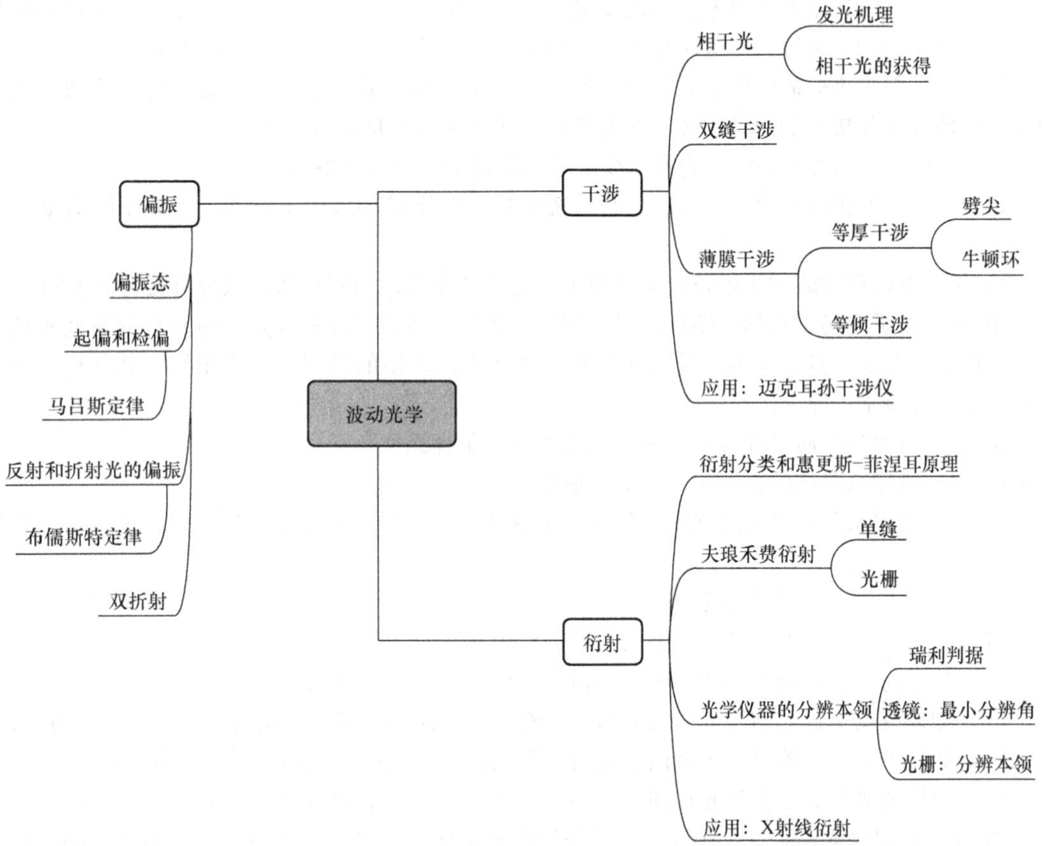

思　考　题

16.1　用单色光做杨氏双缝干涉实验时，若在保持双缝之间距离不变的前提下使其中一条缝的宽度变窄，那么在观察屏上干涉条纹有何变化？

16.2　某位学生在做杨氏双缝干涉实验时，他（她）做了以下改变：

（1）将入射的平行光由正入射，即入射角为零，逐渐增大至60°；

（2）将点光源沿主轴方向逐渐远离双缝；

（3）将点光源垂直主轴方向逐渐移动；

（4）将整个实验装置浸没于水中。

试问上述情况干涉条纹如何变化？

16.3 在肥皂泡或水面漂浮的油膜上都可以观察到彩色干涉条纹，原因是太阳发出的光波被膜的内外或上下表面反射时分成了两束满足频率相同、振动方向相同、相位差恒定的两束相干光。但是作为我们生活中常见的、同样有两个界面的玻璃也可以使照射到其上的光分成两束光，但在其表面却没有观察到干涉条纹，试分析其原因。

16.4 在用两块平板玻璃形成的空气劈尖进行干涉实验时，若将上玻璃板沿着入射光方向逐渐远离下玻璃板，干涉条纹将如何变化？

16.5 当用两块平板玻璃形成的空气劈尖进行干涉实验时，由于有多个介质分界面，所以一束入射光被分成多束反射光，试分析其中哪些界面的反射光会发生干涉。

16.6 当用白光作为光源进行杨氏双缝干涉实验时，若在两个缝的后面分别用红色和绿色滤光片盖住其中的一条缝，问这时是否可以观察到干涉条纹？并给出可能的原因。

16.7 在用两块平板玻璃形成的空气劈尖进行干涉实验时，若使空气劈尖的夹角通过使其中一块玻璃板以其接触端为轴旋转来逐渐变大，问干涉条纹将如何变化？

16.8 在做牛顿环实验时，为什么要求平凸透镜的半径要足够大？

16.9 在做牛顿环实验时，若将平凸透镜缓慢远离下玻璃板向上移动，干涉条纹会如何变化？

16.10 牛顿环实验的干涉条纹与薄膜干涉的干涉条纹均为圆环状，试分析其有何不同。

16.11 在研究杨氏双缝干涉现象时，理论分析告诉我们干涉条纹是一组平行的等间距的直条纹，但实验上观察其干涉条纹时发现干涉条纹并不是严格的等间距或直条纹，试分析理论与实验结果出现差别的原因。

16.12 衍射的本质是什么？干涉和衍射的区别是什么？

16.13 为什么声波的衍射比光波的衍射更加显著？

16.14 当用眼睛透过狭缝观察远处的一个物体时，这个光路是菲涅耳衍射还是夫琅禾费衍射？

16.15 在单缝夫琅禾费衍射中，

（1）如果改变单缝的宽度，屏上的衍射图样怎么变？为什么？

（2）如果将光源 S 的缝加宽，屏上的衍射图样怎么变？为什么？

（3）如果改变单缝与前置透镜或者后置透镜之间的距离，屏上的衍射图样怎么变？为什么？

（4）如果单缝垂直透镜的光轴向上或向下移动，屏上的衍射图样怎么变？为什么？

（5）如果线光源 S 垂直于光轴向上或向下移动，屏上的衍射图样怎么变？为什么？

16.16 和双缝光栅相比，十缝光栅的条纹有何不同？假设两个光栅每个缝的宽度和缝间距都相同。

16.17 在光栅衍射中，缝间干涉是相干叠加还是非相干叠加？

16.18 光栅和棱镜都可以用来分光，形成光谱，它们的光谱有何不同？

16.19 为什么衍射光栅的光栅常数越小越好，或者说光栅总缝数 N 越大越好？

16.20 在双缝干涉实验中，如果遮住其中一条缝，在屏幕上是否还能看到条纹？每一条缝的衍射对干涉花样有什么影响？

16.21 一衍射光栅对某一波长在宽度有限的屏幕上只出现中央条纹和第 1 级亮条纹。欲使屏幕上出现高一级的亮条纹应换一个什么样的光栅？

16.22 对于光栅衍射，只有 d/a（d 是光栅常数，a 是缝宽）等于整数的时候才能出现缺级吗？

16.23 为什么斜入射的光栅衍射可以获得更高级次的衍射条纹？

16.24 晶体的衍射公式和平面光栅衍射公式有何不同？

16.25 光的偏振现象揭示了光波的什么性质？列举几个偏振光的应用？

16.26 光有几种宏观偏振态？自然界中的光都是“自然光”吗？

16.27 列举几种由自然光产生线偏振光的方法。

16.28 一束光垂直入射在偏振片上，以入射光线为轴转动偏振片，观察通过偏振片后的光强变化过程。如果观察到光强不变，则入射光是什么光？如果观察到明暗交替变化，有时出现全暗，则入射光是什么光？如果观察到明暗交替变化，不出现全暗，则入射光是什么光？

16.29 自然光是否一定不是单色光？线偏振光是否一定是单色光？

16.30 既然根据振动分解的概念可以把自然光看成是两个相互垂直振动的合成，而一个振动的两个分振动又是同相的，那么，为什么说自然光分解成的两个相互垂直的振动之间没有确定的相位关系呢？

16.31 通常偏振片的偏振化方向是没有标明的，你有什么简易的方法将它确定下来？

16.32 在单轴晶体中，e光是否总是以c/n_e的速率传播？哪个方向以c/n_0的速率传播？

16.33 是否只有自然光入射晶体时才能产生o光和e光？

16.34 当一束自然光以布儒斯特角入射到两种介质的分界面上时，就偏振状态来说，反射光为什么光？其振动方向如何？

16.35 一束光入射到两种透明介质的分界面上时，发现只有透射光而无反射光，试说明这束光是怎样入射的？其偏振状态如何？

习　　题

16.1 在杨氏双缝干涉实验中，用某种单色光垂直照射双缝，观察到两个3级暗条纹之间的距离为12.30mm，已知双缝之间的距离为0.25mm，接收屏与双缝所在处平面的距离为1.20m。问入射光的波长等于多少？

16.2 某同学在学习完杨氏双缝干涉实验后设计了如下测量未知液体折射率的方法。首先测得了在空气中时杨氏双缝干涉的两个5级明条纹之间的距离，之后在保持其他条件不变的情况下将整个装置浸没于待测溶液中，并再次测量两个第5级明条纹之间的距离。观察到干涉条纹之间向中央明条纹聚拢，并测得两个5级明条纹之间的距离减小了20%。试问该透明溶液的折射率是多少？

16.3 为了测量一透明介质的厚度，某同学设计了利用杨氏双缝干涉实验测量的方法。他用待测介质盖住双缝中的一个缝，测量中央明条纹位置的改变。已知入射光为氦氖激光器发出的红光，波长为632.8nm，正入射至双缝，已知该介质的折射率为1.10。实验结果发现中央明条纹由原来的中心位置移动至原8级明条纹位置处，试问薄片厚度是多少？

16.4 在杨氏双缝干涉实验（见图16.54）中，单色光垂直入射，双缝之间的距离为2.00mm，双缝到接收屏的距离为1.20m。若用厚度为7μm、折射率为1.60的透明载物片盖住其中一条缝，问这时条纹较未盖住载物片时发生的位移大小和移动的方向如何？

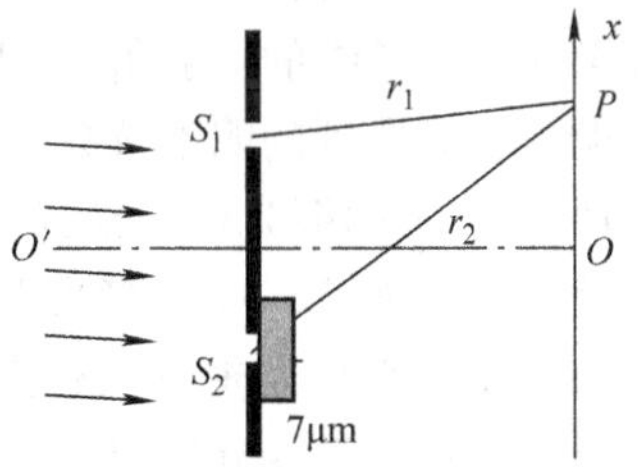

图16.54 习题16.4用图

16.5 观察油膜表面的干涉现象。折射率为1.32的煤油薄膜浮于水面上，水的折射率为

1.33。当用波长为485nm的光垂直照射到油膜表面上时，反射光干涉相消，当用波长为679nm的光垂直照射该油膜时同样也出现了反射光干涉相消。求油膜的厚度。

16.6　折射率为1.33的肥皂泡在太阳光照射下可以出现彩色干涉条纹，假设肥皂泡所形成的薄膜厚度是均匀的。若在45°观察肥皂泡时其表面呈现绿色，即绿光反射干涉加强。已知绿光波长为500nm，问肥皂泡的最小厚度是多少？若正对着肥皂泡膜表面观察，其所对应的反射光干涉加强的波长是多少？

16.7　在劈尖干涉实验中，用波长为480nm的蓝光垂直照射一由两块玻璃板所形成的空气劈尖，测得相邻的两个暗条纹之间的距离为3mm，问该空气劈尖的劈尖角是多少？

16.8　在一实心玻璃劈尖上进行劈尖干涉实验时，所用入射光波长为500nm，入射角为30°，劈尖角为5×10^{-5}rad，玻璃的折射率为1.35。试求第1级与第5级暗条纹之间的距离。

16.9　在一平板玻璃上落有一滴油滴，形成了类牛顿环干涉装置。当用波长为530nm的绿光垂直照射到其表面时，在油滴上表面形成了牛顿环干涉条纹，实验测得油滴中心最大厚度为1.2μm，第5级明环的半径为6mm，且已知油滴的折射率为1.3。试求油滴表面所对应的曲率半径的大小。

16.10　一平凸透镜放在一相同质量的玻璃板上，现以波长589.3nm的单色光垂直照射于其上，测得第10级反射光的暗环直径为3.00mm，试求平凸透镜的直径和第15级暗环的直径。

16.11　用波长532nm的激光垂直照射到单缝时，其夫琅禾费衍射图样的第1极小与单缝法线间的夹角为5°，试求该缝的缝宽。

16.12　用波长为546nm的绿色平行光垂直入射到单缝上，置于缝后的透镜的焦距为40cm，测得第二极小至衍射图样中心的线距离为0.3cm。当我们用未知波长做实验时，测得第3级极小到中心的线距离为0.42cm，试求未知波长。

16.13　在单缝夫琅禾费衍射装置中，用细丝代替单缝，就构成了衍射细丝测径仪。已知光波波长为630nm，透镜焦距为50cm，今测得零级衍射斑的宽度为1.0cm，试求该细丝的直径。

16.14　在迎面驶来的汽车上，两盏前灯相距1.2m，试问在汽车离人多远的地方，眼睛恰好能分辨这两盏灯？设夜间人眼瞳孔的直径为5.0mm，入射光波长为550nm，而且只考虑人眼瞳孔的衍射效应。

16.15　波长为400nm的平行光垂直投射到某透射光栅上，测得第3级衍射主极大的衍射角为30°，且第2级明条纹不出现。求：（1）光栅常数d；（2）透光缝的宽度a；（3）屏幕上可能出现的全部明条纹。

16.16　一衍射光栅，每厘米有400条透光缝，每条透光缝宽度为$a=1\times10^{-5}$m，在光栅后放一焦距$f=1$m的凸透镜，现以$\lambda=500$nm的单色平行光垂直照射光栅，问：（1）透光缝a的单缝衍射中央明条纹宽度为多少？（2）在该宽度内，有几个光栅衍射主极大？

16.17　用波长为500nm的单色光垂直照射到每毫米有500条刻痕的光栅上，求：（1）第1级和第3级明条纹的衍射角；（2）若缝宽与缝间距相等，用此光栅最多能看到的明条纹数。

16.18　一四缝光栅，缝宽为a，光栅常量$d=2a$。其中1缝总是开的，而2、3、4缝可开可关，如图16.55所示。波长为λ的单色平行光垂直入射光栅。试画出下列条件下夫琅禾费衍射的相对光强分布曲线：关闭3、4缝；关闭2、4缝；4缝全开。

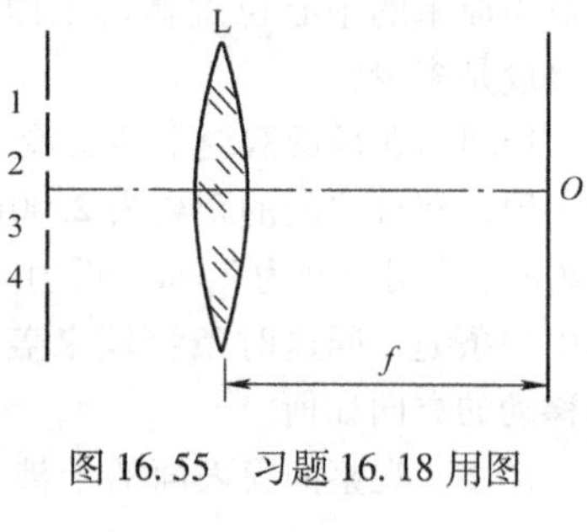

图16.55　习题16.18用图

16.19　一光源的发光部件内含有氢原子和氘原子的混合

物，它所发射的光是中心波长为656.3nm的红双线，波长间隔$\Delta\lambda=0.18\text{nm}$。若用一光栅能在第1级谱线中分辨这两条谱线，光栅的刻痕数N至少应是多少？

16.20　一块每厘米有6000条刻痕的光栅，以波长范围为400～700nm的白光垂直入射。试分别计算第1级和第2级光谱的角宽度，两者是否有重叠？

16.21　已知天空中两颗星相对于一望远镜的角距离为$4.84\times10^{-6}\text{rad}$，它们发出的光波长为550nm。问望远镜的口径至少多大才能分辨出这两颗星？

16.22　图16.56中所示的各图是多缝衍射的光强分布曲线，试根据图线回答：各图是几缝光栅？d/a是多少？有无缺级？缝宽最大的是哪个？标出各图横坐标，以λ/d和λ/a标度的分度值。

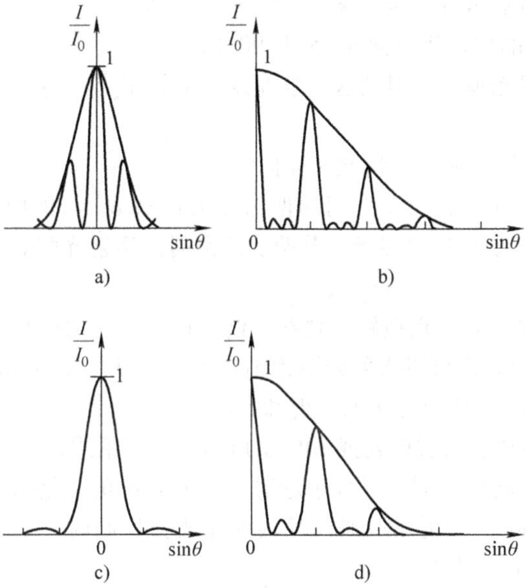

图16.56　习题16.22用图

16.23　在图16.57中，若$\varphi=45°$，入射的X射线包含有从0.095nm到0.130nm这一波带中的各种波长。已经晶格常数$d=0.275\text{nm}$，问是否会有干涉加强的衍射X射线产生？如果有，求这种X射线的波长。

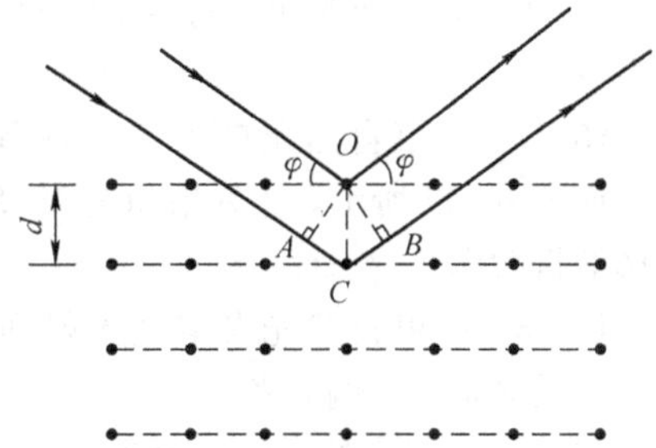

图16.57　习题16.23用图

16.24　试证明一束左旋圆偏振光和一束右旋圆偏振光，当它们的振幅相等时，合成的光是线偏振光。

16.25　试说明以下光波的偏振态：

$$D_x=-\sqrt{2}\cos\left(kz-\omega t-\frac{\pi}{4}\right)$$

$$D_y=2\sin\left(kz-\omega t-\frac{\pi}{4}\right)$$

16.26　一束光强为I_0的自然光垂直穿过两个偏振片，且这两个偏振片的偏振化方向的夹角成45°角，则穿过两个偏振片后的光强是I_0的多少倍？

16.27　两个偏振片堆叠在一起，一束自然光垂直入射其上时没有光线通过。当其中一个偏振片慢慢转动180°时，透射光强将发生怎样的变化？

16.28 使光强为I_0的平面偏振光先后通过两个偏振片P_1和P_2。P_1和P_2的偏振化方向与原入射光光矢量振动方向的夹角分别是α和90°，则通过这两个偏振片后的光强I是多少？

16.29 有一束自然光和线偏振光组成的混合光，当它通过偏振片时改变偏振片的取向，发现透射光强可以变化7倍。试求入射光中两种光的光强各占总入射光强的比例。

16.30 如图16.58所示，有三个偏振片堆叠在一起，第一块与第三块的偏振化方向相互垂直，第二块和第一块的偏振化方向相互平行，然后第二块偏振片以恒定角速度ω绕光传播的方向旋转。设入射自然光的光强为I_0。求此自然光通过这一系统后，出射光的光强。

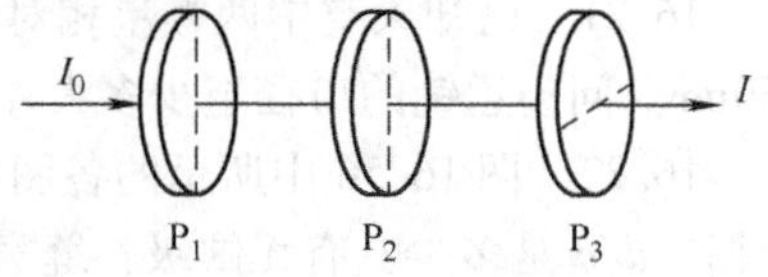

图16.58 习题16.30用图

16.31 将三个偏振片叠放在一起，第二个与第三个的偏振化方向分别与第一个的偏振化方向成45°和90°角。

（1）光强为I_0的自然光垂直入射到这一堆偏振片上，试求经每一偏振片后的光强和偏振状态。

（2）如果将第二个偏振片抽走，情况又如何？

16.32 两个偏振片叠在一起，在它们的偏振化方向成$\alpha_1=30°$时，观测一束单色自然光。又在$\alpha_2=45°$时，观测另一束单色自然光。若两次所测得的透射光强相等，求两次入射自然光的光强之比。

16.33 三个偏振片P_1、P_2、P_3按顺序叠在一起，P_1、P_3的偏振化方向保持相互垂直，P_1与P_2的偏振化方向的夹角为α，P_2可以入射光线为轴转动。今以光强为I_0的单色自然光垂直入射在偏振片上。不考虑偏振片对可透射分量的反射和吸收。

（1）求穿过三个偏振片后的透射光强I与α角的函数关系式；

（2）试定性画出在P_2转动一周的过程中透射光强I随α角变化的函数曲线。

16.34 当自然光以60°的入射角照射在某两种介质交界面时，反射光为完全线偏振光，那么折射光是什么光？折射角多大？

16.35 一束自然光从空气投射到玻璃表面上，当折射角为30°时，反射光是完全偏振光，那么此玻璃板的折射率等于多少？

16.36 某种透明介质对于空气的临界角等于45°，光从空气射向此介质时的布儒斯特角等于多少？

16.37 一束自然光自水（折射率为1.33）中入射到玻璃表面上，如图16.59所示。当入射角为49.5°时，反射光为线偏振光，求玻璃的折射率。

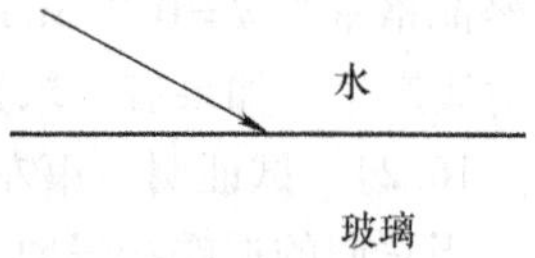

图16.59 习题16.37用图

16.38 一束自然光自空气入射到水（折射率为1.33）的表面上，若反射光是线偏振光，

（1）此入射光的入射角为多大？

（2）折射角为多大？

16.39 一束自然光由空气入射到某种不透明介质的表面上。今测得此不透明介质的起偏角为56°，求这种介质的折射率。若把此种介质片放入水（折射率为1.33）中，使自然光束自水中入射到该介质片表面上，求此时的起偏角。

16.40 根据布儒斯特定律可以测定不透明介质的折射率。今测得釉质在空气中的起偏角为58°，求它的折射率。

16.41 在如图16.60所示的各种情况下，以非偏振光和偏振光入射两种介质的分界面，图

中 i_0 为起偏角，试画出折射光线和反射光线，并用点和短线表示它们的偏振状态。

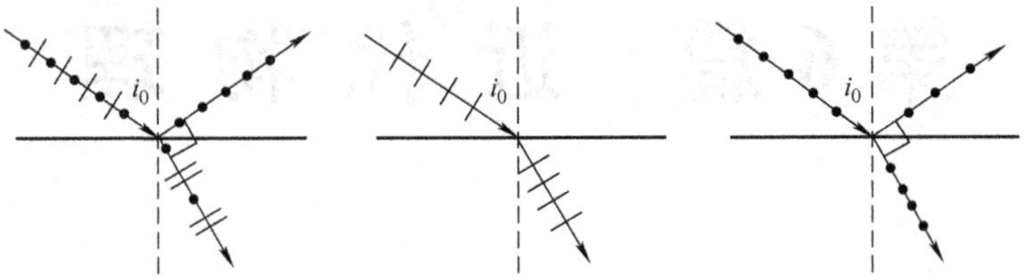

图 16.60 习题 16.41 用图

16.42 一束平行的线偏振光在真空中的波长为589nm，垂直入射到方解石晶体上，晶体的光轴与表面平行，如图 16.61 所示。已知方解石晶体对该单色 o 光和 e 光的折射率分别为 1.658、1.486，方解石晶体中寻常光的波长和非常光的波长分别等于多少？

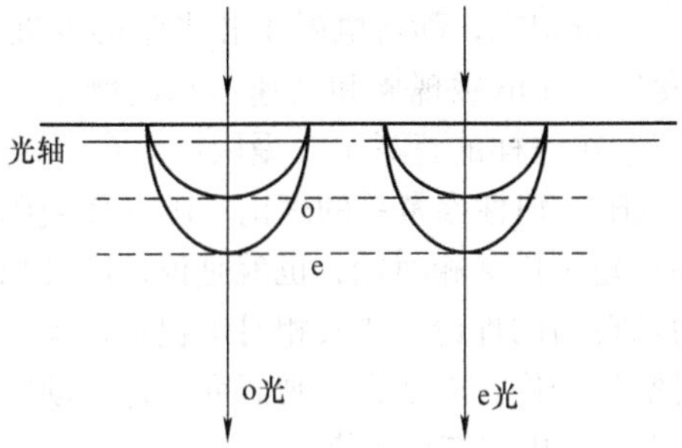

图 16.61 习题 16.42 用图

第6篇　近 代 物 理

第17章　狭义相对论基础

通过前面各章的介绍，我们了解到了牛顿力学的概念和理论对解决宏观物体在惯性参考系中的低速运动问题卓有成效。19世纪末，随着电磁学和光学的发展，人们在研究电磁波的传播速度与参考系之间的关系时发现，在电磁现象和高速运动问题中，应用经典力学的结果与实验事实相悖。在这样的背景下，爱因斯坦在1905年创建了狭义相对论。狭义相对论是局限在惯性参考系的理论，1915年爱因斯坦又将其拓展到非惯性系中，继而创建了广义相对论，也就是说，广义相对论是推广到一般参考系，包括引力场在内的理论。狭义相对论包括运动学和动力学两部分，其中运动学涉及时空的变换，而动力学则研究高速运动粒子的质量、动量和能量等物理量在相互作用中的变化规律。

相对论效应

17.1　伽利略变换与经典物理学的危机

17.1.1　伽利略变换

牛顿运动定律所适用的参考系称为惯性系，而相对于某一惯性系做匀速直线运动的一切参考系，牛顿运动定律皆同样适用，因而也都是惯性系。这就表明，对一切惯性系而言，力学现象都服从同样的规律。这就是经典力学的相对性原理，它是在力学范围内根据大量实验事实总结出来的一条普遍规律。按照这一原理，我们在研究一个力学现象时，不论取哪一个惯性系，对这一现象的描述都是没有区别的。因此也可将力学相对性原理表述为一切惯性系都是等价的。

例如，静坐在匀速直线运动的轮船内的旅客，如果把船舱四周的窗帘拉上，而且船身又不摇晃，旅客就并不感觉到船在前进，这时竖直向上抛掷一件东西，仍将落回原处，人向后走动并没有感到比向前走动困难。由此可知，在船上与在地面上发生的任一力学现象并没有什么两样，选择轮船还是选择地面为参考系来描述运动，其结果是完全一样的。如上所述，在匀速直线运动的轮船上，旅客既然觉察不到船上所发生的力学现象与在地面上时有何区别，那么船上的旅客就不能通过任何力学现象（或任何力学实验）来判断轮船究竟相对于地面是静止的还是在匀速直线行驶。因此，力学的相对性原理要求：当力学定律从一个惯性系换算到另一个惯性系时，定律的表述形式保持不变。而下述的伽利略（Galileo，1564—1642）变换正式表达了惯性系之间的这种换算关系。

为了在两个惯性系中分析描述同一物理事件，建立两个参考系K、K′，例如以地面为参考系K，以速度$\boldsymbol{u}$相对于地面做匀速直线运动的参考系作为K′参考系。在K、K′系中分别安置时

钟和选取坐标系 $Oxyz$、$O'x'y'z'$，并将 Ox 轴和 $O'x'$轴取在沿速度 $\boldsymbol{u}$ 方向的同一直线上，其他相应的坐标轴始终各自平行，如图 17.1 所示。

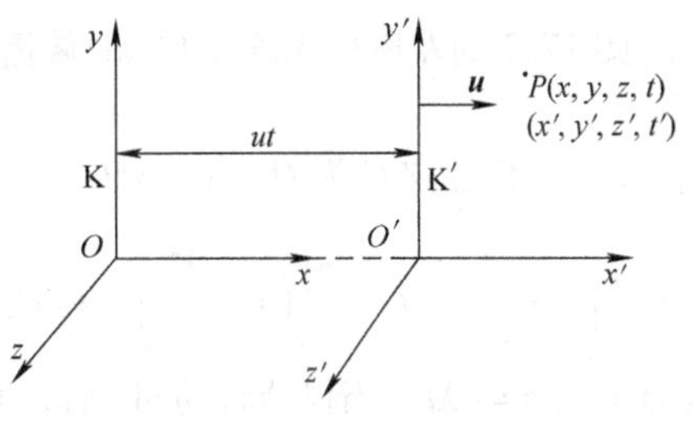

图 17.1　伽利略变换

今后，我们对设置在两个惯性系 K、K′上的坐标系的安排和计时零点的选取如不另做说明，都采取这种如图 17.1 的假设。

事件是某一时刻发生在空间某一点的事例，用 $(\boldsymbol{r},\ t)$ 表示。设 K′系相对于 K 系沿 x 轴正方向以 $\boldsymbol{u}$ 做匀速运动。约定系统：x、x'轴重合，y、y'轴平行，z、z'轴平行，o、o'重合时 $t=t'=0$。在伽俐略坐标变换中，时间和空间无关，在 K、K′系中观测同一质点 P 的运动。在 K 系中测得质点 P 在时刻 t 的位置为 $(x,\ y,\ z)$，在 K′系测得相应的时刻为 t'的位置为(x',y',z')。从这一前提出发，在上述两个惯性系 K、K′中测得的时刻是相同的，即 $t=t'$；Oy、Oz 轴方向的坐标也是相同的，Ox 轴方向的坐标相差一段$\overline{OO'}$，因此这两组坐标、时间之间的变换关系为

正变换 K→K′　　　　逆变换 K′→K

$$\begin{cases} x' = x - ut \\ y' = y \\ z' = z \\ t' = t \end{cases} \qquad \begin{cases} x = x' + ut' \\ y = y' \\ z = z' \\ t = t' \end{cases} \tag{17.1}$$

以上这两组等式是互逆的，称为伽利略变换式。为描述质点 P 的运动情况，将式 (17.1) 的位置坐标对时间求导，从而得出伽利略的速度变换公式，即

$$\begin{cases} v_x' = v_x - u \\ v_y' = v_y \\ v_z' = v_z \end{cases} \qquad \begin{cases} v_x = v_x' + u \\ v_y = v_y' \\ v_z = v_z' \end{cases} \tag{17.2}$$

17.1.2　经典物理学的危机

1864 年，英国物理学家麦克斯韦（J. C. Maxwell）建立了以麦克斯韦方程组为基础的电磁场理论，按照这个理论可以得到光在真空中的传播速度是常量、与参考系无关的结果。这直接会引出一个结论：在任何惯性系中光在真空中沿任何方向的传播速度都等于 c。然而，这个结论与伽利略相对性原理产生了严重的矛盾。按照伽利略速度变换，若光在 K 系中的速度是 c，则在 K′系中观测，光沿 K′系运动方向的速度为 $c-u$，沿反方向为 $c+u$。为了解决这一矛盾，当时主流的一种解决方法是抛弃所有惯性系都平等的相对性思想，认为电磁学理论仅适用于一种特殊的惯性系——以太参考系，“以太”被认为是绝对静止并充满整个宇宙空间。按照这一思路，地球相对于“以太”这个绝对静止的参考系要有相对运动，地面上不同方向的光速就应该有所不同。1881 年，迈克耳孙用他自己著名的干涉仪做了如图 17.2 所示的实验，但并未观察到以太漂移的结果。1887 年，他与莫雷以更高的精度重新做了这类实验，仍得到零结果，即测不到想象中的“以太风”对光速产生的任何影响。这就是 20 世纪初物理学晴朗天空中的第一朵乌云。

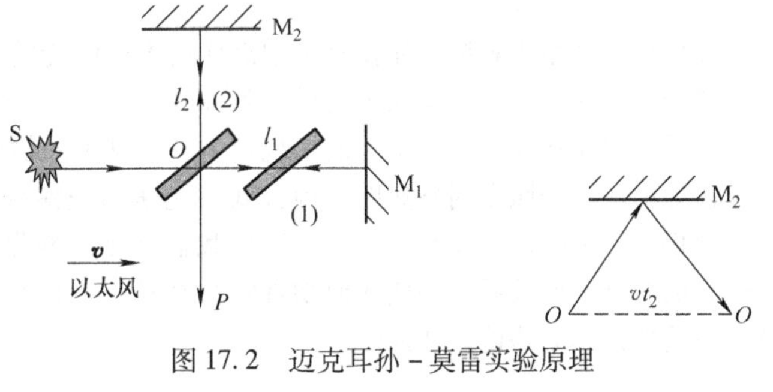

图 17.2　迈克耳孙 - 莫雷实验原理

图 17.2 的左图中光线（1）的传播路径为 $O \to M_1 \to O$，$t_1 = \frac{l_1}{c-v} + \frac{l_1}{c+v} = \frac{2l_1}{c}\left(\frac{1}{1-v^2/c^2}\right)$；光线（2）的传播路径为 $O \to M_2 \to O$，$t_2 = \frac{2l_2}{c}\left(\frac{1}{\sqrt{1-v^2/c^2}}\right)$，由 $l_2 = l_1 = l$ 且 $v \ll c$，利用级数展开 $t_1 \approx \frac{2l}{c}\left(1+\frac{v^2}{c^2}\right)$，$t_2 \approx \frac{2l}{c}\left(1+\frac{v^2}{2c^2}\right)$，得两束光线的时间差为 $\Delta t = |t_2 - t_1| = lv^2/c^3$。两个光路的光程差即为 $\delta = c\Delta t$，当仪器转动 90°后，光程差为 $\delta = 2c\Delta t$，则引起干涉条纹应该移动的条纹数目应该有 $\Delta N = \frac{2l}{\lambda}\frac{v^2}{c^2}$，而实验结果却是 $\Delta N = 0$，即迈克耳孙 - 莫雷实验的零结果，这说明“以太”并不存在。

问题 17.1

（1）试阐明力学的相对性原理。

（2）简述牛顿的绝对时空观，并在这一前提下导出伽利略变换。

（3）为什么说牛顿力学的规律都符合力学的相对性原理？

（4）试由伽利略变换判断，在时间间隔、空间间隔、速度和加速度等物理量中，哪些是不变量？在牛顿力学中，物体质量是与参考系之间相对运动无关的不变量吗？

17.2 狭义相对论的建立

迈克耳孙 - 莫雷实验以及其他一些实验的结果都否定了“以太”的存在，从根本上动摇了牛顿力学的绝对时空观。正是在这样的历史背景下，1905 年，爱因斯坦断然摆脱绝对时空观的束缚，革命性地提出了两条假说作为狭义相对论的两条基本原理：相对性原理和光速不变原理。

17.2.1 相对性原理

在所有惯性系中，物理定律都具有相同的表达形式。这一原理就是相对性原理，是力学相对性原理的推广，它不仅仅适合于力学领域，也适合于电磁学、光学等所有物理领域，其表达形式在不同惯性系中都保持不变，即一切惯性系都是等价的。人们不论在哪个惯性系中做任何物理实验（不仅仅是力学实验），都不能确定该惯性系是静止的还是在做匀速直线运动。

狭义相对论的相对性原理还可以从协变对称的角度表述为：高速运动物体的动力学方程和麦克斯韦方程组具有洛伦兹变换的协变对称性，即在不同的惯性系之间进行洛伦兹变换，方程的数学形式保持不变。狭义相对论是有局限性的，仅适应于惯性系，不适用于非惯性系；狭义相对论的相对性原理与引力现象矛盾。

17.2.2 光速不变原理

在任何惯性系中观测，光在真空中沿任何方向的传播速度都等于 c。需要指出，光速不变是指光速的大小保持不变，而在不同的惯性系中，光的传播方向是可以发生变化的。经过精密的实验测量，现在将光在真空中的速率规定为一个基本的物理常量，其值为 $c = 299792458\text{m/s}$。

正如前述，按照伽利略速度变换公式，光速与观察者和光源之间的相对运动有关，而光速不变原理实际上否定了伽利略变换。这样我们必须放弃伽利略变换，从光速不变原理出发寻找一个新的时空变换关系，并使任何物理定律在这一新的变换下保持不变的表述形式，这一变换就是下述要讲到的洛伦兹变换。

讨论 17.2

（1）爱因斯坦的相对性原理是牛顿力学相对性原理的发展。

（2）光速不变原理与伽俐略的速度合成定理针锋相对。

（3）时间和长度等的测量，在牛顿力学中与参考系无关，在狭义相对论力学中与参考系有关。

17.3　狭义相对论效应

17.3.1　同时的相对性

爱因斯坦根据他提出的光速不变原理提出了一个异地对钟的准则。在车厢的中点 M'安装一个光信号发射器，如图 17.3 所示。同时向车尾 A'和车头 B'发出光信号，放置在 A' 和 B' 处的时钟测得的两个信号是同时接收到的，即 $t_{A'} = t_{B'}$。然而，当观测者从车上转换到站台上时，由于在这段时间内车厢相对于 M 点向前移过了距离 ut，所以这时 B'相对于 M 点的距离为 $L/2 + ut$，而 A'相对于 M 点的距离为 $L/2 - ut$，即这两段距离不相等；根据光速不变原理，光沿任何方向传播的速率均为 c，到达车头 B 处的信号晚于到达车尾 A 处的信号，即 $t_A < t_B$。由此可以得出结论，光速不变原理将导致同时性的相对性：沿惯性系 K 和 K′ 相对运动方向异地发生的两个事件，若在 K 系中是同时发生的，则在 K′ 系中就不是同时发生的。这里也要注意，同时性的相对性是针对异地同时发生的两个事件而言的，对于同一个地点同时发生的两个事件，“同时”则具有绝对意义。“同时性”的相对性是狭义相对论时空观的核心，也是狭义相对论时空观与绝对时空观的原则区别所在。

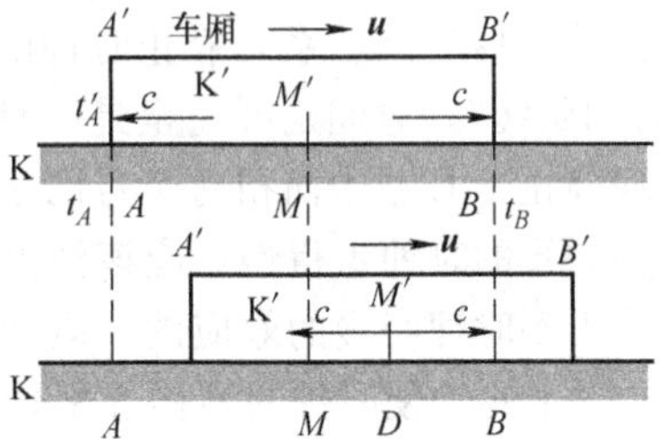

图　17.3

问题 17.3（1）

（1）何谓同时性？试阐明同时的相对性。

（2）站在地面上的人看到两个闪电分别同时击中一列以匀速 $v = 70\text{km} \cdot \text{h}$ 行驶的火车前端 P 和后端 Q，试问车上的一个观察者测得这两个闪电是否同时发生？他在车上测出这列火车全长为 600m。（答：$t'_Q - t'_P = 0.13 \times 10^{-12}$s，后端 Q 比前端 P 迟发生闪电。）

17.3.2　时间延缓

在行驶的列车 K′ 上有一个光信号发射和接收系统，列车相对于地面的运动速度为 u，光信号从 A′ 发出后经过平面反射镜 M 反射，回到信号接收器 C′处，信号发射器距离平面镜 M 的距离为 d，如图 17.4 所示，则信号从发出到接收之间的时间间隔为

$$\Delta t' = \frac{2d}{c} \tag{17.3}$$

观测者从列车上转换到站台，则观察到光信号传播的路径如图 17.4 中的下图所示，光的传播路径为折线，光线从 A 处发出，在 B 处被接收，光线实际传播的距离为 $2l$，根据光速不变原理，信号由发出到接收的时间间隔为

$$\Delta t = \frac{2l}{c} = \frac{2}{c}\sqrt{d^2 + \left(\frac{u\Delta t}{2}\right)^2} \tag{17.4}$$

由此可以得出，两个事件的时间间隔在不同的参考系里观察会导致时间间隔不同。从上面的推导结论可以得出：

$$\Delta t = \frac{\Delta t'}{\sqrt{1 - \frac{u^2}{c^2}}} \tag{17.5}$$

式中，$\Delta t'$称为固有时，也叫原时，即同一地点两事件的时间间隔。显然，$\Delta t' = \Delta t \sqrt{1 - \frac{u^2}{c^2}} < \Delta t$，即原时最短。一个运动的时钟 C′，和一系列静止的时钟 C_1、C_2 相比，运动的时钟变慢了。一个运动时钟的“1s”比一系列静止时钟的“1s”长，这称为运动时钟的“时间延缓”。时间延缓完全是一种相对效应。K′系中的观察者会发现静止于 K 系中而相对于自己运动的时钟比自己参考系中的一系列同步的时钟走得慢！应该注意，与时钟一起运动的观测者是感受不到时钟变慢的效应的。运动时钟变慢纯粹是一种相对论效应，并非运动使时钟的结构发生什么改变。1s 等于^{135}Cs 发出的一个特征频率光波周期的 9192631770 倍（以前定为平均太阳日的1/86400）。在任何惯性系中的 1s 都是这样定义的。当时 $u \ll c$ 时，这就回到了牛顿力学的绝对时间了。时间的延缓是时空自身的一种特性，与过程是生物的、化学的还是机械的无关！

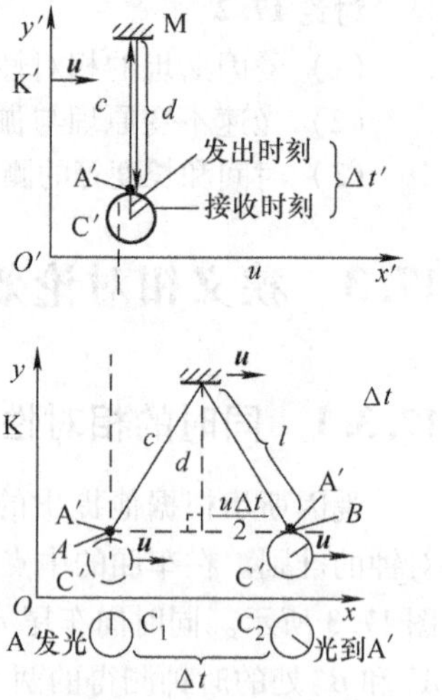

图 17.4

17.3.3 尺缩效应

小车参考系 K′以速度 u 沿尺的长度方向运动，尺静止于地面上，车先后经过 A 端和 B 端，如图 17.5 所示。观测者分别在车上和站台上对小车经过尺的两个端点的时刻进行计时。在地面上的 K 参考系中，$\Delta t = t_2 - t_1$，静止的长度则为 $l = u\Delta t$。在小车参考系 K′ 中，$\Delta t' = t_2' - t_1'$，则运动的尺的长度为 $l' = u\Delta t'$。由此可以得到

$$\frac{l'}{l} = \frac{\Delta t'}{\Delta t} = \sqrt{1 - \frac{u^2}{c^2}} \rightarrow l' = l\sqrt{1 - \frac{u^2}{c^2}} \tag{17.6}$$

运动的尺的长度发生了收缩，这就是狭义相对论的尺缩效应。原长 l 是最长的。需要指出，长度收缩只发生在物体的运动方向上，垂直于运动方向的长度不发生这种收缩。由此可以推断：物体形状随参考系的不同而不同。

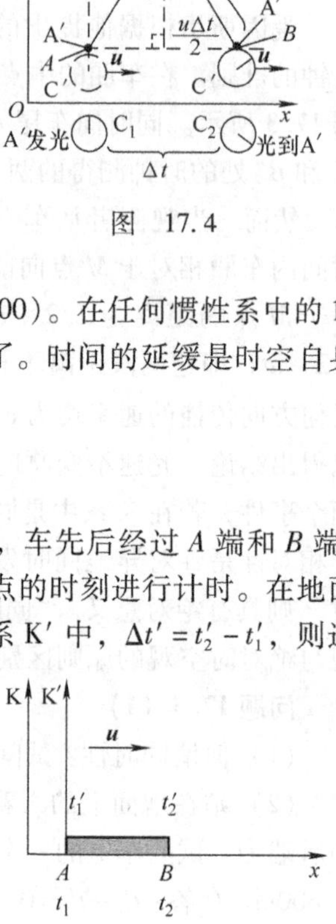

图 17.5 长度的收缩

例 17.1 两根固有长度为 l_0 的尺 A 和尺 B 相互平行，以相同的速度v相对于 K 系运动，方向相反，求尺 B 相对于尺 A 的长度。

解

$$l = l_0\sqrt{1 - \beta^2} = l_0\sqrt{1 - \frac{v_{BA}^2}{c^2}}$$

K′系相对于 K 系：$u = v$

尺 B 相对 K′系：$v_x' = v_{BA} = \dfrac{v_x - u}{1 - \dfrac{v_x u}{c^2}} = \dfrac{-2v}{1 + \dfrac{v^2}{c^2}}$

$$得\ l = l_0\sqrt{1 - \frac{v_{BA}^2}{c^2}} = l_0\left(1 - \frac{v^2}{c^2}\right) \Big/ \left(1 + \frac{v^2}{c^2}\right)$$

例 17.2 设惯性系 K′相对于惯性系 K 以匀速 $u = c/2$ 沿 Ox 轴方向运动，在 K′系的 $x'O'y'$ 平

面内静置一长为 1.5m、并与 $O'x'$ 轴成 $\theta'=30°$ 角的棒。试问：在 K 系中观察到此棒的长度和棒与 Ox 轴的夹角为多大？

解　在 K′系中，棒的长度在 $O'x'$ 轴、$O'y'$ 轴上的投影 L'_{Ox}、L'_{Oy} 分别为

$$L'_{Ox}=L'_O\cos\theta',\ L'_{Oy}=L'_O\sin\theta'$$

式中，L'_O 为 K′系中测得的棒长，即固有长度 1.5m。由于 K 系和 K′系仅在沿 Ox 轴方向有相对运动，故在 K 系中棒在 Ox 轴方向的投影 Lx 有收缩，而在 Oy 轴方向的投影则没有改变，即

$$L_x=L'_{Ox}\sqrt{1-(u/c)^2}=L'_O\cos\theta'\sqrt{1-(u/c)^2},\quad L_y=L'_{Oy}=L'_O\sin\theta'$$

因此在 K 系中，观察到棒的长度 L 及棒与 Ox 轴的夹角 θ 分别为

$$L=\sqrt{L_x^2+L_y^2}=L'_O\sqrt{1-(u/c)^2\cos^2\theta'}$$

$$\theta=\arctan\frac{L_y}{L_x}=\arctan\left[\frac{L'_O\sin\theta'}{L'_O\cos\theta'}\frac{1}{\sqrt{1-(u/c)^2}}\right]=\arctan\frac{\tan\theta'}{\sqrt{1-(u/c)^2}}$$

在上两式中，代入题给的数据，读者不难自行算出 $L=1.35$m，$\theta=33.669°$，可见，在 K 系中观察到的这条高速运动的棒，不仅长度缩短，其空间方位亦有改变。

问题 17.3（2）

（1）试述长度收缩效应（亦称“尺缩效应”），何谓固有长度？在低速情形即 $u \ll c$ 下，试证明 $L=L'_0$，即与牛顿力学中空间量度的结论相一致。

（2）宇航员坐在宇宙飞船中，拿着一个正方体木块。设飞船以接近光速从地球匀速地飞向一恒星，且木块的一棱边平行于飞船运动方向。试分析在地球上和飞船上所观察到的木块形状。

17.3.4　狭义相对论时空中的色彩

对于上述长度缩短和时间变慢的现象，仅当低速，$u \ll c$ 时，$\sqrt{1-(u/c)^2}\approx 1$，才与牛顿力学时空观的结论相一致。由于人们在日常生活中接触到的现象中 u 都远比 c 小，因此上述“相对论效应”在日常生活中几乎是感觉不到的。在这些情况下，牛顿力学的时空观和伽利略变换都是适用的。在高速运动的系统中，相对论的时空观直接或间接地均已为实验所证实。

即使光速对于所有观测者是一定的，但运动物体的发光频率与观测者观测到的频率也可能是不同的。如图 17.6 所示，当电车与观测者相对速度为 0 时，观测者看到电车是黄色的；当电车与观测者相互接近时，观测者看到电车是蓝色的（蓝移）；当两者相互远离时，观测到的电车变成了红色（红移）。这就是著名的多普勒效应（Doppler effect）。

图　17.6

对于电车上的观测者，电车前面的景色将变得更蓝些，电车后面的景色将变得更红些。电车旁边的景色将是各种颜色的混合。当达到光速时，空间在变成一个平面的同时，所有颜色都将融合，电车的前与后不在区分。纯色调将消失，只有混合的、无确定性质的色调——白（white）、黑（black）、棕褐（brown）、灰白（grey）——能够保留，这些正是立体派画家最常使用的颜色。在毕加索的作品中，我们可以清楚地看到，立体派拒绝传统上利用透视学原则表达空间上的景深。如图 17.7 所示。

《我的宝贝》(毕加索，1911)

《亨利肖像》(毕加索)

图 17.7

例 17.3 北京和上海的直线距离为1000km，在某一时刻从两地同时各开出一列火车，现有一艘飞船从北京到上海方向高速掠过，速率 $u_1=9\text{km/s}$，$u_2=0.999c$，求在两种情况下宇宙飞船上的观察者看到这两列火车是否同时开出？

解 在K系中 $\Delta t=t_2-t_1=0$，$\Delta x=x_2-x_1=10^6\text{m}$

在K′系中 $\Delta t'=t_2'-t_1'=\dfrac{-\dfrac{u}{c^2}(x_2-x_1)}{\sqrt{1-\beta^2}}$

当 $u_1=9\times10^3\text{m/s}$ 时，$\Delta t_1'=-10^{-7}\text{s}$

当 $u_2=0.999c$ 时，$\Delta t_2'=-7.45\times10^{-2}\text{s}$

因此可得，上海先发车。

例 17.4 一个静止的μ子的平均寿命 $\tau_0=2\times10^{-6}\text{s}$，今在8km的高度，由π介子的衰变产生了一个μ子，它相对于地面以速度 $u=0.998c$（c为真空中的光速）向地面飞行着。试论证这个μ子有无可能到达地面：(1) 按经典理论；(2) 考虑相对论效应。

解 (1) 按经典理论，以地面为参考系，μ子飞行的距离为

$$s_1=u\tau_0=0.998c\tau_0=0.998\times3\times10^8\text{m/s}\times2\times10^{-6}\text{s}=598.8\text{m}$$

s_1 远小于8km，故μ子在平均寿命期间，根本不可能到达地面。

(2) 由于μ子的飞行速度接近于光速 c，所以必须考虑相对论效应，以地面为参考系，μ子的平均寿命为

$$\tau=\frac{\tau_0}{\sqrt{1-(u/c)^2}}=\frac{2\times10^{-6}}{\sqrt{1-[(0.998c)/c]^2}}=31.6\times10^{-6}\text{s}$$

则μ子的平均飞行距离为

$$s_2=u\tau=0.998c\tau=(0.998\times3\times10^8)\times(31.6\times10^{-6})\text{km}=9.46\text{km}$$

μ子的飞行距离 $s_2=9.46\text{km}>8\text{km}$，故有可能到达地面。

例 17.5 π^-介子是一种不稳定的粒子，从它产生到它衰变为μ^-介子经历的时间即为它的寿命，已测得静止π^-介子的平均寿命 $\tau_0=2\times10^{-8}\text{s}$。某加速器产生的$\pi^-$介子以速率 $u=0.98c$ 相对实验室运动，求π^-介子衰变前在实验室中通过的平均距离。

解 对实验室中的观察者来说，运动的π^-介子的寿命τ为

$$\tau=\frac{\tau_0}{\sqrt{1-\beta^2}}=\frac{2\times10^{-8}}{\sqrt{1-0.98^2}}\text{s}=1.005\times10^{-7}\text{s}$$

因此，π^- 介子衰变前在实验室中通过的距离 d' 为

$$d' = u\tau = 0.98c \times 1.0005 \times 10^{-7}\text{s} = 29.5\text{m}$$
$$d' \neq u\tau_0 = 0.98c \times 2 \times 10^{-8}\text{s} = 5.9\text{m}$$

例 17.6　宇宙飞船以 0.8c 的速度远离地球（退行速度 $u = 0.8c$），在此过程中飞船向地球发出两个光信号，其时间间隔为 Δt_{E}。求地球上接收到它发出的两个光信号的间隔 Δt_{R}.

解　令宇宙飞船为 K′系，地面为 K 系，则在 K 系中测得发出两个光信号的时间间隔为

$$\Delta t_{\text{发射}} = \frac{\Delta t_{\mathrm{E}}}{\sqrt{1 - u^2/c^2}} = \frac{\Delta t_{\mathrm{E}}}{\sqrt{1-\beta^2}}$$

接收两个光信号的时间间隔为 $\Delta t_{\mathrm{R}} = \Delta t + \dfrac{u\Delta t}{c} = \Delta t\left(1 + \dfrac{u}{c}\right) = \Delta t_{\mathrm{E}}\sqrt{\dfrac{1+\beta}{1-\beta}} = 3\Delta t_{\mathrm{E}}$

问题 17.3（3）

（1）何谓固有时间？试述时间延缓效应（亦称“钟慢效应”）

（2）两只经校准的时钟甲、乙做相对运动，从甲钟所在的惯性系中观察，哪只钟走得快？

17.4　洛伦兹坐标变换

“我失败的主要原因是我死守一个观念：只有变量 t 才能作为真正的时间，而我的当地时间 t 仅能作为辅助的数学量。”——洛伦兹（H. A. Lorentz，1853—1928）。

洛伦兹变换起源于电磁学中的麦克斯韦方程组，在伽俐略变换下无法保持不变性，即麦克斯韦方程组只在一个惯性系中成立，在其他惯性系中不成立，这样就违反了相对性原理。对此，洛伦兹提出了一种新的变换——洛伦兹变换。在洛伦兹变换下，麦克斯韦方程组也具有不变性。

下面来介绍洛伦兹变换的推导：首先它要遵循和满足两个基本假设，当质点速率远小于真空中的光速时，新时空变换能退化到伽俐略变换。

按照狭义相对论两条基本假设，选取两个惯性系 $\mathrm{K}(O,x,y,z)$、$\mathrm{K}'(O',x',y',z')$，它们的坐标分别平行，在 $t = t' = 0$ 时原点重合，且 K′以速度 u 相对 K 沿 x 轴的正方向做匀速直线运动。若有一个事件发生在 P 点，从两个惯性系分别测得 P 点的时空坐标为 (x,y,z,t) 和 (x',y',z',t')，如图 17.8 所示。

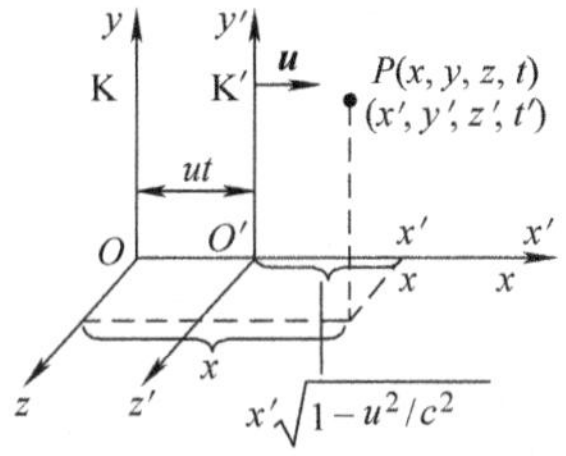

图　17.8

在 K 系中，

$$x = ut + x'\sqrt{1 - \frac{u^2}{c^2}} \tag{17.7}$$

在 K′系中，

$$x' = x\sqrt{1 - \frac{u^2}{c^2}} - ut' \tag{17.8}$$

两个方程联立，可以得到 $x' = \dfrac{x - ut}{\sqrt{1 - \dfrac{u^2}{c^2}}}$，$t' = \dfrac{t - \dfrac{u}{c^2}x}{\sqrt{1 - \dfrac{u^2}{c^2}}}$　　(17.9)

由此可以导出惯性系 K、K′之间新的时空变换关系为

$$\begin{cases} x=\dfrac{x'+ut'}{\sqrt{1-(u/c)^2}} \\ y=y' \\ z=z' \\ t=\dfrac{t'+(u/c^2)x'}{\sqrt{1-(u/c)^2}} \end{cases} \text{或} \begin{cases} x'=\dfrac{x-ut}{\sqrt{1-(u/c)^2}} \\ y'=y \\ z'=z \\ t'=\dfrac{t-(u/c^2)x}{\sqrt{1-(u/c)^2}} \end{cases} \tag{17.10}$$

式（17.8）称为洛伦兹变换，式中，c 为真空中的光速。当 $u \ll c$ 时，洛伦兹变换就退化成伽利略变换。可见，伽利略变换是洛伦兹变换在低速情况下的一种近似，而俐略变换是洛伦兹变换的一种极限。其次，在洛伦兹变换中，时间的变换是与坐标的变换相联系的，这说明时间与空间是不可分割的。

考虑到 x' 和 t' 都应是实数，这就要求 $1-u^2/c^2>0$，即速度值 u 必须满足 $u<c$。

这就表明，任何物体的运动速度都不能大于真空中的光速 c，即真空中的光速 c 是物体运动的极限速度。

由洛伦兹变换可得

$$\frac{dx'}{dt}=\frac{v_x-u}{\sqrt{1-\dfrac{u^2}{c^2}}},\ \frac{dt'}{dt}=\frac{1-\dfrac{u}{c^2}v_x}{\sqrt{1-\dfrac{u^2}{c^2}}} \tag{17.11}$$

将两式相比可得

$$v'_x=\frac{v_x-u}{1-\dfrac{u}{c^2}v_x} \tag{17.12}$$

同理，

$$\frac{dy'}{dt'}=\frac{dy}{dt'}=\frac{\dfrac{dy}{dt}}{\dfrac{dt'}{dt}},\ \frac{dt'}{dt}=\frac{1-\dfrac{u}{c^2}v_x}{\sqrt{1-\dfrac{u^2}{c^2}}} \tag{17.13}$$

可得

$$v'_y=\frac{v_y}{1-\dfrac{u}{c^2}v_x}\sqrt{1-\frac{u^2}{c^2}} \tag{17.14}$$

采用相同的计算方法还可以得到

$$v'_z=\frac{v_z}{1-\dfrac{u}{c^2}v_x}\sqrt{1-\frac{u^2}{c^2}} \tag{17.15}$$

洛伦兹速度变换及其逆变换公式为

$$\begin{cases} v'_x=\dfrac{v_x-u}{1-(u/c^2)v_x} \\ v'_y=\dfrac{\sqrt{1-(u/c)^2}\,v_y}{1-(u/c^2)v_x} \\ v'_z=\dfrac{\sqrt{1-(u/c)^2}\,v_z}{1-(u/c^2)v_x} \end{cases} \text{或} \begin{cases} v_x=\dfrac{v'_x+u}{1+(u/c^2)v'_x} \\ v_y=\dfrac{\sqrt{1-(u/c)^2}\,v'_y}{1+(u/c^2)v'_x} \\ v_z=\dfrac{\sqrt{1-(u/c)^2}\,v'_z}{1+(u/c^2)v'_x} \end{cases} \tag{17.16}$$

根据上述结果来讨论真空中的光速，设在 K 系中有一束光沿某一方向（这里不妨取 Ox 轴方向）以速度 c 传播，即 $v_x=c$，则按洛伦兹速度变换公式（17.16），此光束在 K′系中的传播速度为

$$v_x'=\frac{v_x-u}{1-\frac{v_x u}{c^2}}=\frac{c-u}{1-\frac{cu}{c^2}}=c \tag{17.17}$$

亦即在别的惯性系中观察到真空中的光速亦为 c，这符合光速不变原理。不可能通过参考系变换达到超光速。

下面，根据洛伦兹变换再审视“同时性”“时间间隔”和“长度”测量的相对性。

设在惯性系 K′中观测到不同地点同时发生的两个事件，其时空坐标分别为(x_1',y_1',z_1',t')和(x_2',y_2',z_2',t')，按洛伦兹变换式（17.10），在惯性系 K 中观测到这两个事件发生的时刻分别为

$$t_1=\frac{t'+ux_1'/c^2}{\sqrt{1-(u/c)^2}},\ t_2=\frac{t'+ux_2'/c^2}{\sqrt{1-(u/c)^2}} \tag{17.18}$$

式中，u 为 K′系相对于 K 系的运动速度。由上两式可得

$$t_2-t_1=\frac{(x_2'-x_1')u/c^2}{\sqrt{1-(u/c)^2}} \tag{17.19}$$

这就表明，如果在 K′系中观测到的两个同时事件发生于不同地点，即 $x_1'\neq x_2'$，则在 K 系中观测到的这两个事件并非同时，而是有先有后，其相隔的时间 $\Delta t=t_2-t_1$。如果这两个事件发生在同一地点，即 $x_1'=x_2'$，则在 K 系中观测到的这两个事件才是同时发生的。

洛伦兹变换集中反映了相对论的时空观。在运动长度的测量中，固有长度是指相对于棒静止的惯性系测得棒的长度。洛伦兹变换有 $x'=\gamma(x-ut)$，当 $\Delta t=0$ 时，$\Delta x'=x_2'-x_1'=\gamma(\Delta x-u\Delta t)$，则 $l_0=\gamma l$。当 $u\ll c$ 时，$\gamma\approx 1$，$l\approx l_0$，可知长度缩短效应即沿尺长度方向相对尺运动的观测者测得的尺长 l，较相对尺静止观测得的同一尺的原长 l_0 要短。在不同惯性系中测量同一尺长，以固有长度为最长。

设在 K′系中同一地点（$\Delta x'=0$），不同时间（$\Delta t'\neq 0$）发生的两事件，对 K 系观测者，两事件时间间隔为 $\Delta t=\dfrac{\Delta t'}{\sqrt{1-\beta^2}}$。上式中 $\Delta t'$为原时，正是时间延缓的表达式。

例 17.7　一短跑选手在地面上以 10s 的时间跑完 100m，一飞船沿同一方向以速率 $u=0.8c$ 飞行。求：(1) 飞船参考系上的观测者测得百米跑道的长度和选手跑过的路程；(2) 飞船参考系上测得选手的平均速度。

解　设地面参考系为 K 系，飞船参考系为 K′，选手起跑为事件 1，到终点为事件 2，依题意有 $\Delta x=100\text{m}$，$\Delta t=10\text{s}$，$u=0.8c$。

(1) 在 K 系中测得跑道长度 100m 为固有长度 l_0，在 K′系中测得跑道长度 l 为运动长度，由长度收缩公式有 $l=l_0\sqrt{1-u^2/c^2}=100\times\sqrt{1-0.8^2}\text{m}=60\text{m}$，选手从起点到终点，这一过程在 K′系中对应的空间间隔为 $\Delta x'$，根据空间间隔变换式得

$$\Delta x'=\frac{\Delta x-u\Delta t}{\sqrt{1-u^2/c^2}}=\frac{100-0.8\times 3\times 10^8\times 10}{\sqrt{1-0.8^2}}\text{m}=-4.0\times 10^9\text{m}$$

因此，K′系中测得选手跑过的路程为 $|\Delta x'|=4.0\times 10^9\text{m}$。

(2) K′系中测得选手从起点到终点的时间间隔为 $\Delta t'$，由洛伦兹变换得

$$\Delta t'=\frac{\Delta t-\frac{u}{c^2}\Delta x}{\sqrt{1-u^2/c^2}}=\frac{10-\frac{0.8}{3\times10^8}\times100}{\sqrt{1-0.8^2}}\text{s}=16.7\text{s}$$

K 系中测得选手的平均速度为 $v'=\frac{\Delta x'}{\Delta t'}=\frac{-4.0\times10^9}{16.7}\text{m/s}=-2.4\times10^8\text{m/s}=-0.8c$

例 17.8 甲、乙两人分别静止于惯性系 K 和 K′中，设 K′系相对于 K 系沿 Ox 轴正向以匀速度 u 运动。若甲测得在同一地点发生的两事件的时间间隔为 4s，而乙测得这两事件发生的时间间隔为 5s。求：(1) 速度 u；(2) 乙测得这两事件发生地点的距离。

解 (1) 按洛伦兹变换式，由于两事件在 K 系中发生于同一地点，即 $x_1=x_2$，则有

$$t_2'-t_1'=\frac{t_2-(u/c^2)x_2}{\sqrt{1-(u/c)^2}}-\frac{t_1-(u/c^2)x_1}{\sqrt{1-(u/c)^2}}=\frac{t_2-t_1}{\sqrt{1-(u/c)^2}}$$

得

$$u=[1-(t_2-t_1)^2(t_2'-t_1')^{-2}]^{1/2}c=[1-(4\text{s})^2(5\text{s})^{-2}]^{1/2}\times(3\times10^8\text{m/s})=1.8\times10^8\text{m/s}$$

(2) 因 $x_1=x_2$，按洛伦兹变换式有

$$L_0'=x_2'-x_1'=\frac{x_2-ut}{\sqrt{1-(u/c)^2}}-\frac{x_1-ut}{\sqrt{1-(u/c)^2}}=\frac{x_2-x_1}{\sqrt{1-(u/c)^2}}$$

以 $u=1.8\times10^8\text{m/s}$，$t_2-t_1=4\text{s}$ 代入上式，可算出 $x_1'-x_2'=9\times10^8\text{m}$

说明 本例指出 K 系中同一地点 $x_1=x_2$、不同时 $t_2\neq t_1$ 发生的两事件，它们在 K′系中发生于不同地点和不同时间，这就是同时的相对性。

讨论 17.4

(1) 空间测量和时间测量相互影响，相互制约，t'是 t 和 x 的函数，x'是 t 和 x 的函数。

(2) 当 $u\ll c$ 时洛伦兹变换简化为伽俐略变换式 $\gamma\Rightarrow1\to x'=x-ut$，$t'=t$，说明经典力学理论是相对论理论在低速下的近似。

(3) 光速是各种物体运动的极限速度，如果 $u>c$，γ 为虚数，则洛伦兹变换失去意义。

例 17.9 一飞船 A 以 $0.8c$ 的速度在地球上飞行，如果这时在飞船的速度方向抛出一物体 B，其相对飞行的速度为 $0.9c$，问从地球上测得该物体的速度为多大？

解 以地球为 K 系，飞船 A 为 K′系，沿正 x 方向飞行，则

$$v=0.8c\ u_x'=0.9c$$

$$u_x=\frac{u_x'+v}{1+\frac{v}{c^2}u_x'}=\frac{0.9c+0.8c}{1+\frac{0.8c}{c^2}0.9c}=0.99c$$

所以，$u_x=0.99c<c$。

说明 在相对论的变换下，物体的运动速度不可能超过光速 c；而如果按经典理论：$u_{物地}=u_{物船}+u_{船地}=0.9c+0.8c=1.7c$。

例 17.10 K′系沿 K 系 x 轴以速度 v 匀速运动，K′系中的光源发出一光子（光速 c），求 K 系中测得的该光子的光速。

解 因为 $u'=c$

$$所以\ u=\frac{u'+v}{1+\frac{v}{c^2}u'}=\frac{c+v}{1+\frac{v}{c^2}c}=\frac{c+v}{\frac{c+v}{c}}=c$$

问题 17.4

(1) 试由洛伦兹坐标变换导出洛伦兹速度变换公式。

(2) 即使仅在某一个方向上有相对运动，但三个方向的速度分量都要变换。

17.5　狭义相对论动力学简介

17.5.1　质量与速率的关系

前面已提到，牛顿第二定律 $F=ma$ 作为经典力学的基本定律，在伽利略变换下具有不变性，但是在洛伦兹变换下，它将不再具有不变性。因而，在狭义相对论中，牛顿第二定律的数学表达形式需做合理修改。倘若不把 $F=ma$ 的表达形式加以改造，那么质点在有限的恒力 $\boldsymbol{F}$ 作用下，将沿此力的方向做匀加速（$a=F/m=$恒量）直线运动，从牛顿力学来看，物体质量为一恒量，与物体的速率无关，则按公式 $v=v_0+at$，质点的速度将随时间 t 可以无限地增加，经过足够长时间，总可使其速度超过光速 c。这显然与相对论中运动速度不能超过光速 c 这一论断相矛盾。究其根源，在于把物体质量视为与其运动速率无关。

为此，我们需要对牛顿第二定律的形式进行修正，修正的原则为：使动力学方程满足洛伦兹变换下的不变性，在 $v \ll c$ 时，要能够过渡到牛顿力学。物理学家坚信基本的守恒定律，这是定义物理量的依据。相对论力学就是在保留质量、动量、能量等守恒定律的基础上建立起来的。为使动量守恒定律成立，保留关系：$\boldsymbol{F}=\dfrac{\mathrm{d}\boldsymbol{p}}{\mathrm{d}t}$，同时还保留动量定义：$\boldsymbol{p}=m\vec{v}$。为使动量守恒对洛仑兹变换保持不变，必须认为质量与速度有关，即 $m=m(v)$。

下面由动量守恒定律导出 m 与 v 的关系：设粒子在 K′系中静止，后分裂为相同的两块 A、B，它们分别沿 $+x'$ 和 $-x'$ 方向运动。如图 17.9 所示，O 和 O' 分别代表 K 系和 K′系的坐标原点，$\hat{x}$ 和 $\hat{x}'$ 分别表示 K 系和 K′系中水平坐标轴 x 和 x' 方向上的单位矢量。$\boldsymbol{u}$ 表示 K′系相对于 K 系的运动速度 $\boldsymbol{v}_A$、$\boldsymbol{v}_B$ 和 $\boldsymbol{v}'_A$、$\boldsymbol{v}'_B$ 分别代表物体 A 和 B 在 K 系和 K′系中运动的速度。

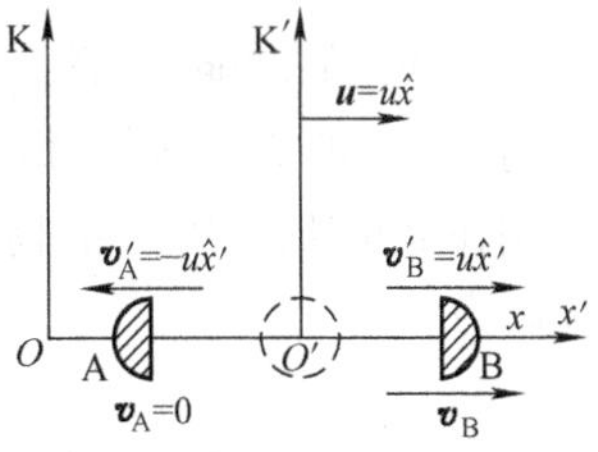

图　17.9

K 系中：
$$v_A=0,\ v_B=\frac{v'_B+u}{1+\frac{uv'_B}{c^2}}=\frac{u+u}{1+\frac{u^2}{c^2}} \tag{17.20}$$

由质量守恒定律：
$$m'=m_A+m_B \tag{17.21}$$

动量守恒：
$$m'u=m_A\cdot 0+m_Bv_B \tag{17.22}$$

由上面三个方程联立
$$m_B=\frac{m_A}{\sqrt{1-\frac{v_B^2}{c^2}}} \tag{17.23}$$

令 $v_B=v$，$m_A=m_0$ 为静止质量，$m_B=m$ 为相对论质量，则有
$$m=\frac{m_0}{\sqrt{1-\frac{v^2}{c^2}}}=\gamma m_0 \tag{17.24}$$

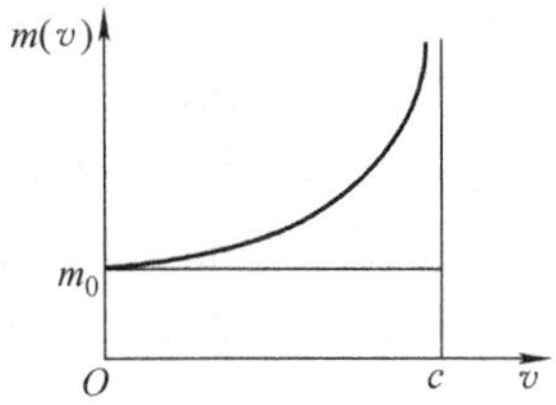

图　17.10

相对论质量随速度的变化曲线如图 17.10 所示，当 $v \ll c$ 时，情况又回归到经典物理的情形，即 $m=m_0$。

17.5.2　相对论动能

相对论中仍然保留动能定理，对质点有

$$
\begin{aligned}
\mathrm{d}E_{\mathrm{k}} &= \boldsymbol{F}\cdot\mathrm{d}\boldsymbol{r}=\frac{\mathrm{d}(m\boldsymbol{v})}{\mathrm{d}t}\cdot\mathrm{d}\boldsymbol{r}\\
&=\mathrm{d}(m\boldsymbol{v})\cdot\boldsymbol{v}=(m\mathrm{d}\boldsymbol{v}+\boldsymbol{v}\mathrm{d}m)\cdot\boldsymbol{v}\\
&=m\boldsymbol{v}\cdot\mathrm{d}\boldsymbol{v}+v^2\mathrm{d}m\\
&=mv\mathrm{d}v+v^2\mathrm{d}m
\end{aligned}
\tag{17.25}
$$

由 $m=\dfrac{m_0}{\sqrt{1-\dfrac{v^2}{c^2}}}$，可以得到 $\mathrm{d}m=\dfrac{mv\mathrm{d}v}{c^2-v^2}$，所以 $\mathrm{d}E_{\mathrm{k}}=c^2\mathrm{d}m$。将此微分式积分则可以得到 $E_{\mathrm{k}}=\int_{m_0}^{m}c^2\mathrm{d}m=mc^2-m_0c^2$。对于 $v \ll c$ 的情况，由 $\dfrac{1}{\sqrt{1-v^2/c^2}}\approx 1+\dfrac{1}{2}\cdot\dfrac{v^2}{c^2}$，可得 $E_{\mathrm{k}}\approx\dfrac{1}{2}m_0v^2$。需要指出，相对论的动能不再采用 $\dfrac{1}{2}m_{(v)}v^2$ 的形式，相对论的动量则仍可采用 $\boldsymbol{p}=m_{(v)}\boldsymbol{v}$的表达式。

问题 17.5（1）

（1）试述狭义相对论中物体的质量与速率的关系。

（2）写出狭义相对论中的动量表示式和牛顿运动方程。

17.5.3　质量与能量的关系

由于物体的动能 E_{k} 等于 mc^2 与 m_0c^2 之差，故 mc^2 和 m_0c^2 也是能量。如果把 mc^2 看成是物体的总能量 E，即 $E=mc^2$，则当物体静止时，即使动能 $E_{\mathrm{k}}=0$，但仍有能量 m_0c^2。因而，就将 m_0c^2 叫作静止质量为 m_0 的物体所具有的静能，以 E_0 表示。于是，物体的总能量与质量的关系方程即为

$$E=E_{\mathrm{k}}+E_0=mc^2 \tag{17.26}$$

即物体的总能量等于其动能与静能之和。

在式（17.24）中，c 为真空中的光速，是一常量。所以，狭义相对论指出，物体的质量和能量是相互联系的，即

$$E=mc^2 \tag{17.27}$$

狭义相对论统一了质量和能量守恒，这里的质量是相对论质量，而非静止质量。值得指出的是，在历史上能量守恒和质量守恒是分别发现的两条相互独立的自然规律，而今则在相对论中被统一起来了，与历史上发现的质量守恒给出的结果是有区别的，它只涉及粒子的静止质量，它是相对论质量守恒在质点能量变化很小时的近似。正如爱因斯坦所说：“就一个粒子来说，如果由于自身内部的过程使它的能量减小了，它的质量也将相应地减小”，并指出“用那些所含能量是高度可变的物体（例如用镭盐）来验证这个理论，不是不可能成功的。”事实上，正如他所预料的那样，在放射性蜕变、原子核反应和高能粒子实验中，都证明了质能关系的正确性，显示出它们之间深刻的内在联系，从而催动着原子能时代的到来。

对于孤立系统，$\Delta E=\Delta E_{\mathrm{k}}+\Delta(m_0c^2)=0$，则有 $\Delta E_{\mathrm{k}}=(-\Delta m_0)c^2$。其中 $-\Delta m_0$ 称为质量亏损。当过程前后系统可看成由一些独立质点组成时，质量亏损可以表示为 $\Delta m_0=\sum m_{0i初}-\sum m_{0末}$。

例如，在热核反应 ${}_1^2\mathrm{H}+{}_1^3\mathrm{H}\rightarrow{}_2^4\mathrm{He}+{}_0^1\mathrm{n}$ 过程中，产生的质量亏损为 $\Delta m_0=(m_{\mathrm{D}}+m_{\mathrm{T}})-(m_{\mathrm{He}}+$

m_n) $=0.0311\times10^{-27}$kg，释放的能量为 $\Delta E=\Delta m_0c^2=2.799\times10^{-12}$J。1kg 核燃料释放的能量约为 3.35×10^{14}J，相当于 1kg 优质煤燃烧热（2.93×10^7J）的 1 千万倍！质能关系 $E=mc^2$ 的提出具有划时代的意义，它开创了原子能时代。

例 17.11　光子：$m_0=0$，$E=h\nu$ 求 p、m。

解　光子的速度为 c，

$$p=mc=\frac{E}{c}=\frac{h\nu}{c}\quad m=\frac{E}{c^2}=\frac{h\nu}{c^2}$$

问题 17.5（2）

（1）试导出相对论中物体动能的表达式。

（2）何谓物体的总能量？何谓物体的静能？试求 1g 质量的任何物质含有的静能。（答：9×10^{13}J）

（3）试阐述相对论中的质量与能量的关系。

17.5.4　能量与动量的关系

设粒子的静止质量为 m_0，速度为 v，则其动量和能量分别为

$$p=mv=\frac{m_0v}{\sqrt{1-(v/c)^2}}\tag{17.28}$$

$$E=mc^2=\frac{m_0c^2}{\sqrt{1-(v/c)^2}}\tag{17.29}$$

将式（17.28）、式（17.29）平方后相除，有

$$v^2=p^2c^4/E^2\tag{17.30}$$

再将式（17.30）代入式（17.29）中，便得相对论中的能量与动量的关系式，即

$$E^2=m_0^2c^4+p^2c^2$$

$$\text{或 } E^2=E_0^2+(pc)^2\tag{17.31}$$

在高能物理中，当粒子的总能量已知时，利用公式可求其动量，反之亦然。图 17.11 所示的直角三角形，有助于记忆狭义相对论中的总能量、动量和静能三者之间的关系。

顺便指出，光子是以光速 c 运动的粒子，即 $v=c$。由关系式 $v^2=p^2c^4/E^2$，便可得光子的能量与动量的关系式，即

$$E=pc\tag{17.32}$$

由于光子的运动速率为 c，光子的静止质量必须等于零，即 $m_0=0$，同时也说明一切静止质量 $m_0\neq0$ 的物体不可能以光速运动。光速是所有静止质量不为零的物体运动速度的极限。

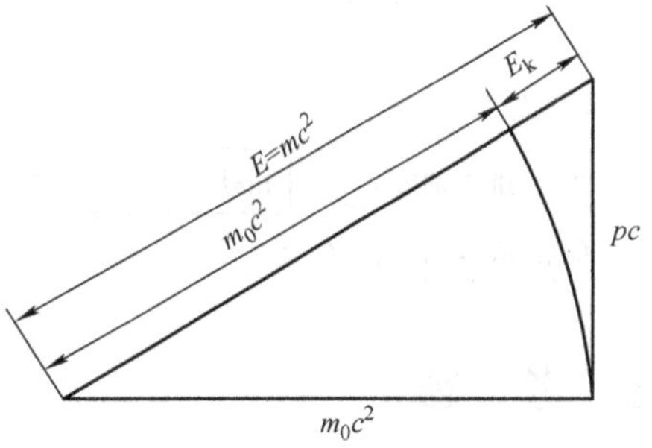

图 17.11　狭义相对论中总能量、动量和静能三者之间的关系

例 17.12　氢弹核聚变反应引起的质能变化 $^2_1$H（氘）$+^3_1$H（氚）$=^4_2$He（氦）$+^1_0$n（中子），2.0136u，3.01600u，4.00260u，1.00867u，$1\text{u}=1.660\times10^{-27}$kg。

解　反应前总静止质量 $m_0=2.0136\text{u}+3.01633\text{u}=5.02960\text{u}$

反应后总静止质量 $m'_0=4.0026\text{u}+1.00867\text{u}=5.01127\text{u}$

$\Delta m_0=5.02960\text{u}-5.01127\text{u}=0.01823\text{u}$，所以 $\Delta m_0=3.043\times10^{-29}\text{kg}$

$\Delta E=\Delta mc^2=3.043\times10^{-29}\times(3.00\times10^8)^2\text{J}=2.74\times10^{-12}\text{J}=1.71\times10^7\text{eV}$

以上仅是一个氘核的反应，若2g氘核反应，结果可产生相当于60t（吨）煤燃烧的能量。

例 17.13 两个静止质量均为 m_0 的粒子 A、B 以等大反向的速度相向运动并发生完全非弹性碰撞，相撞后合在一起成为一个静止质量为 m'_0 的粒子，求 m'_0。

解 设合成粒子质量为 m，速率为 v

根据动量守恒，$m_B\boldsymbol{v}_B+m_A\boldsymbol{v}_A=m\boldsymbol{v}$。

因为 $m_{A0}=m_{B0}$，$|v_A|=|v_B|$，所以 $m_A=m_B$。

因为 $\boldsymbol{v}_A=-\boldsymbol{v}_B$，所以 $\boldsymbol{v}=0$，$m=m_0$。

根据能量守恒得 $mc^2=m_Ac^2+m_Bc^2=m'_0c^2$。

可得 $m'_0=m_A+m_B=\dfrac{2m_0}{\sqrt{1-\dfrac{v^2}{c^2}}}$ 其中 $m'_0\neq2m_0$，$m'_0>2m_0$。

讨论 17.5

（1）相对论的总能量等于静止能与动能之和。

（2）静止能包含了物体所有的总内能，即分子的内能、势能、原子的电磁能、质子中子的结合能等。

问题 17.5（3） 试导出相对论的能量与质量的关系。

本章思维导图

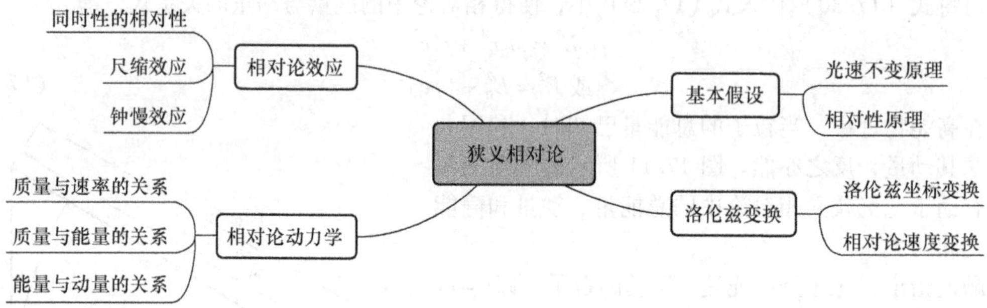

思　考　题

17.1 是否能够通过力学实验测量出一个非惯性参考系相对于惯性系的加速度？如果可以，测量的方法是什么？

17.2 请解释为什么固有时最短。

17.3 时间膨胀会使运动的时钟变慢，这与时钟的内部机械结构有关吗？

17.4 均质细杆沿着与杆垂直方向运动，杆的密度会发生变化吗？

17.5 相对论中的动能表达式为$E_k=mc^2-m_0c^2$，请通过推导和分析说明在 $v\ll c$ 的情况下，动能的形式跟经典的动能表达式相同。

17.6 相对论中的质量亏损和牛顿力学中的变质量问题异同点有哪些？

习　题

17.1　甲乙两人所乘的飞船沿 Ox 轴飞行，甲测得两个事件的时空坐标为 $x_1 = 6.0\times10^4$m，$y_1 = z_1 = 0$，$t_1 = 2.0\times10^{-4}$s，$x_2 = 12.0\times10^4$m，$y_2 = z_2 = 0$，$t_2 = 1.0\times10^{-4}$s，而乙测得这两个事件发生于同时。求乙相对于甲的运动速度和乙测得两个事件的空间间隔。

17.2　一汽车以 108km/h 的速度沿一长直的高速公路行驶，问站在路旁的人观察到该汽车长度缩短了多少？已知此汽车停在路旁时，测得其长度为 3m。

17.3　假设一宇宙飞船以速度 $0.8c$ 匀速地飞向一恒星，在地球上测得地球与该恒星相距 5.1×10^{16}m，问飞船中旅客觉察到旅程缩短为多少？

17.4　一飞船在静止时的长度为 100m。假设飞船以（1）$u = 30$m/s，（2）$u = 2.7\times10^8$m/s 的速度做匀速直线运动，对地面的观察者来说，它的长度各是多少？

17.5　设想一宇航员到距地球 5ly（光年）的星球去旅行，若他所乘的飞船以匀速飞行. 如果宇航员希望他把这路程缩短为 3ly，则他所乘的飞船相对于地球的速度 u 应为多大？

17.6　在 1966—1972 年期间，欧洲原子核研究中心（CERN）对储存环中沿圆周运动的 μ 粒子的平均寿命进行多次实测，μ 粒子固有寿命的实验值为 2.197×10^{-6}s，当 μ 粒子的速度为 $0.9965c$ 时，测得其平均寿命为 26.17×10^{-6}s。试比较相对论预期的结果与实验值的符合程度。

17.7　求 1kg 的纯水从 0℃加热到 100℃时所增加的能量和质量。（水的比热容为 4.186×10^3J/kg·K）

17.8　一电子的动能为 3.0MeV，求该电子的静止能量、总能量和动量的大小以及电子的速率。已知电子的静止质量为 9.11×10^{-17}kg。

第 18 章　量子物理简介

以伽利略和牛顿为代表的科学家在 17 世纪开创的经典物理学，经过三个世纪的蓬勃发展，到了 19 世纪末达到了辉煌的巅峰。力、热、光、电等学科的理论体系已经建立并且被呈现得非常严谨和完美，它们所蕴涵的明晰而深刻的物理学基本观念，对人类的科学认识产生了深远的影响，极大地促进和改变了人们的生产和生活方式。19 世纪是经典物理学的辉煌时代，物理学的天空格外晴朗，很多物理学家都沉浸在一种陶醉喜悦的欢快气氛中。然而，1895 年英国的伦琴发现了 X 射线，1896 年法国的贝克勒尔发现了铀盐的放射性，1897 年英国的 J. J. 汤姆孙发现了电子。这些新发现猛烈地冲击着经典物理学的理论，打破了物理学界宁静祥和的气氛。世纪之交，有越来越多的实验（黑体辐射、光电效应、X 射线散射等）涌现了出来，它们无法用经典物理学理论解释，曾经叱咤风云的经典物理学陷入了危机。

1900 年是新世纪的元年，也是量子物理的开创元年，为了解释黑体辐射规律，1900 年 12 月 14 日德国物理学家普朗克首次提出量子化的思想，完美地解释了黑体辐射定律，成为了量子论的奠基人。随后爱因斯坦发展了普朗克关于能量子的思想，1905 年提出了光量子假设，成功地解释了光电效应。量子物理在解释这些问题中所取得的巨大成功激励着更多的年轻学者加入进来，从而开始了一场席卷整个物理学界的革命，这场革命彻底地改变了人们对世界的认识。量子力学初期的发展主要包括以普朗克、爱因斯坦、玻尔为代表的旧量子论和以海森伯、玻恩、薛定谔、狄拉克为代表的量子力学理论。20 世纪初是继 17 世纪科学革命之后物理学发展的又一个黄金时代，量子力学体系的建立仅仅用了 30 年的时间，量子力学和相对论撑起了现代物理学的大厦。本章主要介绍 20 世纪初从量子论诞生到量子力学基本方程建立过程中一些重要的实验和思想，并简单介绍波函数和薛定谔方程。

量子力学简介

18.1　热辐射和普朗克能量子假说

18.1.1　热辐射及其定量描述

20 世纪初困扰科学界的一朵乌云即是黑体热辐射实验。物体在不同温度下以不同波长的电磁波向周围发射能量的现象称为热辐射，热辐射是传递热量的一种基本方式。对于给定的物体而言，在单位时间内辐射能量的多少以及辐射能量按波长分布等都与物体的温度有关。如白炽灯、钨灯灯丝通电后，当温度低于 800K 时只感觉到灯丝发热并不发光，因为绝大部分的辐射能量分布在红外波长。但超过 800K 以后就可以看到灯丝微微发红了，继续升高温度，灯丝由暗红变红，再变黄，以致变白。最后当温度极高时，灯丝呈现青白色（即所谓白炽化），同时我们感到灯丝灼热逼人。这说明了两点：一是随温度的升高，辐射的总能量增加，二是能量逐渐向短波部分移动。

为定量描述热辐射现象及热辐射与温度和物体特性的关系，首先引入下面两个物理量：

1）**辐射出射度**（简称**辐出度**）：物体在一定温度下，单位时间内从物体表面单位面积辐射的全部波长的能量，又称辐射能通量密度，用 $M = M(T)$ 表示。辐出度不随波长而变，仅是温度 T 的函数。它的单位是 $\mathrm{W/m^2}$（瓦/米^2）。

2）**单色辐射辐出度**（简称**单色辐出度**）：单位时间内单位面积上，某波长附近的单位波长区间所发射的能量，用 $M_\lambda(T)$ 表示，单位是 $\mathrm{W/m^3}$（瓦/米^3），它与温度、频率和物体的表面特性有关，反映了物体在不同温度下辐射能量按波长分布的情况，是波长和温度的函数。

综上所述，在一定的温度下，对给定的物体而言，其辐出度与单色辐出度有如下的关系，即

$$M(T) = \int_0^{\infty} M_\lambda(T)\,\mathrm{d}\lambda \tag{18.1}$$

实验表明，物体的单色辐出度 $M_\lambda(T)$ 不仅取决于温度和波长，并且还与物体本身的性质及表面粗糙程度有关。由式（18.1）可知，对不同的物体，$M(T)$ 是不同的。

热辐射能量来自物体内部的热运动，物体在任何温度（高于绝对零度）下都向四周进行热辐射，物体在辐射电磁波的同时，也吸收外界照射到它表面的电磁波，即也从周围吸收辐射。当物体辐射电磁波所消耗的能量等于同一时间内它从外界吸收的电磁波的能量时，该物体就达到热平衡，这时物体的状态可用一个确定的温度 T 描述，这时的热辐射称为平衡热辐射。本节只讨论平衡热辐射。

18.1.2　绝对黑体辐射定律 普朗克公式

实验指出，好的辐射体也是好的吸收体，热辐射的规律很复杂。物体由于结构不同，对外来辐射的吸收以及本身对外的辐射都不相同。在任何温度下、对于任何波长的辐射的吸收率均为 1 的物体，称为**绝对黑体**（简称**黑体**）。黑体是对入射的辐射能全部吸收（不论什么波长）的物体，也不反射，因此当其自身的热辐射很弱时，看上去是黑洞洞的。如同质点、刚体等模型一样，黑体也是一种理想化模型，实际中的物体吸收率总是小于 1。黑体光谱辐射量和温度之间存在精确的定量关系，光辐射量度的绝对值是无法直接测量的，但可转换成其他可测物理量（如电荷量、热量等）进行测量，根据黑体温度确定辐射量度。因此说，黑体辐射在辐射量度学中起到了基准的作用。

黑体不是一个抽象的概念，许多光源可近似认为是黑体。一个开有小孔的内表面粗糙的空腔可近似看成理想的黑体。实验中用不透明材料制成一空腔，在空腔表面开一个小孔，如图 18.1 所示，小孔表面就可以模拟黑体表面作为黑体模型。当光线从小孔射入后，经器壁多次吸收和反射，有极小机会射出小孔，可以认为它能全部吸收射入的所有波长的辐射。另一方面，如果把空腔加热，使其保持在一定温度下，空腔将通过小孔向外发出辐射。如前所述，它辐射的能量仅是温度和波长的函数。实际操作中可以在绕有电热丝的空腔上开一个小孔来实现，因为实验中用到的绝对黑体都是空腔辐射，因此黑体辐射又称为空腔辐射。

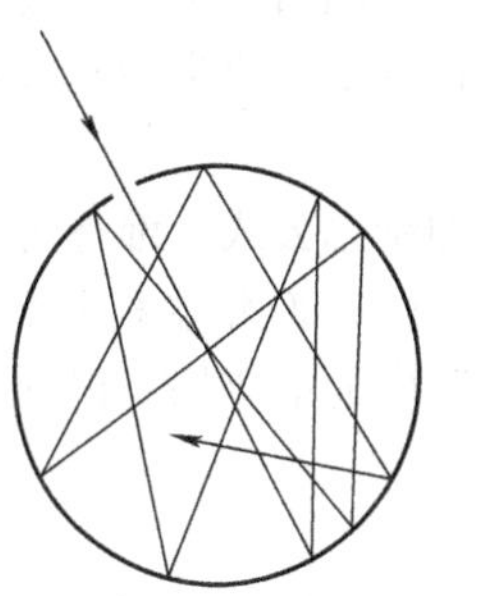

图 18.1　黑体模型

在实验时，一般用分光计测定黑体相应于各波长的单色辐出度 M_{λ_0} 随波长 λ 和温度 T 的变化关系，实验结果如图 18.2 所示。由实验曲线可得出下述两条定律：

1）斯特藩 - 玻耳兹曼定律：

在图 18.2 中，每条曲线反映了在一定温度下，黑体的单色辐射随波长分布的情况。每一条

曲线下的面积等于黑体在一定温度下的辐出度。由图可知，温度越高，图中曲线以下的面积就越大，就表示黑体的辐出度 $M_{\lambda_0}(T)$ 越大，且随温度升高而增大。1879 年斯特藩从实验中观察到黑体的辐出度 $M(T)$ 与热力学温度 T 的四次方成正比，即

$$M(T) = \sigma T^4 \tag{18.2}$$

一般物体的辐出度为 $\alpha\sigma T^4$（$\mathrm{J \cdot s^{-1} \cdot m^{-2}}$），其中 α 为发射率，$\sigma = 5.67 \times 10^{-8}\mathrm{W/(m^2 \cdot K^4)}$，称为斯特藩－玻耳兹曼常量。1884 年玻耳兹曼从理论上给出关系式（18.2），因此称为**斯特藩－玻耳兹曼定律**。

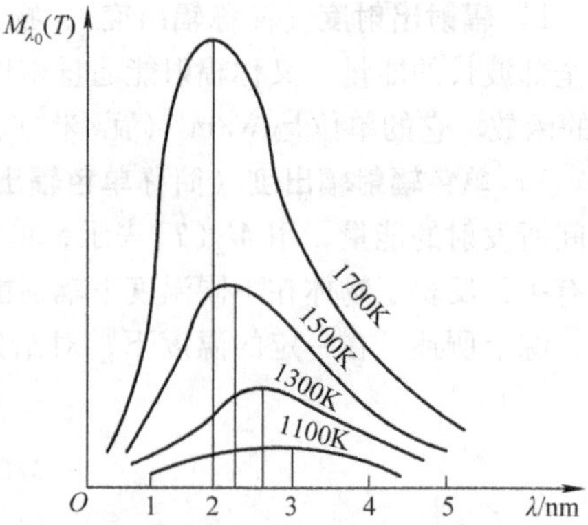

图 18.2　辐出度与波长的关系曲线

通常，发射率 $\alpha < 1$，但对黑体而言 $\alpha = 1$，即为完全辐射。如果物体周围的环境温度为 T_0，则需考虑物体表面对入射辐射能的吸收。假定入射的辐射能通量密度为 σT_0^4，设 β 为物体表面的吸收率，则该物体表面所吸收的辐射能通量密度为 $J' = \beta\sigma T_0^4$，通常 $\beta < 1$，但对黑体而言，$\beta = 1$ 即为完全吸收，因此物体表面对入射能量的反射率为 $r = 1 - \beta$，可以证明物体表面的发射率和吸收率相等，即 $\alpha = \beta$，因此，容易辐射能量的物体，也容易吸收入射的能量。在处于热平衡时，黑体具有最大的吸收比，因而它也就有最大的单色辐出度。

2）维恩位移定律：

1896 年德国物理学家维恩从热力学理论出发，通过分析实验数据，对黑体的发射和吸收做了一些特殊假设后导出了一个半经验的、关于黑体辐射的能量按波长分布的公式。从图 18.2 还可看到，每条曲线都有一个极大值，即单色辐出度的峰值，对应于这个峰值的波长用 λ_m 表示。**当黑体的热力学温度升高时，单色辐出度的峰值波长 λ_m 向短波方向传播**，且两者关系为

$$T\lambda_m = b \tag{18.3}$$

式中，$b = 2.898 \times 10^{-3}\mathrm{m \cdot K}$，称为维恩位移常量，上述结论称为**维恩位移定律**。

以上两条定律只适用于黑体，对非黑体只近似成立。如根据维恩位移定律，在实验中测出某黑体的单色辐出度的峰值所对应的波长 λ_m，就可算出该黑体的温度。热辐射规律在科技领域有广泛的应用，例如高温测量、遥感、遥测和红外跟踪等。

随后，维恩研究了黑体辐射能量按波长分布的规律。他从热力学理论出发，结合实验数据，得到了一个半经验公式：

$$M_\nu(T) = \alpha\gamma^3 \mathrm{e}^{-\beta\gamma/T}$$

即维恩公式。维恩公式在短波段与实验符合得很好，但在长波段却与实验有明显偏离。

1900 年瑞利和金斯根据能量按自由度均分原理，按经典电磁理论和统计理论，研究密封空腔中的电磁场，得到了空腔辐射的能量密度按频率分布的瑞利－金斯公式

$$M_0(\lambda, T) = \frac{2\pi ckT}{\lambda^4} \tag{18.4}$$

式中，k 是玻耳兹曼常数 $k = 1.380658 \times 10^{-23}\mathrm{J/K}$、$c$ 是真空中的光速、T 是热力学温度。这个公式在长波段与实验结果一致，而在短波段（即紫外区）与实验不符，而理论上却找不出错误。如图 18.3 所示，在紫外区，M_{λ_0} 将趋向无穷大，由于瑞利－金斯公式是依据经典物理理论得到的，而用它又无法来解释这种现象，因此称它为经典物理的“紫外灾难”。

1900 年，普朗克在总结前人研究成果的基础上，并根据前人的实验数据拼凑了一个公式，推出了黑体单色辐出度的分布公式，称为**普朗克公式**，即

$$M_{\lambda_0}(T)=2\pi hc^2\lambda^{-5}\frac{1}{e^{\frac{hc}{\lambda kt}}-1} \quad (18.5)$$

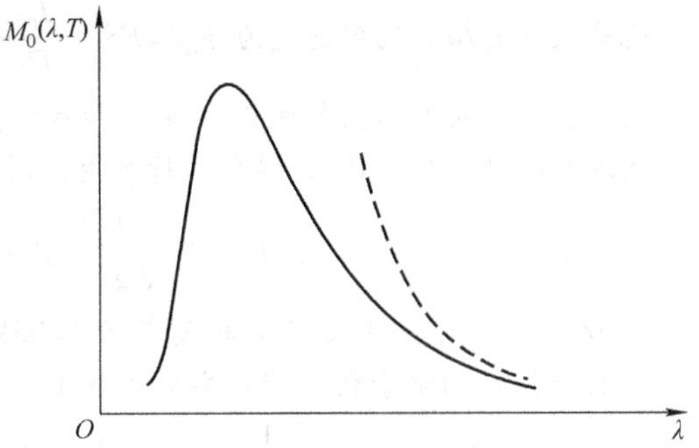

图 18.3　瑞利 - 金斯曲线图

式中，c 为真空中的光速；k 为玻耳兹曼常数；h 为普朗克常量，h 为 6.626×10^{-34} J · s（焦耳 · 秒），式（18.4）与图 18.3 中的曲线符合得很好。在过去，人们把黑体中的原子和分子都看成是可以吸收或辐射电磁波的谐振子，电磁波与谐振子交换能量时从 0 到无穷大份额进行，普朗克为了从理论上解释自己的公式（黑体辐射能量的分布），迫使他到热力学和电磁理论以外去寻找物理原因。因此提出一种与经典物理能量是连续的观念完全不同的能量子假说：

1）辐射黑体可用一些线性谐振子来代表，设辐射黑体是由无数带电的简谐振子组成，这些简谐振子不断吸收和辐射电磁波，并与周围的电磁场交换能量。

2）这些简谐振子所具有的能量不是任意的，其发射和吸收的能量只能取 ε 的整数倍，如 ε，2ε，…，$n\varepsilon$ 等分立的值，即为某一最小能量 ε 的整数倍 n（ε 称为能量子，n 称为量子数）。当简谐振子与周围电磁场交换能量时，只能从这些状态之一跃迁到另一个状态。

3）谐振子只能处于某些特殊的不连续状态中，它们的能量只能是最小能量 ε 的整数倍，能量子 ε 与简谐振子的频率 ν 成正比，即

$$\varepsilon=h\nu \quad (18.6)$$

式中，h 就是普朗克常量。

普朗克利用能量子假说圆满地解释了热辐射实验现象，并能从普朗克公式（18.5）推出斯特藩 - 玻耳兹曼定律和维恩定律。普朗克公式处于高频段 $h\nu\gg kT$ 时得到维恩公式，普朗克公式处于低频段 $h\nu\ll kT$ 时得到斯特藩 - 玻耳兹曼公式。普朗克的能量子假设思想完全背离了经典物理，能量子的概念是非常新奇的，它冲破了传统能量连续的概念，第一次把能量子的概念应用到物理学中，揭示了微观世界中一个重要规律，而这个规律对近代物理的发展具有深远的影响，它不仅导致了量子力学的诞生，也揭开了现代量子理论的序幕。为此，普朗克于 1918 年获得了诺贝尔物理学奖。

例 18.1　宇宙宛如一个巨大的空腔，这个空腔的温度就是宇宙背景的温度。通过测定外层空间发射出来的电磁辐射随波长的分布，就能确定宇宙的温度。今测得宇宙背景辐射中的单色辐出度峰值所对应的波长为 $\lambda_m=10^{-3}$m，求宇宙的平均温度。

解　按维恩位移定律可算得宇宙平均温度为

$$T=\frac{b}{\lambda_m}=\frac{2.898\times10^{-3}}{10^{-3}}\text{K}=2.9\text{K}\approx3\text{K}$$

这就是宇宙学中所谓 3K 宇宙背景辐射。

例 18.2　已知太阳峰值辐射波长 $\lambda_m=0.48\mu$m，日地平均距离 $L=1.495\times10^8$km，太阳半径 $R_s=6.955\times10^5$km，M_s 为太阳的辐出度，S_e 为地球的表面积，如将太阳和地球均近似看作黑体，求太阳和地球的表面温度。

解　将太阳看作黑体，故 $\lambda_m T_s=2898$，即太阳的表面温度 $T_s=6037.5$K

太阳发射的辐射强度为 $I_0=\dfrac{\phi_s}{4\pi}=\dfrac{M_s4\pi R_s^2}{4\pi}=M_sR_s^2=\sigma T_s^4R_s^2$

地球吸收太阳的辐射通量为 $\phi_{ea}=ES_e=\frac{I_0}{L^2}\pi R_e^2=\frac{\sigma T_s^4 R_s^2}{L^2}\pi R_e^2$

同时，地球向外的辐射通量为 $\phi_{ee}=M_e 4\pi R_e^2=\sigma T_e^4 4\pi R_e^2$

达到平衡时，$\phi_{ea}=\phi_{ee}$，温度保持平衡，得到

$$T_e=T_s\sqrt{\frac{R_s}{2L}}\Rightarrow T_e=291.19\text{K}=18.19℃$$

例 18.3 设有一音叉尖端的质量为 0.05kg，将其频率调到 $\nu=480\text{Hz}$，振幅 $A=1.0\text{mm}$，(1) 求尖端振动的量子数；(2) 当量子数由 n 增加到 $n+1$ 时，振幅的变化是多少？

解 (1) 振动能量 $E=\frac{1}{2}m\omega^2A^2=\frac{1}{2}m(2\pi\nu)^2A^2=0.227\text{J}$

$$E=nh\nu\Rightarrow n=\frac{E}{h\nu}=7.13\times10^{29}\text{J}$$

尖端振动的量子数即基元能量（量子）：$h\nu=3.18\times10^{-31}\text{J}$

(2) 因为 $E=nh\nu\Rightarrow A^2=\frac{E}{2\pi^2m\nu^2}=\frac{nh}{2\pi^2m\nu}$，

将上式两边求导，可得 $2A\text{d}A=\frac{h}{2\pi^2m\nu}\text{d}n$

则振幅的变化为 $\Delta A=\frac{h}{4\pi^2m\nu A}\Delta n$，$\Delta n=1\Rightarrow\Delta A=7.01\times10^{-34}\text{m}$

由以上计算可以看出，在宏观范围内，能量量子化效应是极不明显的，即宏观物体的能量完全可视作连续的。

例 18.4 已知做简谐运动的弹簧振子的质量为 $m=1.0\text{kg}$，弹簧的劲度系数 $k=20\text{N/m}$，振幅 $A=1.0\text{cm}$。问：(1) 如果弹簧振子的能量是量子化的，则量子数 n 有多大？(2) 若 n 改变 1，那么能量的相对变化有多大？

解 (1) 因简谐振子频率为 $\nu=\frac{1}{2\pi}\sqrt{\frac{k}{m}}=\frac{1}{2\pi}\sqrt{\frac{20}{1}}\text{Hz}=0.71\text{Hz}$

振子的机械能为

$$E=\frac{1}{2}kA^2=\frac{1}{2}\times20\times(1.0\times10^{-2})\text{J}=1.0\times10^{-3}\text{J}$$

则量子数 n 有

$$n=\frac{E}{h\nu}=\frac{1.0\times10^{-3}}{6.67\times10^{-34}\times2.25}=2.1\times10^{-3}$$

(2) 能量的相对变化为

$$\frac{\Delta E}{E}=\frac{h\nu}{nh\nu}=\frac{1}{n}\approx10^{-30}$$

对于宏观系统来说，由于量子数 n 很大，能量的量子性不能显示出来。并且能量的变化简直微不足道，而可忽略不计，可以认为在宏观上能量是连续变化的。

18.2 光电效应

18.2.1 光电效应的实验规律

通过前面的学习我们知道，光的干涉、衍射现象说明了光是电磁波，光的偏振现象说明了

光是横波。19 世纪 60 年代麦克斯韦又从理论上确定了光的电磁波本质，此时人们认为光的波动理论已非常完美。然而，光电效应现象用波动说却无法解释，这就促使科学家对光的本质进行进一步的探究。

实验中用弧光灯照射擦得很亮的锌板，用导线将锌板与不带电的验电器相连，使验电器张角增大到约为 30°时，再用与丝绸摩擦过的玻璃棒去靠近锌板，则验电器的指针张角会变大。实验表明，锌板在射线照射下失去电子而带上正电。物理学家指出，当光线照射在金属表面上时，能使金属中的电子从表面逸出的现象称为**光电效应**，逸出的电子称为**光电子**，光电子定向移动形成的电流叫作光电流。

图 18.4 所示为光电效应的典型实验装置，在一个抽真空玻璃管内装上阳极 A 和阴极金属板 K，管上有一石英窗口，可让入射光照射到阴极 K 上。当改变 A、K 极间的电势差 $U_{AK}=V_A-V_K$（称为加速电压），可测得光电流 I 随 U_{AK} 变化的关系曲线，即光电效应的伏安特性曲线，如图 18.5 所示，图中曲线 b 是对应光强较大的一组。从图中能够看到，当加速电压 U_{AK} 为正值时，光电流 I 随 U_{AK} 增加而增大，最后达到饱和值 I_H。电压极性反向后，$|U_{AK}|$ 增大，I 值减小，最后趋于零，此时所对应的电压称为遏止电压 U_a。

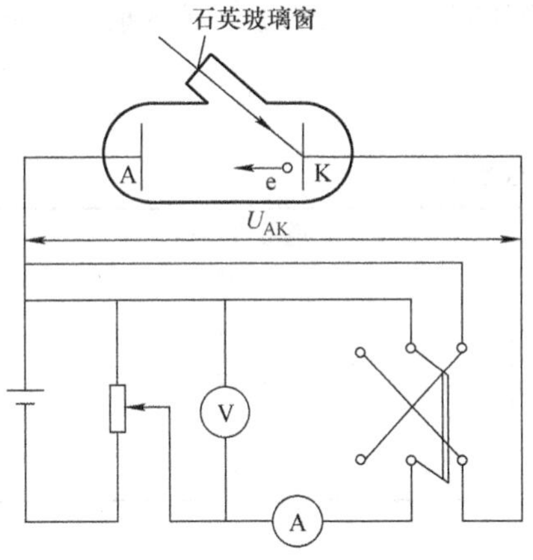

图 18.4 光电效应实验装置

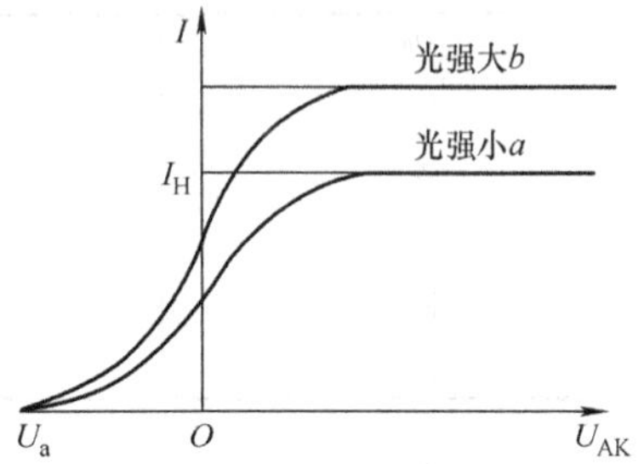

图 18.5 光电效应的伏安特性曲线

通过实验我们总结如下几点规律：

1. 光电流和入射光强的关系

从图 18.5 所示的伏安特性曲线可看出，在相同的加速电压下，增加光的光强时，光电流 I_H 值随之增加，存在饱和电流且光电流的饱和值和入射光强成正比。这一事实表明，在单位时间内，受光照射的阴极上释放出的光电子数目与入射光的光强成正比。

2. 光电子的初动能与入射光频率的关系

存在遏止电压和截止频率，当加速电压 U_{AK} 为负值时，从阴极逸出的光电子所受电场力的方向自阳极 A 指向阴极 K，此时若有光电流，则向阳极 A 运动的电子做减速运动。使光电流减小到零的反向电压称为遏止电压 U_a，当 U_{AK} 值达到遏止电压 U_a 时，光电流为零，说明电子由于减速运动，已不能到达阳极 A，这时电子由阴极 K 逸出时具有的初动能全部消耗于克服电场力做功。有

$$\frac{1}{2}mv^2=e|U_a| \tag{18.7}$$

实验表明，当用不同频率的光照射阴极 K 时，有不同的遏止电压 U_a，其值与光频率具有线

性关系

$$|U_a| = K\nu - U_0 \tag{18.8}$$

式中，K、U_0 都是常量。K 与阴极的金属性质无关，而 U_0则阴极的金属性质有关。把式（18.8）代入式（18.7），得

$$\frac{1}{2}mv^2 = eK\nu - eU_0 \tag{18.9}$$

式（18.9）表明，光电子的初动能随入射光频率 ν 线性地增加，即光电子的能量只与入射光的频率有关，与入射光的光强无关。

从式（18.9）还可得出存在红限频率 ν_0 这一结论。因为动能恒为正值，显然要使光所照射的金属释放电子，入射光的频率 ν 必须满足 $\nu = \dfrac{U_0}{K}$的条件，即当入射光的频率减小到 ν_0 以下时，即使不施加反向电压也没有光电流，表明已经没有光电子了，此时称 $\nu_0 = \dfrac{U_0}{K}$为光电效应的红限频率或截止频率。不同的金属具有不同的红限频率，对于每种金属都有确定的红限频率。当入射光的频率大于 ν_0 时，电子才能逸出金属表面；当入射光的频率小于 ν_0 时，不论入射光的光强多大，电子都无法逸出金属表面，产生光电效应。

表 18.1 中列出了几种金属的红限和逸出功。

表 18.1 几种金属的红限和逸出功

金属	红限 ν_0/Hz	逸出功 A/eV
钠	5.53×10^{14}	2.29
铯	4.69×10^{14}	1.94
钛	9.96×10^{14}	4.12
钨	10.95×10^{14}	4.54
银	11.19×10^{14}	4.63

3. 光电效应和时间的关系

经典理论认为，光能量分布在波面上吸收能量需要时间，即需要能量积累的过程。上述实验表明，即使入射光的光强非常弱，当光照射到金属表面上时，只要入射光频率大于被照射金属的红限频率，几乎立即就有光电子逸出，光电效应在极短时间内完成，这称为“光电子的瞬时发射现象”。

18.2.2 爱因斯坦的光子假设 光的波粒二象性

在经典理论中，按照光的波动说，光电子的初动能应取决于入射光的光强，即取决于光的振幅而非光的频率，这就无法解释红限频率的存在，无法解释光电效应的产生几乎无需时间的累积，因此无法用经典的波动理论来解释光电效应。

1905 年，为解释光电效应的实验规律，爱因斯坦发表了“关于光的发生和转变的一个新观点”，在普朗克量子假设的基础上，提出了光量子假设，成功地解释了光电效应。爱因斯坦认为：光本身就是由一个个不可分割的能量子组成的，这些能量子称为光子，对于频率为 ν 的单色光，光子的能量为 $\varepsilon = h\nu$，h 为普朗克常量。

根据光子说，光电效应的产生是由于金属中的自由电子吸收了光子的能量，而从金属中逸出。当频率为 ν 的光照射到金属表面上时，电子吸收一个光子，便获得能量 $h\nu$，能量一部分用

来克服电子从金属表面逸出时所需要的逸出功 A，剩下的表现为电子的初动能$\frac{1}{2}mv^2$，按照能量守恒定律，可得

$$h\nu = A + \frac{1}{2}mv^2 \tag{18.10}$$

上式称为**爱因斯坦光电效应方程**，它表明，光电子的初动能和入射光的频率呈线性关系，而和入射光的光强无关，只有当 $h\nu \geqslant A$ 时才有光子逸出，$\nu_0 \geqslant \frac{A}{h}$即为光电效应的红限频率。如果入射光子的能量 $h\nu$ 小于电子的逸出功 A，电子就不能从金属中逸出，当入射光的频率为 ν_0 时，电子吸收光子的能量全部消耗于电子的逸出功，与实验规律吻合。

根据光子说，当入射光强增加时，单位时间内射到金属表面的光子数增加，相应地吸收光子的电子数也增加，因此单位时间内从金属中逸出的光电子数和入射光强成正比，符合实验规律。同样由光子理论可以得出：当光照金属时，一个光子的能量立即被一个电子所吸收，不需要积累能量的时间，这就自然地说明了光电效应瞬时发生的问题。

由于光的波动性可用光波的波长 λ 和频率 ν 描述，光的粒子性可用光子的质量、能量和动量描述。按照光子理论，光子的能量为

$$\varepsilon = h\nu \tag{18.11}$$

由于光子的速度为光速，根据相对论的质能关系 $\varepsilon = mc^2$ 可给出光子的质量为 $m = \varepsilon/c^2$，由上式得

$$m = \frac{h\nu}{c^2} \tag{18.12}$$

光子不是经典力学中描述的质点，它是静止质量 $m_0 = 0$ 的一种特殊粒子，故不存在与光子相对静止的参考系。光子的动量 $p = mc$，由上式有

$$p = \frac{h}{\lambda} \tag{18.13}$$

式（18.11）和式（18.13）是描述光的性质的基本关系式，在这两式的左侧，能量 ε 和动量 p 描述了光的粒子性；右侧的频率 ν 和波长 λ 描述了光的波动性。这样，便把光的粒子性和波动性在数量上通过普朗克常量联系在了一起。

激光监听

爱因斯坦的光子假设圆满解释了光电效应，爱因斯坦的光子理论把普朗克的量子化假设运用到光电效应现象中，揭示了电磁辐射在吸收或发射时以能量子 $\varepsilon = h\nu$ 的微粒形式出现，同时表明在空间的传播中也表现出量子性，这种光的粒子性质和经典电磁理论即光的波动学说相矛盾，没有被当时物理学界所接受。1915 年密立根证实了爱因斯坦方程的光电效应方程，精密实验得出的 h 值与理论值完全一致，光子理论从而被人们接受。

例 18.5　当波长为 400nm 的光照射在铯上时，试求铯放出的光电子的初速度。

解　由爱因斯坦方程 $h\nu = A + \frac{1}{2}mv^2$，光电子初速度为 $v = \sqrt{2(h\nu - A)/m}$，又 $A = h\nu_0$，可从表 18.1 查出 $\nu_0 = 4.69 \times 10^{14}\text{Hz}$。于是，可算得光电子的初速度为

$$v = \sqrt{\frac{2}{m}h\left(\frac{c}{\lambda} - \nu_0\right)} = \sqrt{\frac{2 \times 6.63 \times 10^{-34}}{9.1 \times 10^{-31}}\left(\frac{3 \times 10^8}{400 \times 10^{-9}} - 4.69 \times 10^{14}\right)}\text{m/s} = 6.56 \times 10^5\text{m/s}$$

例 18.6　波长为 450nm 的单色光照射到纯钠的表面上，求：

(1) 这种光子的能量和动量;

(2) 光电子逸出钠表面时的动能;

(3) 若光子的能量为 2.4eV, 其波长。

解 (1) 光子的能量和动量分别为

$$E=h\nu=\frac{hc}{\lambda}=4.42\times10^{-19}\text{J}=2.76\text{eV}$$

$$p=\frac{h}{\lambda}=\frac{E}{c}=1.47\times10^{-27}\text{kg/(m/s)}$$

(2) 光电子逸出钠表面时的动能 $E_k=E-W=(2.76-2.28)\text{eV}=0.48\text{eV}$

(3) 波长 $\lambda=\frac{hc}{E}=5.18\times10^{-7}\text{m}=518\text{nm}$

例 18.7 设有一半径为 1.0×10^{-3}m 的薄圆片, 它距离光源 1m, 此光源的功率为 1W, 发射波长为 589nm 的单色光。假定光源向各个方向发射的能量是相同的, 计算在单位时间内落在薄圆片上的光子数。

解 薄圆的面积 $S=\pi\times(1.0\times10^{-3})^2\text{m}^2=\pi\times10^{-6}\text{m}^2$, 而光源的功率 $P=1$W, 单位时间内光源辐射出的能量为 $P/4\pi r^2$, 辐射到圆盘上的能量

$$E=P\frac{S}{4\pi r^2}=2.5\times10^{-7}\text{J/s}$$

那么, 在单位时间落在薄圆片上的光子数

$$N=\frac{E}{h\nu}=7.4\times10^{11}\text{s}^{-1}$$

18.3 康普顿散射

光在介质中与物质微粒相互作用而导致传播方向发生改变的现象叫作光的散射。1922 年, 美国物理学家康普顿在做 X 射线通过物质的散射实验时, 发现散射线中除与入射线波长相同的射线外, 还有比入射线波长更长的射线, 其波长的改变量与散射角有关, 与入射线波长、散射物质均无关。

基于上面实验现象, 康普顿首先研究了 X 射线通过石墨时所产生的散射现象, 图 18.6 是康普顿实验的装置图。由单色 X 射线管 R 发出波长为 λ 的 X 射线, 通过光阑 D 变为一狭窄的射线束, 再入射到一块作为散射物质的石墨 C 上, 射线通过石墨后向各方向传播, 发生散射, 散射的方向可用图示的散射角 φ 表示, 散射线的波长可由摄谱仪 S 测定。实验发现, 散射线中除具有与入射线波长 λ_0 相同的射线外, 还有比入射线波长更长的射线, 其波长为 λ。这种现象称为**康普顿效应**。

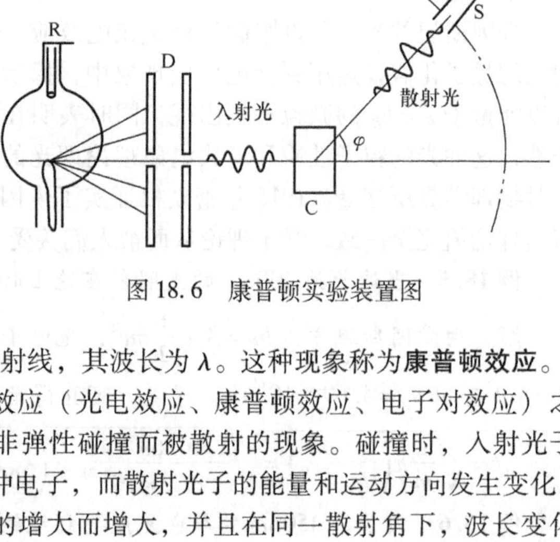

图 18.6 康普顿实验装置图

康普顿效应是射线与物质相互作用的三种效应 (光电效应、康普顿效应、电子对效应) 之一, 是入射光子与物质原子中的核外电子产生非弹性碰撞而被散射的现象。碰撞时, 入射光子把部分能量转移给电子, 使它脱离原子成为反冲电子, 而散射光子的能量和运动方向发生变化。

康普顿发现波长的变化量 $\Delta\lambda$ 随散射角 φ 的增大而增大, 并且在同一散射角下, 波长变化

量与散射物质无关。

对于散射线中具有和入射波长（或频率）相同的射线，按照经典波动理论，如果 X 射线是某种波长的电磁波，电磁波通过物体时能引起物体中带电粒子的受迫振动，每个振动着的带电粒子又向四周辐射电磁波，就成为散射的 X 射线。因为带电粒子受迫振动的频率等于入射的 X 射线的频率，所以散射的 X 射线的波长（或频率）应该和入射的 X 射线的波长（或频率）相等，不会发生改变。因此对于实验结果中散射线中有比入射波长更长的射线，用经典理论就无法解释。

1923 年康普顿用光子的概念对散射线中有比入射线波长更长的射线做了解释，认为是由光子和电子相互碰撞所引起的。如图 18.7 所示，当 X 射线入射到散射物质上时，入射光子将与物质中的电子发生弹性碰撞。碰撞前，设电子的静止质量为 m_0；碰撞后，电子以 v 的速度反冲，其动能来自入射光子提供的能量，速率很大。根据相对论的动能公式，电子的动能为正，$E_k=(m-m_0)c^2$。根据能量守恒定律，光子和电子碰撞前、后应满足下式，即

$$h\nu_0 = h\nu + (m-m_0)c^2 \tag{18.14}$$

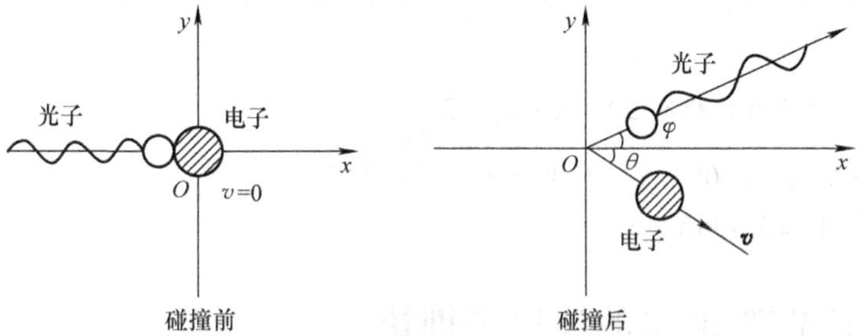

图 18.7　光子和自由电子的碰撞图

并且，碰撞时的动量亦守恒，对电子来说，动量的相对论表达式为 $p=m_0v/\sqrt{1-(v/c)^2}$。于是，沿 Ox 轴和 Oy 轴方向动量守恒应满足如下两式，即

$$\frac{h}{\lambda_0} = \frac{h}{\lambda}\cos\varphi + \frac{m_0v}{\sqrt{1-\left(\frac{v}{c}\right)^2}}\cos\theta \tag{18.15}$$

$$0 = \frac{h}{\lambda}\sin\varphi + \frac{m_0v}{\sqrt{1-\left(\frac{v}{c}\right)^2}}\sin\theta \tag{18.16}$$

从以上三式中消去 v 和 θ，并化简，可得波长改变的公式为

$$\Delta\lambda = \lambda - \lambda_0 = 2\frac{h}{m_0c}\sin^2\frac{\varphi}{2}$$

$$\Delta\lambda = \lambda - \lambda_0 = 2\lambda_C\sin^2\frac{\varphi}{2} \tag{18.17}$$

其中，$\lambda_C = \dfrac{h}{m_0c} = 2.43\times10^{-12}\text{m}$，称为电子康普顿波长。

式（18.17）表明，散射光波长的改变量 $\Delta\lambda$ 与入射光波长无关，由散射角 φ 决定，当散射角增大时，$\Delta\lambda$ 也随之增大。这一结论与实验结果完全符合。

在散射物质中，除自由电子和被原子核束缚很松的外层电子外，还有被原子核束缚很紧的内层电子。当 X 射线与内层电子发生弹性碰撞时，光子将与整个原子交换能量和动量。因此式

(18.17) 中电子的静止质量 m_0 要以原子的静止质量 m'_0 代之。由于 $m'_0 \gg m_0$，根据碰撞理论，光子碰撞后不会显著地失去能量，所以 $\Delta\lambda = 2\frac{h}{m'_0 c}\sin^2\frac{\varphi}{2} \approx 0$ 这时散射光的波长几乎不变。因此，散射光中除了有波长移动的新射线外，还有波长不变的射线。

康普顿散射的理论和实验完全相符，曾在量子论的发展中起到重要作用。它不仅有利地支持了爱因斯坦的光子假设，还首次在实验上证明了“光子具有动量的假设”，证实了光子和微观粒子的相互作用过程也严格遵守动量守恒定律和能量守恒定律。

例 18.8 紫外线（波长 $\lambda = 104\text{nm}$）是否适宜用来观察康普顿效应？为什么？

解 在康普顿效应中观察到波长的最大变化量值为

$$\Delta\lambda = \frac{2h}{m_0 c} = \frac{2 \times 6.63 \times 10^{-34}}{9.1 \times 10^{-31} \times 3 \times 10^{8}}\text{m} = 0.0048\text{mm}。$$

对红外线而言 $\Delta\lambda \ll \lambda$，波长变化量如此之小，在实验中是难以观察出来的。因此不宜采用红外线来观察康普顿效应。

例 18.9 波长为 0.708Å 的 X 射线在石蜡上发生康普顿散射，问在 90°和 180°方向上所散射的 X 射线波长各是多少？

解 根据康普顿散射方程有 $\Delta\lambda = \lambda - \lambda_0 = 2\frac{h}{m_0 c}\sin^2\frac{\varphi}{2}$

将 $\lambda_0 = 0.708\text{Å}$，$\varphi_1 = 90°$，$\varphi_2 = 180°$代入上式可解得

$\lambda_1 = 0.732\text{Å}$，$\lambda_2 = 0.756\text{Å}$

18.4 氢原子光谱 玻尔的氢原子理论

18.4.1 氢原子光谱的规律性

原子光谱是原子辐射电磁波按照波长（或频率）的有序排列，通常有有线状谱、连续谱等。原子发光是显示原子特征的重要现象之一，通过原子光谱的研究可以了解原子的内部结构等性质。在研究原子结构及其规律时，通常采用的实验方法有两种：一种是利用高能粒子对原子进行轰击；另一种是观察原子在外界激发下辐射的光谱规律。

1. 原子的核型结构

1897 年英国物理学家汤姆孙发现并确认电子是原子的组成部分后，物理学面临的一个新课题，那就是探索原子内部的奥秘。

1911 年，英国物理学家卢瑟福通过 α 粒子的散射实验探索原子的内部结构。卢瑟福的 α 粒子散射实验装置主要由 α 粒子源、金箔、荧光屏、放大镜和转动圆盘几部分组成，荧光屏和放大镜能够围绕金箔在一个圆周上转动，观到绝大多数 α 粒子穿过金箔后基本上仍沿原来的方向前进，少数 α 粒子穿过金箔后发生了大角度偏转，极少数 α 粒子甚至被反弹回来，从而可以确定当用高速运动的 α 粒子轰击金属箔时，发生了散射现象。在分析实验结果的基础上，卢瑟福提出了原子的核型结构模型：原子是由一个带正电的原子核和若干绕核运动的电子所组成，原子核的质量占原子的 99.9% 以上，而其半径仅是原子半径的万分之一。这个模型类似于太阳系中行星绕太阳的运转，因此称为原子的行星模型。

2. 氢原子光谱的规律性

光谱仪的出现使光谱的观测成为可能。气态元素发光所生成的光谱可以用光谱仪观测，进

而根据光谱特征分析其化学元素。氢原子是结构最简单的原子，因此其光谱情况也最简单。用氢气放电管可以得到氢原子光谱，通过对氢原子光谱的分析，可以进一步研究原子核外电子的运动规律。19 世纪，末巴耳末、莱曼、帕邢、布拉开、普丰德等人通过观察氢原子光谱在可见光以及紫外光、红外光区域的谱线，分析谱线之间的内在联系，得出如下的统一的公式，即**广义巴耳末公式**：

$$\tilde{\nu}=\frac{1}{\lambda}=R\left(\frac{1}{k^2}-\frac{1}{n^2}\right) \tag{18.18}$$

式中，$\tilde{\nu}$ 是**波长的倒数**，叫作**波数**；R 称为里德伯常量，是由瑞典人里德伯通过大量实验数据总结出来的，其实验值为 $R=1.0967758\times10^7\mathrm{m}^{-1}$。$k$ 可取整数值，当 $k=1$ 时称为莱曼谱系；$k=2$ 时称为巴耳末谱系；$k=3$ 时称为帕邢谱系；$k=4$ 时称为布拉开谱系；$k=5$ 时称为普丰德谱系。对应每一个谱系，n 可取整数值 $k+1$，$k+2$，$k+3$，…分别表示该谱系中的不同谱线。图 18.8 是一组氢原子的巴耳末系谱线图，从图中可以看出，它是由一系列分立的线状谱构成。

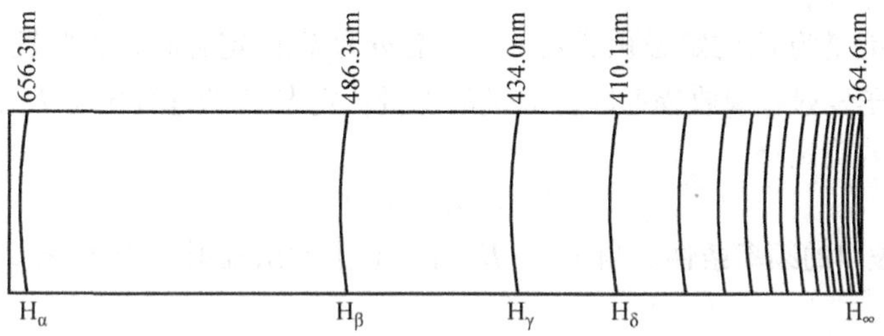

图 18.8　氢原子的巴耳末线系

从式（18.18）看到，可见光以及紫外光、红外光的各组谱线的数值与实验结果相符，说明了式（18.18）反映了氢原子结构的内部规律。后来里德伯等人又证明了在其他类氢元素的原子光谱中，光谱线也具有类似于氢原子光谱的规律性，从而为原子结构理论的建立提供了依据。

3. 用经典理论解释所遇到的困难

经典电磁理论认为：电子绕核做匀速圆周运动，绕核运动的电子将不断向外辐射电磁波。由于原子不断地向外辐射能量，能量逐渐减小，电子绕核旋转的频率也逐渐改变，原子的发射光谱应是连续谱。由于原子总能量减小，电子将最终逐渐接近原子核，而使原子变得不稳定。事实上，氢原子发射的光谱是不连续的光谱，而核外的电子总是不停地绕核运动。从宏观现象总结出来的经典电磁理论与原子微粒产生的微观现象不相符合，出现了矛盾。氢原子光谱实验规律又一次显示了经典物理理论的局限性。

通过前面学习我们知道，原子结构是相当稳定的。经典的电磁波理论难以解释原子光谱的规律，电子在绕核运动中不断向外辐射电磁波，能量不断损失，其轨道半径和转动频率也在连续不断变化，因而辐射的电磁波的频率也应连续变化，频率的变化由连续性到原子辐射电磁波的频率不断变化到大量原子发光的光谱是连续谱，故观察到的原子光谱应是连续的光谱，但实验结果指出，原子光谱是不连续的线光谱，因此经典的电磁波理论难以解释原子的核型结构。

18.4.2　玻尔的氢原子理论

1913 年，丹麦物理学家玻尔基于氢原子光谱是分立（线状）的、原子是稳定的现象，在卢瑟福核模型基础上，结合普朗克量子假设和原子光谱的分立性，提出了以下假设：

1. 定态假设

原子只能处于一系列不连续的能量状态中，在这些状态中原子是稳定的，电子虽然绕核运动，但并不向外辐射能量，只能在一定轨道上绕核做圆周运动，电子只有在角动量 L_φ 等于 $h/2\pi$ 的整数倍的轨道上，运动才是稳定的，即

$$L_\varphi = n\frac{h}{2\pi} \tag{18.19}$$

式中，$L_\varphi = mvr$ 称为**轨道角动量**，其中 m、v、r 分别是电子的质量、运动速度和轨道半径；h 是普朗克常量；n 叫作**量子数**，可取正整数 1，2，3，…. 式 $L_\varphi = n\frac{h}{2\pi}$ 称为玻尔的角动量量子化条件。

轨道能级化假设：原子的不同能量状态跟电子沿不同的圆形轨道绕核运动相对应。原子的定态是不连续的，因此电子的可能轨道的分布也是不连续的。电子在上述特定轨道上运动时，不向外辐射电磁波，这时电子处于稳定状态（简称定态），对应这些不连续的定态，氢原子具有一系列不连续的能量 E_1，E_2，…，E_n，这种能量称为**能级**。

2. 跃迁假设

当原子从一个能量为 E_n 的定态跃迁到另一个能量为 E_m 的定态时，就要发射或吸收一个频率为 ν 的光子。当原子发射或吸收辐射时，原子的能量从定态 E_n 跃迁到定态 E_m，它发射或吸收的单色光的频率由下式确定：

$$h\nu = |E_n - E_m| \tag{18.20}$$

式（18.20）称为**玻尔的频率条件**。当 $E_n > E_m$ 时，原子发出辐射，当 $E_n < E_m$ 时，原子吸收辐射。

玻尔根据以上两个基本假设进行了能级结构的能级猜想：原子内部不连续的能量称为原子的能级，数值上等于原子在定态时的能量值。跃迁是指原子从一个能级变化到另一个能级的过程，在跃迁的过程中，原子辐射（或吸收）光子的能量为 $h\nu = E_m - E_n$，E_m 和 E_n 分别为跃迁前后的能级，由此推出了氢原子的能级公式，解释了氢原子光谱的规律性。

设氢原子中，质量为 m 的电子在半径为 r_n 的圆形轨道上以速率 v 绕核运动，电子的电荷量为 e，它受到的库仑力便是向心力。按牛顿第二定律，有

$$m\frac{v^2}{r_n} = \frac{1}{4\pi\varepsilon_0}\frac{e^2}{r_n^2} \tag{18.21}$$

将式（18.21）和式（18.19）联立，可解得

$$r_n = \frac{\varepsilon_0 h^2}{\pi m e^2}n^2,\ n = 1,\ 2,\ 3,\ \cdots \tag{18.22}$$

令 $n=1$，可得

$$r_1 = \frac{\varepsilon_0 h^2}{\pi m e^2}$$

代入有关数据，可算得 $r_1 = 5.29\times10^{-11}\mathrm{m}$，这就是氢原子的最小轨道半径，称为**玻尔半径**。

电子在第 n 个轨道上运动时具有的总能量为

$$E_n = \frac{1}{2}mv^2 - \frac{e^2}{4\pi\varepsilon_0 r_n}$$

式中，$\frac{1}{2}mv^2$ 为电子绕核运动的动能；$-\frac{e^2}{4\pi\varepsilon_0 r_n}$ 为电子和原子核组成的系统所具有的电势能。又由式（18.21）可得 $mv^2/2 = e^2/(8\pi\varepsilon_0 r_n)$，代入上式，并由式（18.22），得

$$E_n = \frac{e^2}{8\pi\varepsilon_0 r_n} = -\frac{1}{n^2}\frac{me^4}{8\varepsilon_0^2 h^2} \tag{18.23}$$

令 $n=1$，有

$$E_1=-\frac{me^4}{8\varepsilon_0^2h^2}$$

代入有关数据，可算出 $E_1=-13.6\text{eV}$，这就是电子处在第一个轨道上的能量，显然

$$E_n=\frac{1}{n^2}E_1$$

我们把 $n=1$ 的能量状态称为基态，把 $n=2, 3, 4, \cdots$的能量状态称为**激发态**。原子处于基态时能量最低，原子最稳定。原子处于激发态时一般不稳定，电子要向基态或较低能级跃迁，在跃迁时向外辐射能量。原子如从外界吸收能量，电子就可以从较低能级跃迁到较高的能级。

从式（18.2）可知，当 $n\to\infty$时，$r_n\to\infty$，$E_n=0$，电子离核无限远，能量 E_n最大（即等于 0），此时氢原子处于**电离状态**。电子从基态跃迁到电离状态需要的能量为 13.6eV，即氢原子的**电离能**为 13.6eV。

氢原子中电子轨道是量子化的，所以它的能量也是量子化的，氢原子所允许的能量值可以用能级图来表示，如图 18.9 所示。能级图上的每一根水平线代表正 E_n的一个数值，即为一个**能级**，所以式（18.23）亦称为氢原子的能级公式。根据玻尔假设，当电子从较高能级 E_n跃迁到某较低能级正 E_k时，辐射出频率为 ν 的光子，光子的能量为

$$h\nu=E_n-E_k$$

将能级公式和 $\nu=\dfrac{c}{\lambda}$代入上式，可得

$$\tilde{\nu}=\frac{1}{\lambda}=\frac{me^4}{8\varepsilon_0^2h^3c}\left(\frac{1}{k^2}-\frac{1}{n^2}\right) \qquad (18.24)$$

式中，c 是真空中的光速，$c=3\times10^8\text{m/s}$。将式（18.24）和式（18.18）比较，可知它就是广义巴耳末公式，其中里德伯常量 $R=\dfrac{me^4}{8\varepsilon_0^2h^3c}=1.09737\times10^7\text{m}^{-1}$，这个结果和实验符合。令式（18.24）中的 $k=1, 2, 3, 4, \cdots$可以分别得到赖曼、巴耳末、帕邢、布拉开、普丰德等谱系。

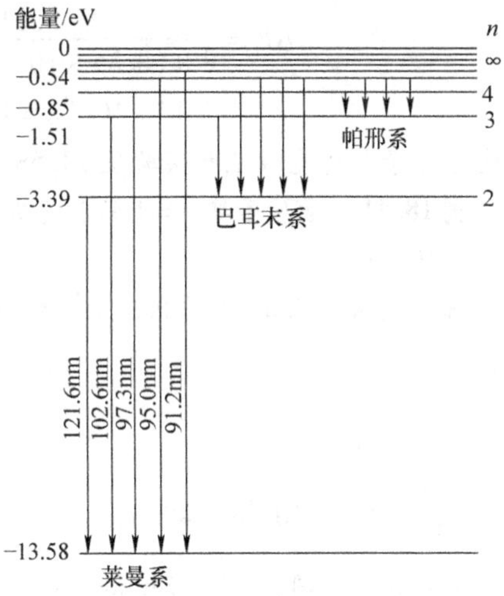

图 18.9 氢原子能级图

原子的能量一般指电势能与动能之和，电子吸收到的能量恰好等于当时能量的绝对值时电子恰好被电离，电子吸收到的能量大于当时能量的绝对值时电子被电离。电子吸收能量的形式一般有两种：吸收合适频率光子的能量（可能全吸收或全不吸收）、电子与其它粒子碰撞时吸收能量（全吸收或部分吸收）。

玻尔理论成功地解释并预言了氢原子辐射的电磁波的问题，解决了原子的稳定性和辐射的频率条件问题，把原子结构的理论向前推进了一步。但是也有它的局限性，在解决核外电子的运动时成功引入了量子化的观念，同时又应用了“轨道”等经典概念和有关牛顿力学规律，除了氢原子光谱外，在解决其他问题上遇到了很大的局限。另外，半经典半量子理论存在逻辑上的缺点，既把微观粒子看成是遵守经典力学的质点，同时又赋予它们量子化的特征。

例 18.10 求氢原子的电离能，即把电子从 $n=11$ 的轨道移到离原子核无限远处（$n=\infty$）时氢原子变成氢离子所需要的功。

解 由氢原子的能级公式

$$E_n = -\frac{1}{n^2}\frac{me^4}{8\varepsilon_0^2 h^2}$$

可以看出，E_n随n而增大，并随$n \to \infty$而趋于零。但电子在$E_\infty = 0$时就不再受到原子核吸引力的束缚，即被游离出去，脱离原子，从而使原子成为带正电的离子。因此，如用电子束轰击原子，使原子获得能量，而从基态能级E_1跃迁到能级$E_\infty = 0$，就会使原子电离。给原子提供的这一部分能量$\Delta E = E_\infty - E_1 = 0 - E_1 = -E_1$就是原子的电离能。

对氢原子来说，电子在轨道$n = 1$时，氢原子的能量为E_1，电子离原子核无限远时，$E_\infty = 0$，则得氢原子电离能为

$$\Delta E = E_\infty - E_1 = -E_1 = \frac{me^4}{8\varepsilon_0^2 h^2}$$

将各量的数值代入上式，得

$$\Delta E = \frac{9.11 \times 10^{31}\,\mathrm{kg} \times (1.60 \times 10^{-19})\,\mathrm{C}^4}{8 \times (8.85 \times 10^{-12}\,\mathrm{C}^2 \cdot \mathrm{N}^{-1} \cdot \mathrm{m}^{-2})^2 \times (6.63 \times 10^{-34}\,\mathrm{J} \cdot \mathrm{s})^2}$$

$$= 2.17 \times 10^{-18}\,\mathrm{J} = 13.6\,\mathrm{ev}$$

上述氢原子电离能数值和实验值13.58ev很接近（图18.9）。

例18.11 氢原子从$n = 1$的状态跃迁到$n = 4$的状态，它所吸收的光子的波长是多少？这是不是可见光？

解 氢原子从$n = 1$的状态跃迁到$n = 4$的状态时，它所吸收的光子的能量为

$$\Delta E = E_4 - E_1 = -\left(\frac{Rhc}{4^2} - \frac{Rhc}{2^2}\right)$$

而$\varepsilon = \Delta E = h\nu$，$c = \lambda\nu$

故$\lambda = \dfrac{16}{3R} = 4.8 \times 10^{-7}\,\mathrm{m} = 480\,\mathrm{nm}$

可见光的波长范围：390～780nm，因此是可见光。

18.5 物质波

光的本质是什么？从牛顿的微粒说到惠更斯、托马斯杨、菲涅耳的波动说，到麦克斯韦的光电磁理论及爱因斯坦的光子理论，光的波粒二象性本质逐渐清晰。普朗克常量h架起了描述光粒子性和波动性之间的桥梁。

在微观世界中建立描述实物粒子运动规律遇到许多困难，法国青年物理学家德布罗意提出了一个问题“整个世纪以来，在光学中比起波的研究方法来，如果说是过于忽视粒子的研究方法的话，那么在实物粒子的理论上，是不是发生了相反的错误，把粒子的图像想得太多，而过分忽视了波的图像呢？”于是，在1924年他提出了一个大胆的假设：**不仅辐射具有波粒二象性，一切实物粒子也都具有波粒二象性**。

按德布罗意假设，一个不受外力作用的自由运动的粒子，同时具有粒子性和波动性。从粒子性来看，质量为m的粒子具有能量E和动量p；从波动性来看，它对应着一列单色平面波，具有频率ν和波长λ。与描述光子的能量公式、动量公式相仿，描述粒子性的物理量E、p与描述波动性物理量ν、λ之间的关系有

$$E = h\nu \tag{18.25}$$

$$p=\frac{h}{\lambda} \tag{18.26}$$

以上两式就是联系粒子性和波动性的关系式，称为**德布罗意公式**。它使每一个具有一定能量和动量的粒子与存在着一定频率和波长的波相对应。这种与实物粒子相联系的波称为**物质波**，也称**德布罗意波**。

如果电子、质子等实物粒子也具有波动性，那么它就能发生干涉和衍射，对于具有静止质量为 m_0 的实物粒子来说，要发生明显的干涉衍射现象，障碍物或狭缝的线度要足够小，当粒子以速度 v 运动时，根据相对论的动量公式，对应于该粒子的德布罗意波长为

$$\lambda=\frac{h}{p}=\frac{h}{mv}=\frac{h}{m_0 v}\sqrt{1-\frac{v^2}{c^2}} \tag{18.27}$$

若粒子速度 $v \ll c$，则有

$$\lambda=\frac{h}{m_0 v} \tag{18.28}$$

这种德布罗意波不久就被实验所证实。1927 年，美国物理学家戴维孙和革末分别利用电子束照射到单晶镍上，得到衍射图样，这个实验证实：从单晶表面衍射出来的电子束的波长，恰好符合晶体衍射的规律。

电子不仅在晶体上散射时表现出波动性，而且在穿过一晶体薄片再照射到照相底片上时，显示出有规律的条纹也同样表现出波动性质。如图 18.10 所示就是英国物理学家汤姆孙所做的电子衍射实验。K 为发射电子的灯丝，电子经加速电压 U_{KD} 加速后，通过光阑 D 形成很细的电子束，电子束穿过千薄晶片 M（金属箔）后，射到照相底片 P 上，在 P 上出现衍射图样，如图 18.11 所示，这和 X 射线通过晶体时产生的衍射图样极其相似。它表示电子通过晶体后在照相底片上的分布是不均匀的，有些地方出现的电子密集，有些地方出现的电子稀疏。根据实验中的衍射图样算出的电子波长完全符合德布罗意公式，充分证实了德布罗意假设的正确性。

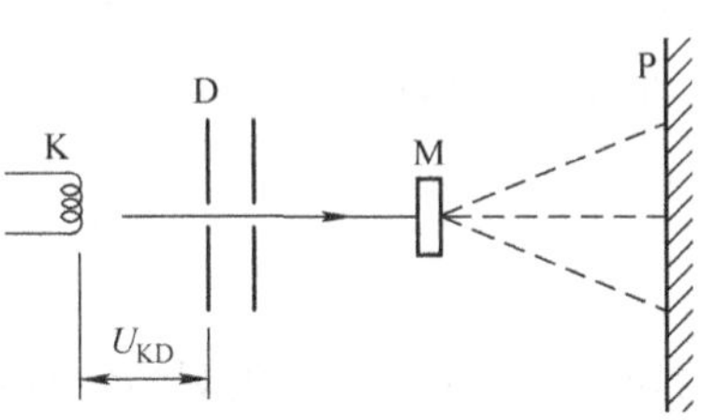

图 18.10　电子衍射实验

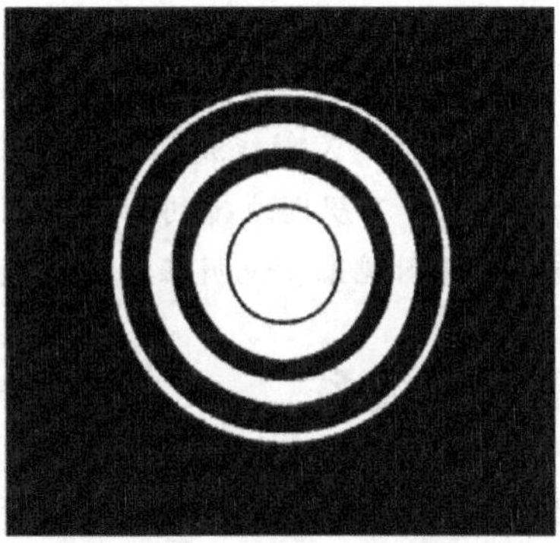

图 18.11　电子衍射图样

在实验证实了电子的波动性后，人们又用实验证实了其他微观粒子，如质子、中子和分子等也具有波动性，德布罗意公式对这些粒子也适用。于是，一切微观粒子具有波动性已是无可置疑的了，从而德布罗意公式成为了揭示微观粒子波动性和粒子性之间内在联系的基本公式。

微观粒子的波动性在现代科学技术中已得到应用，电子显微镜的使用就是利用了电子的波动性。因为光学仪器的分辨率和波长成反比，波长越短分辨率就越高。普通的光学显微镜由于受可见光波长的限制，分辨率不可能很高，放大倍数也只在 2000 倍左右。而电子波的波长远比可见光的波长要短，当加速电压为几百伏时，其波长和 X 射线接近，加速电压越大，波长越短。

所以电子显微镜的分辨率就比光学显微镜高得多。我国已制成能分辨 0.144nm、放大 80 万倍的电子显微镜，可观察到晶体结构和蛋白质、脂肪之类的较大分子。

例 18.12　一个质量为 $m=0.01\text{kg}$、速度为 300m/s 的子弹，它的德布罗意波长是多少？

解　根据德布罗意公式 $\lambda=\dfrac{h}{p}=\dfrac{6.63\times10^{-34}}{0.01\times300}\text{m}=2.21\times10^{-34}\text{m}$

例 18.13　电子枪发射的电子束（可视为发射出来是静止的）在经过 100V 电压加速后，它的德布罗意波长是多少？

解

$$eU=\frac{1}{2}mv^2\Rightarrow v=\sqrt{\frac{2eU}{m}}\Rightarrow p=mv=\sqrt{2meU}$$

$$\lambda=\frac{h}{p}=\frac{6.63\times10^{-34}}{\sqrt{2\times9.1\times10^{-31}\times1.6\times10^{-19}\times100}}\text{m}\approx1.2\times10^{-10}\text{m}$$

例 18.14　（1）设有一质量 $m=10^{-6}\text{g}$ 的微粒以速度 $v=1\text{cm/s}$ 运动，求此微粒的德布罗意波长；（2）动能为 100eV 的电子，其德布罗意波长是多少？

解　（1）按德布罗意公式（18.26），所求波长为

$$\lambda=\frac{h}{p}=\frac{h}{mv}=\frac{6.63\times10^{-34}}{10^{-9}\times10^{-2}}\text{m}=6.63\times10^{-23}\text{m}$$

说明　对于如此之短的波长，目前尚无能够观察到其波动性的精密仪器。我们知道，在宏观领域内，粒子的质量比 10^{-6}g 大得多，速度也大多比 1cm/s 高。因此，从上式结果可以推想，它们的物质波波长将会更短，所以我们在日常生活中未能觉察到宏观粒子的波动性，而只认识到它的粒子性。

（2）因为动量 p 和动能 E_k 之间的关系为 $p^2=2mE_k$，其中电子的质量为 $m=9.11\times10^{-31}\text{kg}$，所以可求得电子的德布罗意波长为

$$\lambda=\frac{h}{p}=\frac{h}{\sqrt{2mE_k}}=\frac{6.63\times10^{-34}}{\sqrt{2\times9.11\times10^{-31}\times100\times1.6}}\text{m}=0.123\times10^{-9}\text{nm}=0.123\text{nm}$$

说明　上述波长和 X 射线波长的数量级相同。因此，我们在电子衍射实验中用薄金箔当作光栅（薄金箔内原子有规则地排列着，原子的间距比上述波长更小，好像光栅的狭缝），就可以观察到物质波的衍射现象。说明在微观领域内，粒子明显地表现出波动性。

18.6　不确定关系

在经典力学中，可以同时用确定的坐标和确定的动量、能量来描述宏观物体的运动。而对于微观粒子，因为它具有波动性，我们是否能够同时用确定的坐标和确定的动量来描述它的运动呢？判断这一问题的依据，就是德国物理学家海森伯在 1927 年提出的不确定关系。

下面以电子的单缝衍射（见图 18.12）为例来进行说明。设有一束电子沿轴 Oy 射向 AB 屏上的狭缝，狭缝宽度为 a，入射电子的动量为 $\boldsymbol{p}$，则在照相底片 ED 上可观察到单缝衍射图样。

在一个电子通过狭缝的瞬时，我们很难确切地回答它的坐标 x 为多少。电子在中央主级区域出现的几率最大，电子确实通过了狭缝，因此我们确定电子的坐标在 $\Delta x=a$ 的范围内。Δx 称为电子在 Ox 轴方向位置的不确定量，即在电子通过狭缝的瞬时，它在 Ox 轴上的位置可以准确到狭缝的宽度。

现在来研究电子经狭缝时在 Ox 轴方向的动量是否可以确定。由衍射图样分析可知，电子经

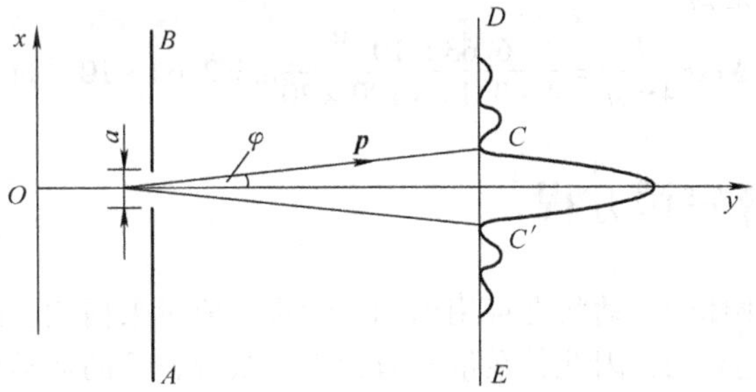

图 18.12 电子的单缝衍射图样

狭缝时可能向各个方向运动，而今做保守的估计，假设电子经狭缝后射向底片 CC' 之间（C、C' 是衍射条纹第 1 级极小值的位置），射向 C（或 C'）点的电子在 Ox 轴方向的动量为 $p\sin\varphi$。因此，电子在 Ox 轴方向动量的可能取值应介于 $0\sim p\sin\varphi$ 之间，即电子经狭缝时在 Ox 轴方向的动量也是不确定的，其不确定量为

$$\Delta p_x = p\sin\varphi \tag{18.29}$$

对于条纹的一级极小，有

$$a\sin\varphi = \lambda$$

再将 $a=\Delta x$ 代入上式，则式（18.29）便可写为

$$\Delta p_x = p\,\frac{\lambda}{\Delta x}$$

于是按罗布罗意公式 $\lambda = h/p$，上式可改写成

$$\Delta x \cdot \Delta p_x = h \tag{18.30}$$

在以上分析中保守估计，即假设电子在一级极小的衍射角范围内，实际上电子也可能射向底片 CC' 区域之外，那么 $\sin\varphi$ 比 λ/a 还要大，所以 $\Delta p_x \gg h/(\Delta x)$，故得到

$$\Delta x \cdot \Delta p_x \geqslant h \tag{18.31}$$

式（18.31）称为**不确定关系式**，式中，h 为普朗克常量。上式不仅适用于电子，而且也适用于其他微观粒子。

借助单缝衍射特例粗略导出了微观粒子位置和动量不确定关系式（18.32），1927 年德国物理学家海森伯在理论上又给出了它们之间更一般的关系，即

$$\Delta x \cdot \Delta p_x \geqslant \hbar/2,\ \Delta y \cdot \Delta p_y \geqslant \hbar/2,\ \Delta z \cdot \Delta p_z \geqslant \hbar/2 \tag{18.32}$$

式中，$\hbar = h/2\pi$，这三个公式被称为不确定关系，也称为海森伯不确定原理。不确定关系表明：不能同时准确地确定微观粒子的位置和动量。如果我们想改善 x 的测量，势必要使 Δx 减小，用较窄的狭缝，从而又导致衍射图样变宽。而图样变宽又意味着电子沿 Ox 轴方向的动量分量 p_x 变得更不确定了，即 Δp_x 变大了。反之，p_x 越确定，即 Δp_x 越小，则 Δx 变大，x 越不确定。总而言之，我们委实无法摆脱式（18.32）的限制。这种限制是源于物质的波粒二象性这一基本属性所导致的必然结果，其不确定量与测量仪器的精度和实验技术无关，纵使将来仪器精度和实验技术水平越来越高，式（18.31）总是成立的。

例 18.15 一辆质量为 100kg 的试验车以 20m/s 的速度向墙面撞去，求车撞墙时的不确定范围。

解 根据海森伯的不确定关系式（18.32）

$$\Delta x \Delta p \geqslant \frac{h}{4\pi}$$

可算出 Δx，即车撞墙的范围为

$$\Delta x \geqslant \frac{h}{4\pi\Delta p}=\frac{6.63\times10^{-34}}{4\times3.14\times100\times20}\mathrm{m}=2.64\times10^{-38}\mathrm{m}$$

18.7 波函数及薛定谔方程

上一章提到，宏观物体的运动状态可用坐标、动量、能量来描述。而量子力学是基于微观粒子的波粒二象性建立起来的，因此，在量子力学中，微观粒子的运动状态用波函数对物质的粒子性和波动性做统一的描述。

18.7.1 波函数

微观粒子的运动状态称为量子态，用波函数来描述。波函数所反映的微观粒子波动性就是德布罗意波。玻恩指出：德布罗意波或波函数不代表实际物理量的波动，而是描述粒子在空间的概率分布的概率波。沿 Ox 轴方向传播的平面简谐波波函数是坐标 x 和时间 t 的二元周期函数，可写作

$$y(x,t)=A\cos2\pi\left(\nu t-\frac{x}{\lambda}\right) \tag{18.33}$$

式中，A 为振幅、ν 为波的频率、λ 为波长。如果是机械波，y 表示位移；如果是电磁波，y 表示电场强度 $\boldsymbol{E}$ 或者磁场强度 $\boldsymbol{H}$。同时我们也知道，波的强度与振幅的二次方成反比。

式（18.33）也可改用复指数形式来表示，即

$$y(x,t)=A\mathrm{e}^{-\mathrm{i}2\pi\left(\nu t-\frac{x}{\lambda}\right)} \tag{18.34}$$

对机械波或者电磁波来说，可取上式的实数部分，即式（18.33）。

前面已讨论过，微观粒子的波动性可用物质波来描述。我们先讨论最简单的情况，即自由粒子的运动。对自由粒子，由于它不受外力作用，故做匀速直线运动，其动量 p 和能量 E 皆保持不变。因而，按照德布罗意假设，与一束自由粒子相关联的物质波，其频率 $\nu=E/h$ 和波长 $\lambda=h/p$ 也都是恒定的。由于具有恒定频率和波长的波是单色平面波，所以自由粒子的物质波一定是单色平面波。如果此波是沿 Ox 轴方向传播的，则其波动表达式应取式（18.34）的复指数函数形式，而不沿用式（18.33）的实数形式，这是物质波所要求的。同时，对物质波来说，式（18.34）中的 $y(x,\ t)$ 既不代表介质中质元的振动位移，也不代表某个数量（如电场强度等）的大小，我们改用 $\psi(x,\ t)$ 来表示。$\psi(x,\ t)$ 称为**波函数**，用它来描述物质波在空间的传播。于是得自由粒子物质波的表达式为

$$\Psi(x,t)=\psi_0\mathrm{e}^{-\mathrm{i}2\pi\left(\nu t-\frac{x}{\lambda}\right)}$$

式中，ψ_0 为物质波的振幅。将德布罗意关系式 $E=h\nu$ 和波长 $p=h/\lambda$ 代入上式，就成为

$$\Psi(x,t)=\psi_0\mathrm{e}^{-\mathrm{i}\frac{2\pi}{h}(Et-px)} \tag{18.35}$$

这就是在沿 Ox 轴方向传播的情况下，动量为 p 和能量为 E 的自由粒子的物质波波函数。式（18.35）还可写成

$$\Psi(x,t)=\psi(x)\mathrm{e}^{-\mathrm{i}\frac{2\pi}{h}Et} \tag{18.36}$$

$$\Psi(x)=\psi_0\mathrm{e}^{\mathrm{i}\frac{2\pi}{h}px} \tag{18.37}$$

式中，$\psi(x)$称为**振幅函数**，它不随时间 t 而变化只与坐标 x 有关；$\psi(x)$作为波函数的一部分，也具有复指数函数形式。

其次，由式（18.35）我们也可以写出 Ψ 的共轭函数 Ψ^*，即

$$\Psi^*(x,t)=\psi_0\mathrm{e}^{\mathrm{i}\frac{2\pi}{h}(Et-px)}=\psi_0\mathrm{e}^{\mathrm{i}\frac{2\pi}{h}Et}\mathrm{e}^{-\mathrm{i}\frac{2\pi}{h}px}=\psi^*(x)\mathrm{e}^{\mathrm{i}\frac{2\pi}{h}Et}$$

对照式（18.36），$\psi^*(x,t)$是$\psi(x,t)$的共轭函数。同时，由上式和式（18.36）可得

$$\Psi\Psi^*=\psi\mathrm{e}^{-\mathrm{i}\frac{2\pi}{h}Et}\psi^*\mathrm{e}^{\mathrm{i}\frac{2\pi}{h}Et}=\psi\psi^* \tag{18.38}$$

亦或

$$|\Psi|^2=|\psi|^2 \tag{18.39}$$

即波函数 Ψ 与其共轭函数 Ψ^* 的乘积等于相应的振幅函数 ψ 与其共轭函数 ψ^* 的乘积，即 Ψ 的绝对值（即 Ψ 的模 $|\Psi|$）的二次方 $|\Psi|^2$ 等于其振幅函数的绝对值二次方 $|\psi|^2$。由于波的强度与振幅的二次方成正比，因而我们也可认为，振幅函数的二次方 $|\psi|^2$ 表征了物质波的强度，或者说，波函数 Ψ 与其共轭函数 Ψ^* 的乘积 $\Psi\Psi^*$ 或 $|\Psi|^2$ 表征了物质波的强度。这对自由粒子运动的一维情况是如此，对三维情况也是如此，并且亦可推广到处于力场中非自由粒子运动的情况。

因为量子力学中的波函数是复数，它本身没有直接的物理意义。虽然德布罗意最早提出了波函数，但是他不能给予解释。当时在物理学界，波函数是一个谜。直至 1926 年由德国物理学家玻恩解开，对波函数做了正确的统计解释。

我们以电子衍射为例来说明波函数的物理意义。在图 18.10 所示的电子衍射实验中，如果我们控制电子束，使它极为微弱，甚至让电子一个一个地通过晶体而落到照相底片上。起初，当落到底片上的电子数目较少时，底片上呈现出一个一个的点，这些点的分布显得毫无规律，这表明每个电子落在底片上的什么地方是不确定的。但是经过一定时间，就有大量电子落于底片上，这时电子在底片上各处的分布渐渐显示出一定的规律性，形成如图 18.11 所示的衍射图样。既然照相底片上记录的是电子，亦即表现为粒子性，而其所显示的衍射图样却又表现为波动性。那么，我们要问：微观粒子兼有的波和粒子这两种行为之间究竟存在着什么关系呢？

从波动观点来看，在照相底片上的电子衍射极大处（如同光波衍射图样中的明条纹处）衍射电子波（物质波）的强度大，即衍射电子的波函数模量的二次方 $|\Psi|^2$ 也大。再从粒子的观点来看，尽管我们不能预言电子一定落在照相底片上的什么地方，但是在衍射图样中，衍射电子波强度大的地方，底片感光强，表明落到该处的电子较密集；强度小的地方，则表明落到该处的电子较稀疏或甚至没有。从统计意义上来说，电子波强度大的地方，说明电子落在该处的机会多，或者说概率大，因此意味着落到该处的电子数目应越多，故而反映电子波动性的衍射图样，其强度分布与电子落在照相底片上各处的概率分布相对应。这不仅对电子是这样的，对于其他微观粒子来说情况也是如此。因此，**微观粒子的物质波都是一种概率波。**

波函数的归一化条件及标准条件：根据波函数的统计解释，波函数必须满足一定的要求。首先，由于任一时刻粒子总是存在于空间中，它不在空间的这一地方出现，就要在其他地方出现，所以在整个空间 V 内搜索，一定能找到它。亦即，在整个空间 V 内发现粒子的概率应等于 100%，即

$$\iiint_V \Psi\Psi^* = 1 \tag{18.40}$$

式（18.40）称为波函数 Ψ 的**归一化条件**。式中，V 代表整个空间。

其次，由于在一定的时刻，在空间给定区域粒子出现的概率应该是唯一的，不可能既是这个值，又是那个值，并且应该是有限的（实际上，应该小于 1）。同时在空间不同区域，概率应是连续分布的，不能逐点跃变。因此，波函数 $\Psi(x,\ y,\ z,\ t)$ 应是 $(x,\ y,\ z,\ t)$ 的**单值**、**有限**、**连续**的函数，这一要求称为波函数的**标准条件**。

18.7.2　薛定谔方程

在经典力学中，质点的运动状态可用位置和速度来描述，我们可以根据初始条件利用牛顿

运动方程求出质点在任一时刻的位置和速度。与之相仿，在量子力学中，微观粒子的状态可用波函数来描述。若已知粒子在某一时刻的状态，可借表述粒子运动的波函数 Ψ 所遵循的规律——薛定谔方程，求出粒子在任一时刻所处的状态。这个方程是1926年由奥地利物理学家薛定谔建立的。

首先从自由粒子运动的一维情况出发来建立薛定谔方程。我们已知，沿 Ox 轴方向运动的自由粒子，其物质波的波函数为

$$\Psi(x,t)=\psi_0 \mathrm{e}^{-\mathrm{i}\frac{2\pi}{h}(Et-px)}$$

将上式分别对 x 取二阶偏导数和对 t 取一阶偏导数，得

$$\frac{\partial^2\Psi}{\partial x^2}=-p^2\left(\frac{2\pi}{h}\right)^2\Psi,\ \frac{\partial\Psi}{\partial t}=-\mathrm{i}\frac{2\pi}{h}E\Psi \tag{18.41}$$

并因 $E=E_{\mathrm{k}}$，且当自由粒子的速度远小于光速时，$E_{\mathrm{k}}=mv^2/2=p^2/2m$，则由上两式得

$$\mathrm{i}\left(\frac{h}{2\pi}\right)\frac{\partial\Psi}{\partial t}=-\frac{1}{2m}\left(\frac{h}{2\pi}\right)^2\frac{\partial^2\Psi}{\partial x^2} \tag{18.42}$$

式（18.42）称为**自由粒子一维运动的薛定谔方程**。

若粒子在势场中做一维运动，其势能为 $E_{\mathrm{p}}(x)$，则粒子的总能量为

$$E=E_{\mathrm{k}}+E_{\mathrm{p}}=\frac{p^2}{2m}+E_{\mathrm{p}}(x) \tag{18.43}$$

将式（18.43）中的 E 代入式（18.41）的后一式，成为

$$\frac{\partial\Psi}{\partial t}=-\mathrm{i}\frac{2\pi}{h}\left[\frac{p^2}{2m}+E_{\mathrm{p}}(x)\right]\Psi$$

由上式和式（18.41）的前一式，可得

$$\mathrm{i}\left(\frac{h}{2\pi}\right)\frac{\partial\Psi}{\partial t}=-\frac{1}{2m}\left(\frac{h}{2\pi}\right)^2\frac{\partial^2\Psi}{\partial x^2}+E_{\mathrm{p}}(x)\Psi \tag{18.44}$$

式（18.44）即为**粒子在势场中一维运动的薛定谔方程**。

通常我们主要研究定态问题，即势能 E_{p} 与时间 t 无关的情形，亦即 $E_{\mathrm{p}}=E_{\mathrm{p}}(x,\ y,\ z)$。这时，对势场中粒子运动的三维情况，其物质波的波函数可仿照式（18.36）写成如下的形式：

$$\Psi(x,y,z,t)=\psi(x,y,z)\mathrm{e}^{-\mathrm{i}\frac{2\pi}{h}Et} \tag{18.45}$$

式中，E 为粒子的能量，它是恒定的。将上式分别对 x、y、z 求二阶偏导数和对 t 求一阶偏导数，然后代入式（18.44），化简后可得

$$\frac{\partial^2\psi}{\partial x^2}+\frac{\partial^2\psi}{\partial y^2}+\frac{\partial^2\psi}{\partial z^2}+2m\left(\frac{2\pi}{h}\right)^2(E-E_{\mathrm{p}})\psi=0 \tag{18.46}$$

式（18.46）称为**定态薛定谔方程**。通常我们把振幅函数 ψ 也称为波函数。由解上述方程求出 ψ 后，由式（18.44）即可给出波函数 Ψ，因此在研究处于定态的粒子时，就归结为求定态薛定谔方程的解 $\psi=\psi(x,y,z)$。

对于一维定态问题，式（18.46）便退化为**一维定态薛定谔方程**：

$$\frac{\partial^2\psi}{\partial x^2}+2m\left(\frac{2\pi}{h}\right)^2(E-E_{\mathrm{p}})\psi=0 \tag{18.47}$$

最后指出，根据选定的初始条件和边界条件，由薛定谔方程所求得的解即为粒子的波函数 ψ（或 Ψ）；由此可计算出概率密度 $\frac{\mathrm{d}P}{\mathrm{d}V}=\psi\psi^*=|\psi|^2$。

其次，薛定谔方程是线性、齐次的偏微分方程，所以满足**叠加原理**。这就是说，如果一组

函数 Ψ_1，Ψ_2，…，Ψ_i，…是薛定谔方程所有可能的解，则它们线性叠加所得到的函数 $\Psi = C_1\Psi_1 + C_2\Psi_2 + \cdots + C_i\Psi_i + \cdots = \sum_{i=1}^{\infty} C_i\Psi_i$ 也是同一方程的可能解，其中 C_1，C_2，…，C_i，…为常数。

顺便说明，薛定谔方程是不能由任何定律或原理“推导”出来的，它如同物理学中其他基本方程（如牛顿运动方程、麦克斯韦电磁场方程等）一样，其正确性只能通过实验来检验。实际上，在分子、原子等微观领域的研究中，应用薛定谔方程所得的结果都能很好地符合实验事实。因而，薛定谔方程是反映微观系统运动规律的一个基本方程，它等价于反映宏观物体运动规律的牛顿第二定律。

本章思维导图

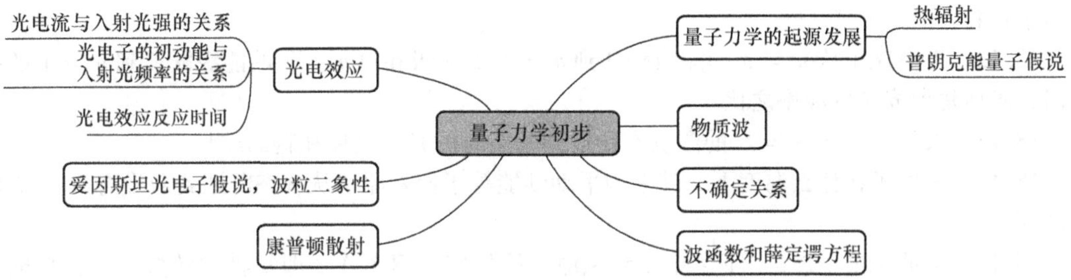

思　考　题

18.1　热辐射的基本特点有哪些？

18.2　为什么说普朗克常量是自然界中的一把尺子？

18.3　光电效应中如果入射光的频率增加，实验结果会发生什么样的变化？

18.4　为什么康普顿效应中的电子不能像光电效应那样吸收光子而是散射光子？

18.5　为什么在光电效应中不考虑动量守恒？

18.6　用可见光可以观察到康普顿效应吗？

18.7　电子显微镜为什么可以提高观测的分辨率？

习　　题

18.1　设有一物体（可视作绝对黑体），其温度自 300K 增加为 600K，问其辐出度增加为原来的多少倍？

18.2　从冶炼炉小孔内发出辐射，相应于单色辐出度峰值的波长 $\lambda_m = 11.6 \times 10^{-5}$cm，求炉内温度。

18.3　在灯泡中，用电流加热钨丝，它的温度可达 2000K，把钨丝看成绝对黑体，问辐射出对应于单色辐射强度峰值的波长 λ_m 是多少？

18.4　用波长分别为 546.1nm 和 312.6nm 的光照射在铯表面上而发生光电效应时，相应的遏止电压分别为 0.374V 和 2.070V。试求电子的电荷量。

18.5　使锂产生光电效应的光的最大波长 λ_0 = 520nm，若用波长为 $\lambda = \lambda_0/2$ 的光照射在锂上，锂所放出的光电子的动能为多少电子伏？

18.6 钨的逸出功是4.52eV，钡的逸出功是2.50eV。分别计算恰使钨放射光电子和钡放射光电子的入射光之最大波长；根据计算结果，说明哪一种金属可以作为使用于可见光范围内的光电管阴极的材料。

18.7 (1) 试按巴耳末公式计算谱线 H_α ($n=3$) 的波长，已知 $B = 364.6\text{nm}$。(2) 试计算氢原子光谱的巴耳末系中最短的波长和最长的波长。

18.8 求莱曼系、巴耳末系、帕邢系的线系极限（$n\to\infty$）的波数。

18.9 根据玻尔理论，求氢原子在基态时各量的数值：(1) 量子数；(2) 轨道半径；(3) 角动量；(4) 线动量；(5) 角速度；(6) 线速度；(7) 势能；(8) 动能；(9) 总能量。

18.10 求氢原子中电子从 $n = 4$ 的轨道跃迁到 $n = 2$ 的轨道时，氢原子发射的光子的波长。

18.11 自由电子与氢原子碰撞时，若能使氢原子激发而辐射，问自由电子的动能最小为多少电子伏特？

18.12 当氢原子从 $n = 3$ 的能级跃迁到 $n = 1$ 的能级和由 $n = 2$ 的能级跃迁到 $n = 1$ 的能级时，求所辐射光子的频率之比。

18.13 求氢原子从 $n = 5$ 的激发态跃迁到基态时的光子能量和它的波长。

18.14 氢原子在什么温度下，其平均平动动能等于使氢原子从基态跃迁到激发态 $n = 2$ 所需的能量？

18.15 用玻尔量子理论求证：电子绕氢原子核的旋转频率 N（即每秒钟转数）与其总能量 E_n的关系为 $N=(4\varepsilon_0/e^2)\sqrt{2/m}\,|E_n|^{3/2}$。

18.16 已知氢原子莱曼系的最大波长为121.6nm，求里德伯常量。

18.17 质量为5g的物体以10m/s速度运动，求该物体的德布罗意波长。

18.18 经过 $U_{KD}=100\text{V}$ 电压加速的电子，其德布罗意波长为多大？

18.19 电视机显像管中电子的加速电压 $U_{KD}=104\text{V}$，求电子从枪口半径 $r = 0.1\text{cm}$ 的电子枪射出后的横向速度的不确定量。

18.20 求证：自由粒子的不确定关系为 $\Delta x\cdot\Delta\lambda\geqslant\lambda^2$，其中，$\lambda$ 为自由粒子的德布罗意波长。

附　录

附录 A　常用物理量

物理常量	符号	值
摩尔气体常数	R	8.31
阿伏伽德罗常量	N_0	$6.02\times10^{23}\,\mathrm{mol}^{-1}$
玻尔兹曼常量	k	$1.38\times10^{-23}\,\mathrm{J/K}$
真空中的光速	c	$3.00\times10^{8}\,\mathrm{m/s}$
电子的静止质量	m_e	$9.11\times10^{-31}\,\mathrm{kg}$
质子的静止质量	m_p	$1.67\times10^{-27}\,\mathrm{kg}$
中子的静止质量	m_n	$1.67\times10^{-27}\,\mathrm{kg}$
里德伯常量	R	$1.10\times10^{7}\,\mathrm{m}^{-1}$
玻尔半径	r_1	$5.29\times10^{-11}\,\mathrm{m}$
斯特藩 - 玻耳兹曼常数	σ	$5.67\times10^{-8}\,\mathrm{W\cdot m^{-2}\cdot K^{-4}}$
普朗克常量	h	$6.63\times10^{-34}\,\mathrm{J\cdot s}$
电子康普顿波长	λ_C	$2.43\times10^{-12}\,\mathrm{m}$

附录 B　常用公式

1. 摄氏温标和华氏温标与热力学温标的关系

（1） $t = T - 273.15$

（2） $t_F = 32.0 + \frac{9}{5}t$

2. 理想气体状态方程 $pV = \frac{m}{M}RT = \nu RT$

3. 准静态过程的功 $A = \int_{V_1}^{V_2} p\mathrm{d}V$

4. 热力学第一定律 $Q = (E_2 - E_1) + A$

5. 摩尔定容热容 $C_{V,m} = \frac{1}{\nu}\left(\frac{\mathrm{d}Q}{\mathrm{d}T}\right)_V$

6. 摩尔定压热容 $C_{p,m}=\frac{1}{\nu}\left(\frac{dQ}{dT}\right)_p$

7. 迈耶公式 $C_{p,m}=C_{V,m}+R$

8. 绝热过程方程 $pV^{\gamma}=C$，C 为常量

9. 热机效率 $\eta=\frac{A}{Q_1}=\frac{Q_1-|Q_2|}{Q_1}=1-\frac{|Q_2|}{Q_1}$

10. 卡诺热机效率 $\eta_c=1-\frac{T_2}{T_1}$

11. 制冷系数 $w_c=\frac{Q_2}{A'}=\frac{Q_2}{|Q_1|-Q_2}$

12. 卡诺制冷系数 $w_c=\frac{T_2}{T_1-T_2}$

13. 玻耳兹曼熵公式 $S=k\ln\Omega$，式中，Ω 是热力学概率，k 是玻耳兹曼常数。

14. 熵增加原理 $\Delta S>0$

15. 克劳修斯熵公式 $\Delta S = S_B - S_A = \int_A^B \frac{đQ}{T}$

16. 理想气体的压强公式 $p=\frac{1}{3}mn\overline{v^2}=\frac{2}{3}n\bar{\varepsilon}_k$

17. 理想气体的温度公式 $\bar{\varepsilon}_k=\frac{3}{2}kT$

18. 道尔顿分压定律 $p=p_1+p_2+p_3+\cdots$

19. 麦克斯韦速率分布律 $\frac{dN}{N}=f(v)dv=4\pi\left(\frac{m}{2\pi kT}\right)^{3/2}v^2e^{-\frac{mv^2}{2kT}}dv$

20. 麦克斯韦速度分布律 $\frac{dN}{N}=g(v)dv=\left(\frac{m}{2\pi kT}\right)^{3/2}e^{-\frac{mv^2}{2kT}}dv$

21. 玻耳兹曼分布律 $n=n_0e^{-E_p/kT}$

22. 等温气压公式 $p=p_0e^{-mgh/kT}$

23. 分子的平均自由程 $\bar{\lambda}=\frac{1}{\sqrt{2}\pi d^2n}$

24. 分子的平均碰撞频率 $\bar{Z}=\sqrt{2}\pi d^2\bar{v}n$

25. 1mol 范德瓦耳斯方程 $\left(p+\frac{a}{v^2}\right)(v-b)=RT$

26. 气体的黏度 $\eta=\frac{1}{3}\rho\bar{v}\bar{\lambda}$

27. 气体的热传导系数 $\kappa=\frac{1}{3}\rho\bar{v}\bar{\lambda}C_V$

28. 气体的扩散系数 $D=\frac{1}{3}\bar{v}\bar{\lambda}$

29. 简谐振动

（1）简谐振动表达式 $x=A\cos(\omega t+\varphi)$，$A$ 为振幅，ω 为角速度或圆频率，φ 为初相位。

（2）单摆周期 $T=2\pi\sqrt{\frac{l}{g}}$（l 为摆长）

（3）复摆周期 $T=2\pi\sqrt{\frac{J}{mgl}}$（$J$ 为转动惯量，l 为摆的质心 C 到 O 的距离）

（4）弹簧振子周期 $T=2\pi\sqrt{\frac{m}{k}}$（k 为劲度系数）

（5）振动速度 $v=\frac{dx}{dt}=-A\omega\sin(\omega t+\varphi)$

（6）振动加速度 $a=\frac{dv}{dt}=\frac{d^2x}{dt^2}=-A\omega^2\cos(\omega t+\varphi)$

30. 阻尼振动

（1）阻尼振动方程：$m\frac{d^2x}{dt^2}=-kx-\gamma\frac{dx}{dt}\Rightarrow\frac{d^2x}{dt^2}+2\beta\frac{dx}{dt}+\omega_0^2x=0$

其中，$\omega_0^2=\frac{k}{m}$，$2\beta=\frac{\gamma}{m}$（ω_0 为固有频率，β 为阻尼系数）

（2）阻尼振动方程的解：$x=A_0e^{-\beta t}\cos(\omega t+\varphi_0)$（其中 $\omega=\sqrt{\omega_0^2-\beta^2}$，且满足 $\beta<\omega_0$）

阻尼振动周期：$T=\frac{2\pi}{\omega}=\frac{2\pi}{\sqrt{\omega_0^2-\beta^2}}$

31. 受迫振动

（1）受迫振动方程 $-kx-\gamma\frac{dx}{dt}+H\cos\omega t=m\frac{d^2x}{dt^2}$，$\frac{d^2x}{dt^2}+2\beta\frac{dx}{dt}+\omega_0^2x=h\cos\omega t$

式中 $\omega_0^2=\frac{k}{m}$，再设 $2\beta=\frac{\gamma}{m}$、$h=\frac{H}{m}$

（2）受迫振动方程的解 $x=A_0e^{-\beta t}\cos(\sqrt{\omega_0^2-\beta^2}t+\varphi_0)+A\cos(\omega t+\varphi)$

（3）受迫振动的振幅和初相位 $A=\frac{H/m}{\sqrt{(\omega_0^2-\omega^2)^2+4\beta^2\omega^2}}$；$\varphi=\arctan\frac{-2\beta\omega}{\omega_0^2-\omega^2}$

当 $\omega_r=\sqrt{\omega_0^2-2\beta^2}$ 时，受迫振动振幅达到最大值，即 $A_r=\frac{h}{2\beta\sqrt{\omega_0^2-\beta^2}}$

32. 两个同方向同频率的简谐振动的合成

设两个同方向的简谐振动分别为 $x_1=A_1\cos(\omega t+\varphi_1)$，$x_2=A_2\cos(\omega t+\varphi_2)$

其合运动为 $x=A\cos(\omega t+\varphi)$

（1）合振动的振幅：$A=\sqrt{A_1^2+A_2^2+2A_1A_2\cos(\varphi_2-\varphi_1)}$

（2）合振动初相位：$\varphi=\arctan\frac{A_1\sin\varphi_1+A_2\sin\varphi_2}{A_1\cos\varphi_1+A_2\cos\varphi_2}$

33. 两个同方向不同频率的简谐振动的合成

$$x=x_1+x_2=2A\cos\left(\frac{\omega_2-\omega_1}{2}t\right)\cos\left(\frac{\omega_2+\omega_1}{2}t+\varphi\right)$$

34. 两个相互垂直的同频率简谐振动的合成

设两个相互垂直方向的分振动分别为 $x=A_1\cos(\omega t+\varphi_1)$，$y=A_2\cos(\omega t+\varphi_2)$

合振动的表达式为 $\frac{x^2}{A_1^2}+\frac{y^2}{A_2^2}-\frac{2xy}{A_1A_2}\cos(\varphi_2-\varphi_1)=\sin^2(\varphi_2-\varphi_1)$

35. 波动方程 $\frac{\partial^2y}{\partial x^2}=\frac{1}{u^2}\frac{\partial^2y}{\partial t^2}$（$y$ 为振动位移，u 为波速）

36. 平面波动方程 $y(x,t)=A\cos(\omega t+\varphi\mp kx)$

37. 球面波的方程 $y(r,t)=\frac{A_1}{r}\cos(\omega t-kr)$

38. 波的能量密度 $w=\frac{\Delta E}{\Delta V}=\rho A^2\omega^2\sin^2\left(\omega t+\varphi-\frac{2\pi}{\lambda}x\right)$

39. 波的平均能量密度 $\overline{w}=\frac{1}{T}\int_0^T w\mathrm{d}t=\frac{1}{2}\rho A^2\omega^2$

40. 波的平均能流密度 $\overline{P}=uS\overline{w}=\frac{1}{2}uS\rho A^2\omega^2$

41. 波的强度 $I=\frac{\overline{P}}{S}=\overline{w}u=\frac{1}{2}\rho\omega^2A^2u$

42. 驻波的表达式 $y=2A_0\cos\left(\frac{2\pi}{\lambda}x\right)\cos\omega t$

43. 声强级 $L=10\lg\frac{I}{I_0}$（dB），其中，$I_0=10^{-12}\mathrm{W}\cdot\mathrm{m}^{-2}$

44. 多普勒效应 波源和接收器相对于介质分别以速度 v_s 和 v_R 同时运动，则接收器接收到的频率为 $\nu_R=\frac{u\pm v_R}{u\mp v_s}\nu_s$

45. 折射定律 $\frac{\sin i}{\sin\gamma}=\frac{n_2}{n_1}=n_{21}=\frac{v_1}{v_2}$

46. 球面反射的物像公式$\frac{1}{p}+\frac{1}{q}=\frac{1}{f}$，其中，$p$ 为物距，q 为像距，f 为焦距。

47. 产生全反射的最小入射角称为临界角 $i_c=\arcsin\frac{n_2}{n_1}$

48. 费马原理的数学表达为 $\int_A^B n\mathrm{d}r=$ 极值(极小值、极大值或恒定值)

49. 杨氏双缝干涉

（1）当光程差 $\delta=d\sin\theta=\pm k\lambda$，$k=0,1,2,\cdots$，形成明条纹

（2）当光程差 $\delta=d\sin\theta=\pm(2k-1)\frac{\lambda}{2}$，$k=1,2,3,\cdots$，形成暗条纹

50. 条纹的对比度 $V=\frac{I_{\max}-I_{\min}}{I_{\max}+I_{\min}}$，$0\leqslant V\leqslant 1$

51. 光的相干长度 $\delta_{\max}=\frac{\lambda^2}{\Delta\lambda}$

52. 劈尖干涉

（1）产生明条纹的条件 $2ne+\frac{\lambda}{2}=k\lambda$，$k=1,2,3,\cdots$

（2）产生暗条纹的条件 $2ne+\frac{\lambda}{2}=(2k+1)\lambda$，$k=0,1,2,\cdots$

（3）两条明条纹的间距 $L=\frac{\lambda}{2n\sin\theta}$

53. 牛顿环

（1）明环半径为 $r_k=\sqrt{\frac{(2k-1)R\lambda}{2}}$，$k=1,2,3,\cdots$

(2) 暗环半径为 $r_k = \sqrt{kR\lambda}$，$k=0, 1, 2, \cdots$

54. 透镜分辨本领 $R = \dfrac{D}{1.22\lambda}$

55. 光栅正入射方程 $d\sin\theta = \pm k\lambda$，$k=0, 1, 2, \cdots$

56. 光栅的分辨本领 $R = \dfrac{\lambda}{\delta\lambda} = kN$

57. 布拉格公式 $2d\sin\theta = k\lambda$，$k=1, 2, 3, \cdots$，

58. 马吕斯定律 $I = I_0\cos^2\theta$

59. 布儒斯特定律 $\tan i_0 = \dfrac{n_2}{n_1}$

60. 时钟延缓 $\Delta t = \dfrac{\Delta t'}{\sqrt{1-\dfrac{u^2}{c^2}}}$

61. 长度收缩 $L = L_0\sqrt{1-\dfrac{u^2}{c^2}}$

62. 洛伦兹坐标变换 $x' = \dfrac{x-ut}{\sqrt{1-\dfrac{u^2}{c^2}}}$，$y'=y$，$z'=z$，$t' = \dfrac{t-\dfrac{u}{c^2}x}{\sqrt{1-\dfrac{u^2}{c^2}}}$

63. 相对论速度变换公式

$$v'_x = \frac{v_x - u}{1-\dfrac{uv_x}{c^2}},\quad v'_y = \frac{v_y}{1-\dfrac{uv_x}{c^2}}\sqrt{1-\frac{u^2}{c^2}},\quad v'_z = \frac{v_z}{1-\dfrac{uv_x}{c^2}}\sqrt{1-\frac{u^2}{c^2}}$$

64. 相对论质量 $m = \dfrac{m_0}{\sqrt{1-\dfrac{v^2}{c^2}}}$，$m_0$ 是静止质量，m 是运动质量，v 是物体的运动速度。

65. 相对论动量 $\boldsymbol{p} = m\boldsymbol{v} = \dfrac{m_0}{\sqrt{1-\dfrac{v^2}{c^2}}}\boldsymbol{v}$

66. 相对论能量 $E = mc^2 = E_k + m_0c^2$（$E_0 = m_0c^2$ 表示物体处于静止所具有的能量）

67. 动量和能量的关系 $E^2 = p^2c^2 + m_0^2c^4$

68. 黑体的辐出度 $M(T) = \sigma T^4$

69. 维恩位移定律 $T\lambda_m = b$

70. 瑞利 - 金斯公式 $M_{0(\lambda T)} = \dfrac{2\pi ckT}{\lambda^4}$

71. 普朗克公式 $M_{\lambda_0}(T) = 2\pi hc^2\lambda^{-5}\dfrac{1}{e^{\frac{hc}{\lambda kt}}-1}$

72. 爱因斯坦光电效应方程 $h\nu = A + \dfrac{1}{2}mv^2$

73. 光子的质量 $m = \dfrac{h\nu}{c^2}$

74. 光子的动量 $p=\frac{h}{\lambda}$

75. 康普顿散射波长改变的公式 $\Delta\lambda=\lambda-\lambda_0=2\lambda_c\sin^2\frac{\varphi}{2}$，其中 $\lambda_c=\frac{h}{m_0c}=2.43\times10^{-12}\,\mathrm{m}$

76. 广义巴耳末公式 $\tilde{\nu}=\frac{1}{\lambda}=R\left(\frac{1}{k^2}-\frac{1}{n^2}\right)$，式中 $\tilde{\nu}$ 是波长的倒数，R 称为里德伯常量

77. 德布罗意波长 $\lambda=\frac{h}{p}$

78. 不确定关系式 $\Delta x\cdot\Delta p_x\geqslant h$

79. 定态薛定谔方程 $\frac{\partial^2\psi}{\partial x^2}+\frac{\partial^2\psi}{\partial y^2}+\frac{\partial^2\psi}{\partial z^2}+2m\left(\frac{2\pi}{h}\right)^2(E-E_p)\psi=0$

习题答案

第11章

11.1 （1）气体吸收的热量为 $RT_0\ln2$；（2）气体吸收的热量为 $0.63RT_0$。

11.2 氦气的温度为571K。

11.3 $Q=\frac{3}{2}R(T_2-T_1)+\frac{1}{2}(p_2+p_1)(V_2-V_1)$

11.4 （1）摩尔定容热容为 $C_V=20.8\mathrm{J/(mol\cdot K)}$；

（2）内能增量 $\Delta E=6420\mathrm{J}$；气体对外界做功 $A=2496\mathrm{J}$。

11.5 （1）250.4J；（2）$Q_{ad}=209.2\mathrm{J}$，$Q_{db}=41.2\mathrm{J}$

11.6 （1）每段过程对外所做的功：$A_{ab}=3.64p_0V_0$；$A_{bc}=6.96p_0V_0^{1.8}$；$A_{ca}=-3p_0V_0$

（2）循环过程的效率 $\eta=26.8\%$

（3）循环过程的效率 $\eta=10.8\%$

11.7 （1）做功 $A=-1.0116\times10^4\mathrm{J}$

（2）右边气体的最后温度为615K

（3）左边气体的最后温度为3533K

（4）$1.082\times10^5\mathrm{J}$

11.8 两室的温度分别为：$T_A=\frac{4T_0}{9p_0V_0}(Q+3p_0V_0)$　$T_B=\frac{2T_0}{9p_0V_0}(Q+3p_0V_0)$

11.9 （1）$Q_T=8.11\times10^3\mathrm{J}$；（2）$Q_{bc}=5.069\times10^4\mathrm{J}$，$Q_{ca}=-7.10\times10^4\mathrm{J}$

11.10 效率 $\eta=15.6\%$

11.11 47℃

11.12 证明略

11.13 （1）$\Delta E_{ABC}=600\mathrm{J}$，$Q_{ABC}=1157\mathrm{J}$；（2）$\eta=27\%$，循环一次所做的功 $A=314\mathrm{J}$

11.14 $6.27\times10^7\mathrm{J}$

11.15 $Q_2=1.05\times10^4\mathrm{J}$

11.16 $\Delta S=-0.15\times10^2\mathrm{J/K}$

11.17 $\Delta S=\frac{5}{2}R\ln\frac{T_2}{T_1}+R\ln\frac{V_2}{V_1}$

*11.18 证明略

第12章

12.1 （1）2.45×10^{25}个/m^3；（2）$4.81\times10^{-26}\mathrm{kg}$；（注：$p=\frac{\rho}{M}RT$，空气的摩尔质量为

29g/mol）

（3）1.18kg/m^3；（4）$5.08\times10^2\text{m/s}$；（5）$6.21\times10^{-21}\text{J}$。

12.2 （1）$I=\underline{2mv}$；（2）$n_0=\underline{nv/6}$；（3）$p=\underline{nmv^2/3}$。$\left(\mathrm{d}I=2mv\cdot\dfrac{nv}{6}\cdot\mathrm{d}A\mathrm{d}t，且\ \mathrm{d}I=p\mathrm{d}A\mathrm{d}t\right)$

12.3 （1）$\bar{\lambda}\propto\dfrac{1}{p}$，$\bar{Z}\propto p$；（2）$\bar{\lambda}\propto T$，$\bar{Z}\propto\dfrac{1}{\sqrt{T}}$；（3）$\bar{\lambda}$ 不变，$\bar{Z}\propto\sqrt{T}$

12.4 （1）$3.21\times10^{17}\text{m}^{-3}$；（2）$10^{-2}\text{m}$；（3）$4.68\times10^4\text{s}^{-1}$。

12.5 答案：略

12.6 （1）$a=2/(3v_0)$；（2）$2N/3$；（3）$\bar{v}=\dfrac{11}{9}v_0$

12.7 6J

12.8 31.8m/s，40.0m/s，33.7m/s

12.9 1.61×10^{12}个，10^8 J，0.667×10^8J，1.67×10^{-8}J

12.10 2；$\sqrt{2}$；$\sqrt{2}$

12.11 0.262%

12.12 1960m

*12.13 $n(r)=\dfrac{Nm\omega^2}{2\pi LkT(\mathrm{e}^{-m\omega^2r^2/2kT}-1)}\mathrm{e}^{-m\omega^2r^2/2kT}$

*12.14 $\dfrac{1}{V_1+V_2}(V_2p+NkT)$

第13章

13.1 1s；$\pi/4$；0.19m/s；1.18m/s^2

13.2 $-\dfrac{5\pi}{6}$

13.3 $x=1.2\cos\pi\left(t+\dfrac{1}{3}\right)$

13.4 （1）$x=0.20\cos\left(\dfrac{5}{6}\pi t-\dfrac{\pi}{3}\right)$

（2）0.4s

13.5 π

13.6 （1）$x=0.04\cos(0.5\pi t)$（m）

（2）0.028m，-6.97×10^{-4}N

（3）0.67s

13.7 （1）$x=0.1\cos(10t)$（SI）

（2）0.052s

13.8 $\sqrt{2}/2$

13.9 $\dfrac{1}{\pi}\sqrt{\dfrac{k}{2m}}$

13.10 $x=0.03\cos\left(3t+\dfrac{\pi}{2}\right)$

13.11 （1）证明略

（2）$y=\sqrt{\frac{\pi d^3\rho v_0^2}{6k}}\cos\left(\sqrt{\frac{6k}{\pi d^3\rho}}t+\frac{\pi}{2}\right)$（m），取 y 轴铅直向下。

13.12 （1）$x=5\sqrt{2}\times10^{-2}\cos\left(\frac{\pi}{4}t-\frac{3\pi}{4}\right)$（m）

（2）$v=3.93$m/s（提示：画旋转矢量图）

第 14 章

14.1 （1）$2\pi/C$，B/C

（2）CL

14.2 （1）8.33×10^{-3}s，0.25m

（2）$y=(4\times10^{-3})\cos(240\pi t-8\pi x)$（m）

14.3 （1）$\varphi_0=\frac{\pi}{3}$

（2）$y=0.1\cos\left(\pi t-5\pi x+\frac{\pi}{3}\right)$（m）

（3）$\varphi_p=-\frac{5}{6}\pi, y=0.1\cos\left(\pi t-\frac{5}{6}\pi\right)$（m）

14.4 B 点的振动方程 $y_2=A\cos(3\pi t-0.75\pi)$

14.5 左：$y=2A\cos\left(\omega t+\frac{2\pi x}{\lambda}\right)$（m）；右：$y=2A\cos\omega\left(t-\frac{x}{u}\right)$（m）

14.6 （1）$y=0.04\cos\left[2\pi\left(\frac{t}{5}-\frac{5x}{2}\right)-\frac{\pi}{2}\right]$（m）

（2）$y=0.04\cos\left(0.4\pi t-\frac{3}{2}\pi\right)$（m）

14.7 相位差为 0

14.8 （1）$y=A\cos\left[\frac{2\pi}{\lambda}\left(ut+x-\frac{\lambda}{4}\right)\right]$（m）

（2）$t=T$ 时的波形如习题 14.8 答案图所示。

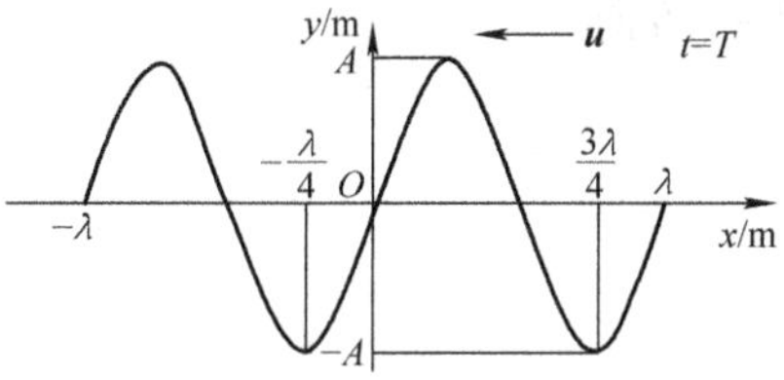

习题 14.8 答案图

14.9 （1）$y_2=0.05\cos\left[2\pi t+\frac{\pi x}{4}\right]$

（2）$x=4k+2$，$k=0$，±1，±2，…

14.10 （1）$1.58\times10^5\text{W}\cdot\text{m}^{-2}$

（2）3.079×10^6J

*14. 11 （1）$y=A\cos\left[\omega\left(\left(t-\frac{L-x}{u}\right)-\frac{L}{u}\right)+\frac{\pi}{2}\right]=A\cos\left[\omega\left(t+\frac{x}{u}-\frac{2L}{u}\right)+\frac{\pi}{2}\right]$（m）

（2）波节位于

$x=L-k\frac{\lambda}{2}=L-k\frac{\pi u}{\omega}$（m）（$k=0, 1, 2, 3, \cdots$）

波腹位于

$x=\left(L-\frac{\lambda}{4}\right)-k\frac{\lambda}{2}$（m）（$k=0, 1, 2, 3, \cdots$）

14. 12 （1）0. 01m，37. 5m/s

（2）0. 157m

14. 13 （1）$v_S=\frac{u\nu_0}{\Delta\nu}\left[1+\frac{1}{2}\left(\frac{\Delta\nu}{\nu_0}\right)^2-1\right]=\frac{u\Delta\nu}{2\nu_0}=\frac{340\times 3}{2\times 2040}\text{m/s}=0.25\text{m/s}$

（2）3398Hz

第 15 章

15. 1 －4. 159mm；3. 467mm

15. 2 －37. 5mm；±28. 125mm；

15. 3 10cm

15. 4 4 倍；10cm

15. 5 800 倍

15. 6 略

15. 7 略

第 16 章

16. 1 512. 5nm

16. 2 1. 25

16. 3 50. 62μm

16. 4 2. 52mm，向下，即 $-x$ 方向。

16. 5 643nm。

16. 6 0. 111μm，590nm。

16. 7 8×10^{-5}rad。

16. 8 1. 60cm。

16. 9 99. 57m。

16. 10 0. 764m，3. 68mm

16. 11 6. 10μm

16. 12 255nm

16. 13 63μm

16. 14 8. 9km

16. 15 （1）2400nm，（2）1200nm，（3）可出现 0，±1，±3，±5 共 7 条明条纹

16.16　(1) 0.1m，(2) 0，±1，±2 共5条明条纹

16.17　(1) $\theta_1 = \pm 14°28'$，$\theta_3 = \pm 48°35'$，(2) 最多能看到第4级，但因为±2，±4级缺级，所以此光栅最多能看到0，±1，±3共5条明条纹

16.18　如习题16.18答案图所示，关闭3、4缝，$N=2$，$d/a=2$，光强曲线如图a所示；关闭2、4缝，$N=2$，$d/a=4$，光强曲线如图b所示；4缝全开，$N=4$，$d/a=2$，光强曲线如图c所示。

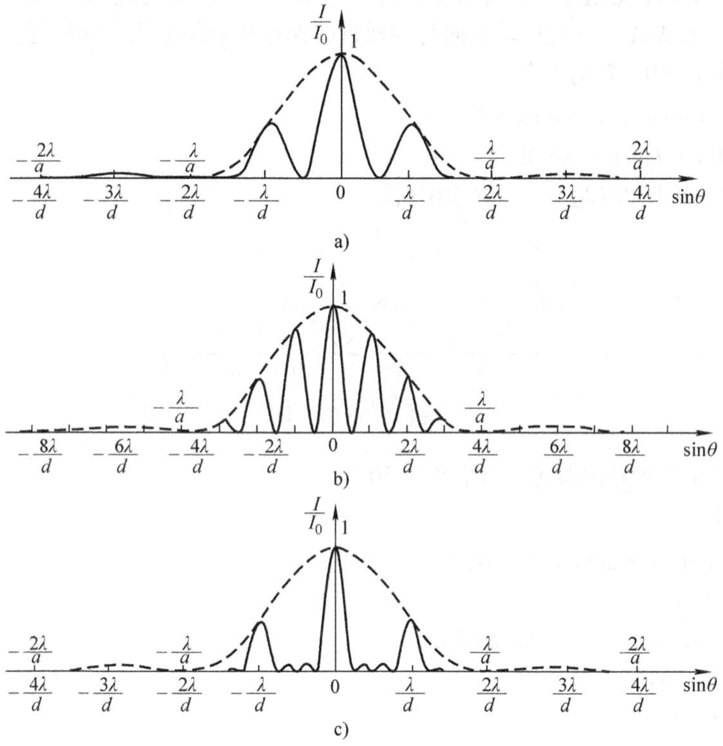

习题16.18答案图

16.19　3646

16.20　第1级光谱的角宽度为13.89°～24.83°；第2级光谱的角宽度为28.69°～57.14°，故两者没有重叠。

16.21　13.9cm

16.22　a) 双缝，$d/a=2$，有缺级；b) 四缝，$d/a=4$，有缺级；c) 单缝；d) 三缝，$d/a=3$，有缺级；缝宽最大的是c)

16.23　有，0.13nm，0.097nm

16.24　证明略

16.25　D是2、4象限线偏振波。

16.26　1/4 倍

16.27　其中一个偏振片慢慢转动180°时，透射光强将先增加，达到最大值后又减小至零。

16.28　$I = I_0\cos^2\alpha\cos^2(90° - \alpha) = \frac{1}{4}I_0\sin^2 2\alpha$

16.29　设入射光的光强为I_0，其中线偏振光的光强为I_{01}，自然光的光强为I_{02}

$$\frac{I_{01}}{I_0}=\frac{3}{4},\ \frac{I_{02}}{I_0}=\frac{1}{4}$$

16.30 $\frac{I_0}{16}(1-\cos4\omega t)$

16.31 （1）自然光通过第一偏振片后，其强度 $I_1=\frac{1}{2}I_0$，通过第2偏振片后，$I_2=I_1\cos^2 45°=I_1/4$，通过第3偏振片后，$I_3=I_2\cos^2 45°=I_0/8$ 通过每一偏振片后的光皆为线偏振光，其光振动方向与刚通过的偏振片的偏振化方向平行。

（2）$I_3=0$，I_1 仍不变。

16.32 $I_1/I_2=\cos^2\alpha_1/\cos^2\alpha_2=2/3$

16.33 （1）$I=I_0\sin^2(2\alpha)/8$

（2）曲线如习题16.33答案图所示。

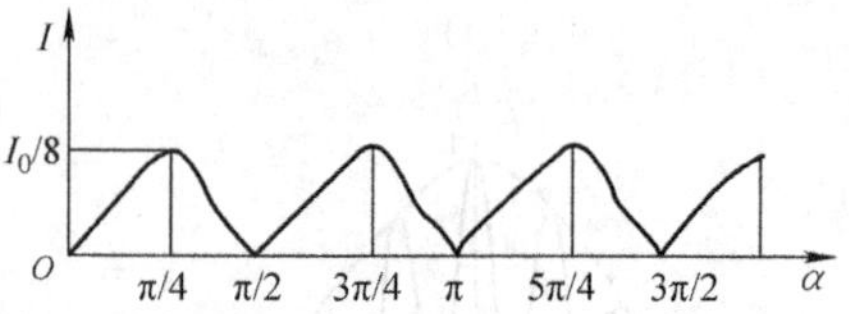

习题16.33答案图

16.34 折射光是部分偏振光。折射角为30°

16.35 $n=1.73$

16.36 $i_0=\arctan n=\arctan\sqrt{2}=54.7°$

16.37 $n_2=1.56$

16.38 （1）$i_0=53.1°$ （2）$r=36.9°$

16.39 $i_0=48.03°$（$=48°2'$）

16.40 $n_2=1.6$

16.41 如习题16.41答案图所示。

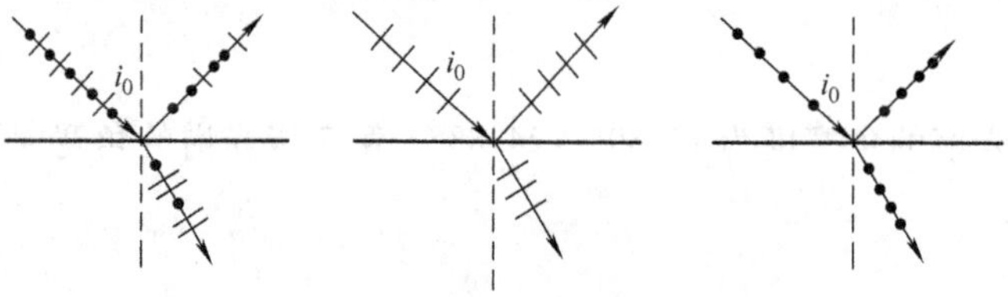

习题16.41答案图

16.42 $\lambda_o=355.2\text{nm}$ $\lambda_e=396.4\text{nm}$

第17章

17.1 $u=-c/2$，$x'_2-x'_1=5.2\times10^4\text{m}$

17.2 $1.5\times10^{-14}\text{m}$，这个缩短量实际上察觉不到

17.3 $3.06\times10^{16}\text{m}$，尺缩效应显著！故对高速运动需用相对论处理

17.4 （1）100m；（2）43.6m，可见速度高时，尺缩明显

17.5 $u=2.4\times10^8$m/s

17.6 $\Delta t'_0=2.188\times10^{-6}$s；相对偏差≈0.4%

17.7 $\Delta E=4.186\times10^5$J，$\Delta m=4.65\times10^{-12}$kg

17.8 $E_0=0.51$MeV，$E=3.51$MeV，$p=1.85\times10^{-21}$kg·(m/s)，$v=2.965\times10^8$m/s

第18章

18.1 16倍

18.2 2498K

18.3 1.449^3m

18.4 1.64×10^{-19}C

18.5 2.39eV

18.6 $\lambda_w=275nm$，$\lambda_m=497$nm，钡

18.7 (1) 656.2nm；(2) 364.5nm；656.2nm

18.8 1.097373×10^7m^{-1}；0.274343×10^{-7}m^{-1}；0.121930×10^7m^{-1}

18.9 (1) 1；(2) 0.531×10^{-10}m；(3) 1.055×10^{-34}J·s；(4) 1.987×10^{-24}kg·(m/s)；(5) 4.107×10^{16}rad/s；(6) 2.18×10^6m/s；(7) −27.2eV；(8) 13.6eV；(9) −13.6eV

18.10 486nm

18.11 10.2eV

18.12 1.185

18.13 2.095×10^{-18}J；94.9nm

18.14 7.91×10^4K

18.15 证明略

18.16 $1.09649\times10^{m-1}$

18.17 1.33×10^{-32}m

18.18 0.12nm

18.19 0.35m/s

18.20 证明略

参考文献

[1] 严导淦，易江林. 大学物理教程［M］. 北京：机械工业出版社，2017.

[2] 张三慧. 大学物理学［M］. 3 版. 北京：清华大学出版社，2009.

[3] 吕金钟. 大学物理学［M］. 北京：清华大学出版社，2006.

[4] 黄淑清，聂宜如，申先甲. 热学教程［M］. 北京：高等教育出版社，1987.

[5] 马祖尔. 马祖尔物理学：原理篇［M］. 张萍，王原，译. 北京：机械工业出版社，2017.

[6] 朱厄特，赛尔维. 理工科物理学［M］. 北京：机械工业出版社，2010.

[7] 费曼，莱顿，桑兹. 费曼物理学讲义：新千年版［M］. 上海：上海科学技术出版社，2020.

[8] 吴百诗. 大学物理［M］. 西安：西安交通大学出版社，2008.

[9] 赵凯华，陈熙谋. 力学［M］. 2 版. 北京：高等教育出版社，1985.

[10] 母国光，战元龄. 光学［M］. 北京：高等教育出版社，1978.

[11] 马文蔚，解希顺，谈漱梅，等. 物理学：下册［M］. 4 版. 北京：高等教育出版社，1978.

[12] 漆安慎，杜婵英. 普通物理学教程：力学［M］. 北京：高等教育出版社，1997.

[13] 赵凯华. 新概念物理教程：光学［M］. 北京：高等教育出版社，2004.